U0058150

突破
科學教學中的兩難

John Wallace、William Louden　編著

余翎瑋、李韶瀛、林志能、林勇成
徐怡詩、郭文金、陳怡靜、陳欣民
陳嘉音、楊瑞寶、劉寶元、謝妙娟　翻譯
周進洋、邱鴻麟、劉嘉茹　審訂

Dilemmas of Science Teaching

Perspectives on
problems of practice

Edited by John Wallace
and William Louden

目錄

作者簡介

編著者

 **John Wallace,** Ontario Institute for Studies in Education of the University of Toronto, 252 Bloor St West, Toronto, Ontario, Canada M5S 1VS, jwallace@oise.utoronto.ca

 William Louden, Graduate School of Education, The University of Western Australia, 35 Stirling Highway, Crawley 6009, Western Australia, Australia, bill.louden@uwa.edu.au

共同作者

 Sandra K. Abell, University of Missouri Science Education Center, University of Missouri-Columbia, MO 65211, USA, AbellS@missouri.edu

 **Glen S. Aikenhead,** College of Education, University of Saskatchewan, 28 Campus Drive, Saskatoon, SK S7N 0X1, Canada, glen.aikenhead@usask.ca

 **Mary Monroe Atwater,** The University of Georgia, Department of Mathematics and Science Education, 212 Aderhold Hall, Athens, GA 30602-7126, USA, atwater@uga.edu

 Angela Barton, Science Education, Department of Teacher Education, 329 Erickson Hall, Michigan State University, East Lansing, MI 48824, USA, acb33@columbia.edu

 Paul Black, School of Education to Department of Education and Professional Studies, King's College, London, Franklin-Wilkins Building, 150 Stamford Street, London SE1 9NH, UK, paul.black@kcl.ac.uk

 Nancy W. Brickhouse, School of Education, University of Delaware, Newark, DE 19716, USA, nbrick@Udel.edu

 **Jan Crosthwaite,** Philosophy Department, University of Auckland, Private Bag 92019, Auckland, New Zealand, j.crosthwaite@auckland.ac.nz

 Vaille Dawson, Secondary science education, Edith Cowan University, 100 Joondalup Dve, Joondalup 6027, Western Australia, Australia, v.dawson@ecu.edu.au

Reinders Duit, Institute for Science Education at the University of Kiel, Olshausenstr. 62, D 24098 Kiel, Germany, duit@ipn.uni-kiel.de

Gaalen L. Erickson, Department of Curriculum Studies, Centre for the Study of Teacher Education, Faculty of Education, University of British Columbia, Vancouver, BC V6T 1Z4, Canada, gaalen.erickson@ubc.ca

Peter J. Fensham, Faculty of Education, Monash University/ Queensland University of Technology, Clayton, Victoria 3168, Australia, p.fensham@qut.edu.au

Uri Ganiel, Department of Science Teaching, The Weizmann Institute of Science, Rehovot 76100, Israel, Uri.Ganiel@weizmann.ac.il

David Geelan, School of Education, University of Queensland, Brisbane, Queensland 4072, Australia, d.geelan@uq.edu.au

John K. Gilbert, Department of Science and Technology Education, University of Reading, Bulmershe Court, Reading RG6 1HY, UK, J.K.Gilbert@reading.ac.uk

 **Penny J. Gilmer,** Department of Chemistry and Biochemistry, Florida State University, Tallahassee, FL 32306-4390, USA, gilmer@chem.fsu.edu

 Noel Gough, School of Outdoor Education and Environment, La Trobe University, PO Box 199, Bendigo 3552, Victoria, Australia, n.gough@latrobe.edu.au

 Diane Grayson, Andromeda Science Education, PO Box 25261, Monument Park 0105, South Africa, dgrayson@absamail.co.za

 Joan Gribble, Dean of Teaching and Learning, Curtin University of Technology, Miri, Sarawak, j.gribble@curtin.edu.au.my

 Richard F. Gunstone, Faculty of Education, Monash University, Clayton, Victoria 3800, Australia, dick.gunstone@education.monash.edu.au

 Allan Harrison, School of Innovation and Education, Faculty of Arts, Humanities and Education, Central Queensland University. Rockhampton, Queensland 4702, Australia, a.harrison@cqu.edu.au

	Brent Kilbourn, OISE/ University of Toronto, Department of Curriculum, Teaching and Learning, 252 Bloor St W., Toronto, Ontario M5S IV6, Canada, bkilbourn@ oise.utoronto.ca
	Marie Larochelle, Départment d'études sur l'enseignement et l'apprentissage, Faculté des sciences de l'éducation, Université Laval, Québec (Qc) G1K 7P4, Canada, marie.larochelle@fse.ulaval.ca
	Norman G. Lederman, Department of Mathematics and Science Education, Illinois Institute of Technology, 424 S. State St., Rm 4007, Chicago, IL 60616, USA, ledermann@iit.edu
	Jay L. Lemke, School of Education, University of Michigan, 610 East University, Ann Arbor, MI 48109, USA, JayLemke@UMich.edu
	Roger Lock, School of Education, The University of Biringham, Biringham B15 2TT, r.j.lock@bham.ac. uk
	J. John Loughran, Faculty of Education, Monash University, Wellington Road, Clayton, Victoria 3800, Australia, John.Loughran@Education.monash.edu.au

Cathleen C. Loving, Texas A&M University, Department of Teaching, Learning and Culture, College Station, TX 77843-4232, USA, cloving@tamu.edu

J. R. Martin, department of Linguistics, University of Sydney, Sydney, NSW 2006, Australia, jmartin@mail.usyd.edu.au

J. Randy McGinnis, Science Teaching Center, Department of Curriculum & Instruction, Room 2226 Benjamin, University of Maryland, College Park, Maryland 20742, USA, jmcginni@umd.edu

Bevan McGuiness, Wesley College, South Perth, WA, 6151, Australia, bmcguiness@wesley.wa.edu.au

Catherine Milne, Department of Teaching and Learning, Steinhardt School of Education, New York University, 239 Greene Street, Rm637C, New York, USA, cem4@nyu.edu

Sharon E. Nichols, The University of Alabama, Box 870232, Tuscaloosa, AL 35487-0232, USA, snichols@bamaed.ua.edu

Nel Noddings, 3 Webb Ave, Ocean Grove, NJ 07756, USA, noddings@stanford.edu

Léonie J. Rennie, Science and Mathematics Education Centre, Curtin University of Technology, GPO Box U1987, Perth, WA 6845, Australia, l.rennie@curtin.edu.au

Wolff-Michael Roth, Applied Cognitive Science, MacLaurin A548, University of Victoria, PO Box 3010, Victoria, BC V8W 3N4, Canada, mroth@uvic.ca

Tom Russell, Faculty of Education, Queen's University, Kingston, Ontario K7L 3N6, Canada, tom.russell@queensu.ca

Clive R. Sutton, Clive.Sutton@btitnernet.com

Peter C. Taylor, Science and Mathematics Education Centre, Curtin University of Technology, GPO Box U1987, Perth, WA, 6845, Australia, p.taylor@smec.curtin.edu.au

	Deborah J. Tippins, University of Georgia, Science Education/ Elementary Education Department, 212 Aderhold Hall, Athens, GA 30602, USA, dtippins@uga.edu
	Kenneth Tobin, The Graduate Center, City University of New York, 365 Fifth Avenue, New York, NY 10016-4309, USA, ktobin@gc.cuny.edu
	Grady Venville, Graduate School of Education, The University of Western Australia, 35 Stirling Highway, Crawley 6009, Western Australia, Australia, grady.venville@uwa.edu.au

其他

Ken Atwood (pseudonym by request), **Anna Blahey, Sue Briggs, Lyn Bryer, Ann Campbell, Gerald Carey, Wendy Giles, Barry Krueger, Peter Leach** (pseudonym by request), **Karen McNamee, Garry White** (deceased)

審訂者簡介

❖ **周進洋**

　　國立高雄師範大學科學教育研究所教授

❖ **邱鴻麟**

　　國立高雄師範大學化學系教授

❖ **劉嘉茹**

　　國立高雄師範大學科學教育研究所所長兼科學教育中心主任

譯者簡介

❖ **余翎瑋**

　　高雄縣梓官國小教師

❖ **李韶瀛**

　　國立台東專科學校高職部教師

❖ **林志能**

　　台南縣那拔國小教師

❖ **林勇成**

　　台南市億載國小教務主任

❖ **徐怡詩**

　　高雄市瑞祥高中國中部教師

❖ **郭文金**

　　國立內埔農工教師

❖ **陳怡靜**

　　高雄市壽山國小教師

❖ **陳欣民**

　　嘉義縣大同國小教師

❖ **陳嘉音**

屏東縣至正國中校長

❖ **楊瑞寶**

屏東縣至正國中教務主任

❖ **劉寶元**

屏東縣新興國小教師

❖ **謝妙娟**

國立中正預校教師

序

John Wallace 與 William Louden

　　教學隸屬一個不確定知識的領域。教師在競爭的教育目標中掙扎地尋求平衡。例如，很多教師相信，學生有機會以他們自己的語言去建構自己的意義時可以有最好的學習；但是教師也體認到科學原則的正式陳述與使用科學語言的傳統價值。經常地，教師為了企圖達到平衡而面臨不能解決的兩難。例如，如何評價學生擁有和使用的語言，以及評價科學表徵的語言？像許多在科學教育中的其他議題一樣，這種存在於語言與科學議題的緊張，必須在教學中適當的處理，使其完善並且改變。教師想要學生理解科學知識是有條件的、被建構的，且他們想要學生去知道在學校科學教科書中可發現的權威解釋。教師想要學生理解科學工作是易受情感影響且非線性的活動，還有他們想要學生可以遵循實驗報告寫作的規則，不像較為確定知識中的議題，這些教學的兩難沒有確定的解決方法。教師的職業是要求多元並且有明顯互相衝突的結果，在教學職場中卓越解決明顯對立的事件。

　　本書透過檢視老師提出實際的教學兩難，探討科學教育中十六個現實的議題。它的特色是使用學生和老師互動的個案研究來脈絡化和說明有關這些議題的實在論證。

　　本書始於編者與一些在職教師的討論。作者群包括兩個大學教授和大約十二個科學教師（學校督學，典範教師或研究生）。我們（本書的編者）提議每一個老師寫一篇描述他們最近在課室中的科學教學

兩難的短篇故事。同時,我們協助他們精緻化他們的故事,並且提供
國際科學教育學者的評論。我們讓這些老師自己選擇他們要寫的題材,
我們只要求他們寫下重要的或持續性兩難的故事,這些兩難是時常困
擾他們且不能忽視或不容易解決的議題、緊張或問題。

　　教師選擇寫了各種不同的主題:建構主義、倫理、性別、實驗室
教學、評量、學科知識、類比等等。我們和在職教師一起澄清他們在
文本中的故事議題。我們問的問題有:你認為這個故事的關鍵是什麼?
它應該從哪裡開始與如何結束?你認為需要說多少事件的背景?當這
個故事結束時,兩難還持續嗎?或者匆促的找到一個簡單的解決方法?

　　這些教師撰寫關於他們認為迫切的或有趣的議題。這些議題有些
在教室中看起來是不可避免的,如在一個昏昏欲睡的夏日午後如何維
持學生的學習興趣。教師也撰寫關於在科學教育上有高度評論的議題,
例如以建構的方式來面對教與學。其他故事提到在這幾年更讓教師關
注的議題,例如性別和文化對學生學習模式的影響。

　　每位作者對他所提出的實際議題沒有評論,我們將這些故事送給
世界各地的科教學者,並請他們對故事提供評論。有些故事是適合於
這些學者的:我們期望 Peter Fensham 對有關全民科學的故事會感到有
興趣,Nel Noddings 可能對教室中人際關係有興趣,而 Reinders Duit 會
對有關概念改變的故事感到興趣。然而,我們沒有要求學者在他們的
評論中應該採取何種觀點,這些評論者也沒有看到對相同故事的其他
評論。

　　學者的回應常常以作者未預期的方式來處理故事。例如,一位老
師以有關學生的經驗來建構他科學教學時的困難,引起科學教學認識
論和學生面對科學的理論性和想像世界的價值的尖銳回應。同樣地,
有一位教師提問兒童語言層次的故事,被評論者認為是在說明老師提
問學童的問題中所含的不平等權利。

　　當我們開始寫作這本書時，一位同仁也是此書的評論者（Peter Taylor）稱這本書是「另有的指南」。他說這件事時，在臉上出現了奇怪的笑容，而我們從未問過他這個明顯的問題，「對什麼而言是另有的？」我們假定他指的另有是相對於科學教育的百科全書式的指南（如Fraser 和 Tobin, 1998; Gabel, 1994）。這本書，《突破科學教學中的兩難》，是一本較簡單的書籍，並不是要來取代「真正」科學教育的指南。但它的確提供當前科學教育者關注議題另外的閱讀。由教師故事開始與加上對故事的評論，我們提供一套不同的議題，除了提供對教與學熟悉的關切外，很多評論者提到更廣的議題，例如在科學教育中的語言、知識和權力。

　　很多評論者聚焦在學校科學的教學與學習的認識論問題。例如在第二章，Marie Larochelle 討論科學是一個社會過程的重要性，在此過程中，人們在經驗的調適中，帶著他們對認識論的觀點。而 Jay Lemke 挑戰經驗的實用重要性是超過了學校科學中的理論。第二群評論者開啟有關科學與差異的問題。例如在第五章，為了回應在物理科學實驗室中女學生的實驗故事，Angela Barton 和 Léonie Rennie 探討有關權力、知識和性別的議題。第三群評論者探討在學校科學表徵的兩難。例如在第十一章，Brent Kilbourn 討論類比只是一種特別半真實的東西，而 John Gilbert 討論在教室與實驗室中，科學模型的使用和科學的理論模型。最後，第四群評論者探討有關建構主義、全民科學、課程改革，以及戶外教學的兩難。例如在第十五章，Allan Harrison、Diane Grayson 和 Uri Ganiel 提供對照的回應給一個在教十年級物理的生物教師的經驗描述。Harrison 總結這個物理課對這個老師的教學改進是一小步的但也是很重要的一步。Grayson 對教師企圖不以公式和解題的方式來教物理有些同情，但也對於學生對物理概念的困惑感到擔憂。Ganiel 更進一步地提供詳細的物理內容來支持他有關學科的內在知識應該是老師

科學教學的內容的觀點。

　　這本書只包含了科學教學一些聲音和議題。來自於澳洲、加拿大、德國、以色列、紐西蘭、南非、英國和美國的五十多位科學教師和科學教育研究者在這本書中提供了貢獻。我們的任務是用這些案例和評論來開啟在科學課室中，教師面對的兩難。我們希望你也和我們一樣對這本書的內容閱讀感到有趣。

參考書目

Fraser, B. J. and Tobin, K. G. (eds) (1998). *International handbook of science*. Dordrecht, The Netherlands: Kluwer.

Gabel, D. L. (ed.) (1994). *Handbook of research on science teaching and learning*. New York: Macmillan.

第一部分

有關科學的兩難

第一章

科學本質

Vaille Dawson, Norman G. Lederman and Kenneth Tobin

主編引言

　　教學科學本質是目前許多科學課程改革倡議中的核心目標（National Research Council, 1996）。然而，科學教育者間對此行動雖有廣泛共識，但對於科學角色的定位以及該如何在學校裡呈現給學生卻少有一致的看法。自從孔恩（Thomas Kuhn）於一九六二年出版《科學革命的結構》（*The structure of scientific revolutions*）以來的四十年間，已經產生科學事業本質的根本性新問題。孔恩反對以下的假設：科學是基於個人的事業、經驗的證據、理性的論證、客觀和價值中立的假設。他建議，科學應透過參與者，藉由社群成員間共識與分歧循環發展出的科學知識（理論）來進行。科學，在後孔恩時期似乎是一個複雜、價值沉重的事業，容易受到人類社會行為的影響，包括野心、謹慎、妒忌、友誼和利他行為。

　　孔恩和許多其他人的工作成果，引發了對科學事業的參與、成就與基礎等議題的多重看法。由男女平等（權）主義者和後殖民時期學

者所引領的諸多批判,都指向人類科學史上由來久矣,以男性為中心、以歐洲人為中心,並將女性和弱勢族群摒除於主流科學活動之外的事實(Harding, 1998; Longino and Doell, 1983; Wertheim, 1995)。文獻中已經詳細記載許多執行不力、不誠實、不道德、性別歧視、種族歧視和文化不適當的科學例子(Allchin, 1998; Brickhouse, 1998)。其他的學者指出,來自於受質疑的實務的科學知識主張也都以正確科學知識的身份進入了學術領域(Stepan, 1996)。在許多事例中,人們從支持原始作為的角度來個別考量這些主張。

這類分析的困難在於它引起有關科學的二元論思考(好/壞,主觀/客觀,男性的/女性的,理性/感性)。近來,有些學者已經指出,文化假設形成所有科學主張的基礎,有好的也有壞的(Harding, 1991; Longino, 1990)。從回顧中很明顯可以看出,歷史、科學的「盲點」是理解科學本質過程的一部分(Allchin, 1998)。舉例而言,有關性別和種族的假設,是所有科學觀點的一部分,並且必須永遠接受嚴格監督(Harding, 1991)。倫理上的問題並不只侷限於較具爭議性的科學行為(例如基因研究),更瀰漫於整個科學事業中。使科學背後的假定變得顯而易見,是達成新的、道德的和文化正確型式的科學客觀性的過程一部分(Harding, 1991)。

對老師而言,問題在於處身於這個對科學本質爭論不休的世界中,該如何面對這些資訊。在孔恩的術語裡,我們是處於以科學教育來了解科學本質的革命時期(Duschl, 1994)。在許多文獻上,努力的去理解科學本質也反映到科學教室當中。一方面,老師希望傳達這種印象,科學是嚴謹的、小心的、包容的、倫理的和對人類有用的;另一方面,他們被迫面對科學的相反證據,如草率的、排外的、不道德的和有害的。老師(和他的學生)致力於調和兩樣東西;其一,一般「教科書知識」是價值中立的傳統觀念;其二,成就那種知識時溢於言表的價

值性（Allchin, 1998）。老師的工作常在兩個極端之間擺盪：(1)以孔恩學派的術語來說，就是以正常或穩定的面貌來呈現科學（其中涉及幾不被質疑的科學核心價值的例行性活動和確認性活動）；(2)認為科學是具有革命性且是易變的（此涉及當科學接受嚴格檢驗時所引發的種種爭辯）。科學老師和學生常常會「發現他們眼前看似亂麻般的難題，對智力靈活和具有教學天賦的人來說卻是有解的」。（Stinner and Williams, 1998, p. 1,028）。

　　有關教學和科學本質的兩難形成本章的情境脈絡。在以下的故事「科學實際上像什麼？」Vaille Dawson 詳細敘述了三個學生之間關於科學本質的簡短對話。Vaille 在科學和科學教育的工作經驗，構成她的價值和她後來反思的背景。在這裡提到數個有關科學應該如何呈現給學生的議題。這個故事和老師的反思由 Norman Lederman 和 Kenneth Tobin 評論。

科學實際上像什麼？

Vaille Dawson

　　當 Jess、Sarah 和 Shannon 進入我的研究室時，我正在改作業。這三個十二年級的學生剛接到大學的學測成績。雖然Shannon解釋她們喜歡科學，但她們不確定是否要從事科學方面的職業。她們是否可以和我討論有關她們的選擇？這三個學生去年都在我的研究群中，其中 Jess 和 Sarah 上過我開的人類生物學。她們都是有能力的學生，而且 Shannon 還是全校的資優學生，除了密集的課程以外，並且參與音樂、運動和辯論。Shannon研究物理、化

學、數學、英國文學和音樂，她正在計畫在明年大學時進入物理系。而 Jess 和 Sarah 兩個考慮學習生物醫學。她們知道我在成為一個科學教師前，曾經研究生物醫學，並且從事醫學研究許多年。

「從事科學，它實際上像什麼？」Jess 問。「這和我們在學校所做的相似嗎？」

我猶豫了一下。我能說什麼？在我腦海中出現了一些不著邊際的詞句，但是我沒有說出來。實際上它像什麼？當我注視 Jess、Sarah 和 Shannon 期待的臉孔時，我感到疑惑。她們都已經在私立女子學校至少五年了。在那個時間裡，她們已經建構了有關科學是什麼，及科學是如何進行的影像。「妳們認為它像什麼呢？」我反問。

「我認為那是刺激的，並且我們會有許多發現。我不在意辛苦工作，因為我知道我終究能讓世界變得更好。」Shannon 回應說。

因此，Shannon 在完成物理學位後，想去「使世界變得更好」。我應該告訴她，80％的物理學家受雇於國防工業嗎？

「是的。」Sarah 心懷感激的說：「我可以發展新的超級作品，來幫助挨餓的人們。」（我們剛研究人類生態學）「我喜歡和其他人一同工作解決問題。」Sarah 最後補充說：「然而我不想要做有關動物的工作，因為那是從眼睛解剖開始。」

是的，在眼睛解剖的課程中，當鋁箔被移開，出現了二十四個眼球時，Sarah 臉色非常蒼白。即使經過解釋，眼睛是從先前為了食用肉而被殺死的動物身上移出，和為了燉煮菜而將肉切塊一樣，Sarah 仍拒絕參與。最後，她使用一個眼睛模型完成她的實驗工作。

我回想起當我在 Sarah 的年紀時，我是一個十一年級的學生，在暑假期間，我在本地的屠宰場工作，在線上將骨骸的碎片從屠

體上沖掉。我和我的女性朋友走到牛被宰殺的地方，我們看見身穿白色橡膠套鞋和工作服的男子，用鉤子鉤住半昏迷的牛隻的腳跟，當牛被拖放倒置時，他切開牠們的喉嚨。牛隻尖叫，溫血濺灑在男人的長靴上。

兩年後，在大學假期中，我在臨床免疫學實驗室當助理，我被差遣到動物培育室去收集剛被殺死的老鼠、天竺鼠和實驗豬的腎、心臟和肺。技術員抓住每一隻老鼠的尾巴，並且搖晃牠們將牠們的頭撞擊實驗桌。

我完成我的科學學位，並且最初在血液學實驗室從事研究工作，這研究是在老鼠身上製造對抗白血病的抗體。由老鼠身上得到大量的血液是困難的。一個同事教我如何使用玻璃細管插入眼睛後面的組織，這個步驟只能做兩次，之後老鼠就會瞎掉。我也注入大量（幾百個）的白血病細胞到老鼠的內腹膜並且注射輔助劑以提高免疫反應。從老鼠在腹膜中發展腹水腫瘤中，萃取出大量豐富的抗體體液。我固定老鼠使牠的腹部突出，並且使用一個大口徑注射針筒儘可能取得大量的體液。假如我夠幸運，我能夠在動物死前重複此過程三到四次。通常，知道老鼠快死時，我會緊握牠們的身體，像扭轉海綿一樣，以提煉出最後幾微升的體液。

回憶起來，我從來沒有質疑過我的行為。我是一個科學研究家，在我中學和大學的科學教育中，我學到一個意志堅定追求知識和真理的信念，也就是科學的實踐勝過對或錯的思考。雖然我承認有些人可能將科學使用於沒有倫理的目的，但我相信科學本質上是好的。

除了做有關動物的研究工作外，我花了許多時間重複進行放射性同位素的放射性分析。在這些時間裡，蓋格計數器在我身旁測量放射性。我藉由細胞毒素、誘導有機體突變的物質、致癌物

質和畸胎劑完成極多的細胞分析（甚至在懷孕期間）。

八年的時間裡我沒有固定性的工作。每年十一月有很大的壓力，因為每個研究者都在等他們的研究經費是否通過的消息。在完成博士學位後，希望以閱讀、發表和參加學術研討會的途徑，能在有名的學術單位獲得一個薪水很低的博士後的研究。對女性而言，兼顧事業和家庭是非常困難的，通常會藉由一個男性良師的幫忙建立名聲之後，開始以申請經費的遊戲來支持你和你的員工。

我暫停我的回憶並且注視著女孩。

「在科學裡工作，實際上像什麼？」Jess 問。「它和我們在學校裡所做的相似嗎？」

教師評論

Vaille Dawson

在一段時間後，我重讀這個故事。對我而言，似乎有兩個議題：第一個是「科學實際上像什麼？」。這個議題數百年來，哲學家持續忙碌著，這並非一個簡短的故事就可以說明的；第二，作為一個科學教師，我的責任是什麼？就是作為一個科學教師，什麼樣的科學形象是我應該表現給學生看的？

我熱愛教科學，雖然被迫在六十分鐘的上課時間內教科學實驗讓我很沮喪；但學生喜歡互動及使用設備的機會，可是那不是真正的實驗，我（通常）知道結果，所以我會駁回學生和我不一樣的答案。

我在一所 80 ％的學生會繼續讀大學的學校中任教。作為一個高三

的科學老師，學生經常會詢問我有關科學職業的選擇。今年，超過
40％的畢業學生會進入大學，開始科學或是相關領域的學位，為了達
到這個目標，所有學生參加外面大學的入學考試。我知道學生將被要
求回憶和使用真實的資訊，因此，我確定他們知道如何通過考試和回
答被提出的問題類型。這個過程對學生做了什麼？他們終於相信，科
學是一套事實，而科學家所研究的是發現新的事實，就如同我曾經歷
過的。

　　為了表達這個普遍的觀點，我已經做了小小的改革。舉例而言，
我已經花了超過 1/2 學期時間在人類生物學中導入科學調查。這幫助
學生經驗到「從事」科學研究像什麼。這對於正常課程是附加的，並
且這是需要很多動機的。我也使用人類演化教學來演示我們的科學理
解和知識在時間裡是如何改變。

　　大致上，我嘗試去描繪科學的形象，雖然有著以下的限制科學是
理解世界的方法之一：科學既不是好的也不是壞的，科學可以解決許
多（不是所有）問題，也可以產生其他的問題。我沒有告訴他們有關
性別歧視的議題，但是我嘗試提高他們的自尊，讓他們能經得起這些
和他們未來事業無關的爭論。

　　假如我必須給一個將選擇科學研究（或是任何工作）當為事業的
學生任何建議的話，我會說，去找一個良師（男性或女性），維持真
正的理智並保持熱忱。

　　這故事是用來挑起爭論的。在科學研究領域工作有許多正面的事，
讓人能面對缺乏晉升的保障和機會。當實驗終於成功、得到經費、論
文發表、好的評論、與同儕進行智力的對話、和真正聰明的人會晤等
都會帶來喜悅。在我骨髓移植法的領域裡，曾經看見一個小孩成功的
接受骨髓移植治療，並和他的家人走出醫院時，最後，你會有不同的
感受，你終於可能使世界不一樣。

科學真作為？教學法的必要性

Norman G. Lederman, Illinois Institute of Technology

　　由 Jess、Sarah 和 Shannon 提問所做的回應，衝擊我所回憶的熟悉一切。回憶起高中學生時代，我計畫成為一個獸醫。我感覺喜歡科學是來自於老師的態度而非學科本身。我在大學時主修生物，但是在大學二年級時，我決定不從事獸醫的職業了。我在二年級學習生物，和其他科學一樣，是完全的例行公事，我們被要求記住很多事，剛好我有一個好的記憶力。每當我可自由選修課程時，我選修哲學和宗教課程，因為在這些課程裡可以滿足我對實驗性問題的辯論和論證的期望，在科學課程裡我們從來沒有這樣的機會。在大三那年，我第一次出現對生物和科學的喜愛，動物心理學的教授所設計的課程，主要的活動包括資料的蒐集、推斷出結論和基於證據來辯護結論。簡言之，我們很少用記憶的方式，而是經由以實驗室為導向的活動以及基於資料的推論來學習基本的生理學原理，在許多方面，比較像是我在哲學和宗教課程中所享受的精神活動。

　　我獲得生物學的學士學位，並且在 Bronx Veterans 動物醫院找到一個醫療技術員的工作，我被指派到微生物學的實驗室，我非常興奮，因為我期待每天將可以參與所有有趣的發現，作「真正的科學」。經過每天都做著例行的血液及尿液分析工作六個月之後，我了解到事情不是如我想像，這個工作如索引卡片般厭煩，當同事和我大口喝掉我們最後的早晨咖啡後，一天之中最興奮的事就是決定誰要「分析血液」、誰要「分析尿液」。我知道問題在於我對於專注於真正刺激的

實驗室工作沒有足夠的認識，因此我繼續追求生物學碩士學位。

在完成碩士學位的幾個月內，我辭去醫藥實驗室的技術員工作，接著兩年在哥倫比亞大學的研究專案中從事「科學家」的工作，該專案著重於紐約市沙灘污染與呼吸疾病。這兩年的工作牽涉到紐約市和長島海岸前後污染物計算。我的責任之一是訓練具備少量科學背景的人取精確的污染物和進行化學計算。我發現污染物計算和血液計算與尿液分析並無不同。在那時候我轉任高中教書，雖然我真的不記得為什麼會做出這個決定。

我完全享受這十年的高中教師生涯，「帶動這些孩子」進入科學與生物學，這比起我曾做過的任何事都還要有趣。我喜歡看著學生學習，而且儘可能提供學生機會理解生物學，如同我第一次在動物生理學課程所經驗到的。有趣地，我選擇給高中學生做的，非常不同於我在真實科學中的個人經驗。作為三個興奮但猶豫的十二年級學生的老師，可能提供相同的機會給她的學生。然而，我們兩者都了解到主導高中學生經驗的，遠遠自我們對真實科學的經驗反思中被排除。

我自己故事的最後一章（我想），在過去的十八年，我已經身為大學層級的科學教育者。我強烈提倡（對學生而言）主動的與提升動機的科學教學，我同時也倡導和「科學本質」一致的教學取向。畢竟，我想要讓學生知道「科學到底是什麼」的正確概念。我在一個包括生物化學、物理學等各式各樣研究實驗室的建築物中工作。當我在教室和辦公室之間走動時，我可以看看每一間實驗室，且理所當然地看到我在 Bronx Veterans 動物醫院和紐約市海灘所經驗到的真實科學。我看到 Jess、Sarah 和 Shannon 的教師回想起相同的科學。教師將如何回答這些焦慮學生的問題呢？她應該如何回答她們的問題？我將會如何回答這樣的問題呢？

我們都是偽君子嗎？我們教給學生的科學稱之為「真科學」（real

science），但是我們完全明白科學通常並不是我們給學生經驗的那樣，這是每一位有思考的教師必須面對的緊張狀態。呈現給學生科學的例行性工作和令人興奮兩面向，以及保持青少年參與和激勵的教學需要，這兩者之間是緊張的。不幸的是，Thomas Kuhn（1962）四十年前在他的「常態科學」中非常清楚的描述大部分的科學被視為例行性工作，又青少年並無足夠耐心堅持於重複的工作或無法掌握自己的想像力。我的和學生 Jess、Sarah、Shannon，我猜想如果他們已經經驗我做過的「真實的科學」，我懷疑他們早就「失去熱情」（tuned out）。在某種程度上，當我選擇成為教師時，我可能對「真實的科學」已經「失去熱情」了，不是嗎？

我們別忘了，會實踐 Kuhn「常態科學」的，通常是具有科學方面的博士學位，或者是在科學方面有熱切渴望的人。他們喜歡科學到他們樂於從事例行性無聊的工作。職業的科學家樂於花大部分時間從事例行性工作，因為他們了解到這些例行性工作對於科學發現的發展具有必要性。這些像我一樣的科學家，曾經有過科學使他們興奮的經驗。對我而言，是在大三時的動物生理學課程，如果我未曾經歷過課堂中的興奮，或許我將放棄這領域，並且從不考慮在醫療實驗室工作；或許我也不考慮教授高中學生生物學。總之，我成長為喜愛生物學和科學。

我們非常清楚假如學生對學習已失去熱情，那麼就無法掌握他們了。身為教育者，我們不只參與學生的認知發展與成就，我們必須平衡學生學科內容的成就與學生的情緒並且關心個人的發展。就生物學與科學而言，我扮演了部分推銷員的角色，我希望學生學習與生物學和科學有關的重要觀念、原則和思考技巧，但是我同時也期望他們在科學方面發展鑑賞和正向的嗜好。顯然地，我的目標和本文中的教師目標能充分擴展，超越只是對「真實科學」（true science）的正確表達。而且，假如我們要成功的話，首先要能得到並保持學生的注意力。

因此，我們常常曲解科學程序的例行性工作，朝向較多激發性的方面。

　　你會覺得我在暗示著我們在教學上所做的一切都是不實的。當然不是！我所談論的是科學上假定的「例行性」觀點，也就是在講述中所憶及的那些觀點，對初學者而言，實在是有夠平淡而無趣的。然而，一旦你著迷於那些例行性的觀點，你對科學的沈醉和熱愛就會使那些原本對走馬看花者而言，是平淡無奇的教學活動，變得像是大家爭相走告的重大發現。我曾有像 Jess、Sarah 和 Shannon 的學生，而且我曾被問過他們所提出的相似問題，我的答案典型地強調科學的「感性」（sexy）和有趣的層面。的確，我所說的工作較無戲劇性，我想讓學生知道優秀的發現並非常態。但我總是謹記在心，我的學生只是剛開始發展科學方面的深度欣賞，在他們有機會為自己決定之前，為何要讓他們「遺棄離開」？我們身為教師的工作較複雜，並不單只是灌輸學科—內容知識。我們每天與發展中的心靈和脆弱的情感共事，所有的努力和相關的訓練活動都僅是用來激發人喜愛身邊的主題。科學是沒有差異性的，因此，成功的科學教師通常將他們的時間大量的放在學科中能提升動機的面向上。我們不是錯誤表徵科學，只是強調有趣與提升動機的一面。我們一開始的工作是邀請學生進入，並希望他們能發展未來學習的動機。在某種程度上，我們的長期目標是使「例行性」變得如同 Kuhn 的「非常態的科學」般的有趣。

　　學校的科學應該與真實科學相同嗎？一開始的科學學習應該完全呈現專業的活動嗎？就我的看法而言，在發展上如此的說法是不適當的。

科學本質二而多的觀點

Kenneth Tobin, University of Pennsylvania

親愛的 Vaille：

「科學工作實際上像什麼？」Jess問道：「它和我們在學校所經歷的一樣嗎？」，要清楚的、實在的告訴 Jess 和她的同學，妳如何從所操作的科學經驗科學。它通常和理想狀態是有差距的。無論妳對白血病的研究可以如何造福人群，也要解釋矛盾的地方它牽扯到妳和大多數人都不會喜歡的老鼠實驗。事實上從妳的敘述，我感到羞恥與擔心老鼠會受到不必要的折磨。現在的科學家在從事活體實驗時必須遵守嚴格的程序，像妳所描述的程序在現今的科學實驗室中會被容許嗎？恐怕妳對我的回答是肯定的。顯然地，妳強烈感到必要告訴妳的學生，為什麼妳決定改變職業當一個科學教師？妳的敘述可能會促使他們當中的某些人考慮從事科學教育。在賓州，我們知道每年有好幾位科學家因參與某些科學活動而感覺到有必要轉換跑道，從事教職教導科學。告訴學生妳不喜歡科學的哪些方面，以及妳為什麼決定要轉而投向教育他人科學。學生可以從知道科學和科學家的人文面向而獲益。他們常常在完成高中科學後，沒有和一個科學家談過話，更不用說和一個質疑過科學工作及工作環境的女性科學家談話。這是一個妳不能錯過的難得機會。

故事的結尾，妳表達了身為女人在科學方面的參與。科學機構並不鼓勵婦女成為核心參與者，妳的例子是邊緣狀態的例證，缺乏終身雇用，相對地，較低的薪水及較少機會讓妳的價值形成活動、優先權

與工作條件。像許多婦女一樣，妳在主要由白人男性組成的科學社群中，是一個外圍參與者。妳在危險活動中的參與，是明顯的提醒婦女團體在傳統上是被置於掙扎與壓抑的社會活動範圍內。這對許多人而言，是一種震撼。有地位的研究機構，諸如科學，並不是歡迎每一個想要參與的人。讓學生能夠知道在科學中女性比例過低，這在科學教育中對於想追求成為科學家的人是有意義的。所有學生無疑地都將受益，從討論及婦女在科學方面的角色、科學文化和潛能以及從團體中招募參與者的優點更深層探究。例如婦女，目前他們在科學方面是代表性的不足，如同內部所做的改變，可能可以吸引一些女性將來在科學上能更進一步仔細考慮研究與職業。然而，從外部而言，就如同妳從內部的說明一樣，科學職業對女性而言，不可能被理解為可行的。

　　我目前在城市學校從事研究，那裡幾乎所有的學生都是來自貧窮的非裔美國人。教這些學生所產生的問題與妳在本章中所描述的相似，在科學方面是代表性的不足，因此，機構會盡力來傳播非裔美國人低劣的種族偏見主義的「事實」，和完全沒有倫理的進行基於達爾文（Darwin）、孟得爾（Mendel）和優生學的科學理論的非倫理實驗（Stepan和Gilman, 1993）。許多研究極力顯示黑人劣於白人，壞的科學導致壞的政策和實施。例如，IQ低於一百的非裔美國人被提供經濟上的誘因以使其結紮。同時，一直持續到一九七二年的研究，感染梅毒的非裔美國人被宣稱擁有「壞血」而沒有接受治療，讓醫藥科學家能夠學到更多關於這種疾病的進展。對這樣研究的正當化是「這些人的狀況並不值得倫理的討論，他們是受試者，不是病人；是臨床的材料而非病患」（Jones, 1981, p. 179）。

　　在本章中，妳描繪出科學中所經驗的陰鬱圖像。使我們羞恥的是妳的故事無疑是類似經驗的冰山一角。即使到今天，儘管在科學上有很多倫理有問題的例子，但仍有許多在科學上是進展神奇，並且很有

倫理的。當我們考慮科學的教與學時，並不是採取將科學視為對或錯的單行道，科學有好有壞，端看我們聚焦的角度。兩者／和本體論的運用，使我們能描述所見與所學到的關於科學的多種面向，以及鼓勵所有學生參與（特別是代表性不足的族群）。長久以來，科學被歐洲、白種人、男人以及中產階級所支配，違反這種支配觀點的即被認為是有缺點的、所論述的也不是科學，並且不能挑戰科學的有力聲音。科學教育家負有重要的角色，即在於促進多樣的參與者進入科學，並且支持新的倫理，從事科學與實踐的方法。

我無法不想到某些偉大的教師，例如蘇格拉底（Socrates）（Cooper, 1997），會如何回應 Jess，Shannon 和 Sarah。我無法想像蘇格拉底在這主題上會直接教導她們，並且也不會聲稱知道科學真相，或者對女性而言成為科學家之後像什麼。我肯定他將會提出敏銳的問題激發妳的學生，去檢視她們自己觀點的適當性，以及達到對科學本質深度的了解，並且在生物醫學追求成功的職業可能性。科學總是使世界更美好嗎？妳如何確認科學的分支允許妳使用已知的去改善人們的生活？我可以想像蘇格拉底的對話，妳的角色將會喚起顯著的問題，從妳的學生中引出多樣的思考與結合的回答。正如同蘇格拉底所做的一樣，妳可能會使用一個互動式的對話來呈現出妳所知道的，如同妳要學生去思考問題的情境脈絡（Vaille，要小心，蘇格拉底因無神論而被宣判死刑）。我預想從互動活動中出現正、反觀點的情節，在這些活動中，學生受邀參與發問、陳述她們所爭論的，並呈現她們想要表達的任何議題之觀點。因此，她們所產生的觀點並非只受到妳個人的觀點所支配，而是在融合多元觀點的互動對話中反映出她們的主動參與。

最後，妳說明學校科學是足以表徵科學的可行性程度，但我不認為我們能言簡意賅地一語道出科學教育所涵蓋的一切。然而，基於數十年來在幾個國家的研究，對我而言非常清楚的是，在許多例子當中

（或者大部分），學校科學並非是真正科學。就我之前所說的，對於有關科學教育的許多面向，我並不堅持所有的科學課程應採用一種特殊形式。我所致力的是科學應當提供學生機會了解科學的社會接觸面，並且主動檢視科學中人的角色，包括其所生存的社群。如果學生對科學的本質與實踐採用批判性探究，他們將學到被邊緣化的群體，而且力量失衡扭曲，代表教科書科學英雄式敘述的想法。身為科學教育者，我們應當大膽的評論科學結構，要慶幸所完成的工作，也要駁斥其道德的行為。合併兩者／和觀點所形成的科學課程，將符合科學教育的形式，在服務人類時能適應時間的改變和潛在的變化。

主編總結

儘管 Vaille Dawson 的故事基本上與科學本質的教學無關，但她所描述的事件突顯出如何在學校當中呈現科學的幾個問題。Dawson 以她在科學與科學教育兩者的經驗來決定提供哪些忠告給三個學生讓他們考慮以科學為職業。在詳述這個片段時，她提出本章核心的兩個問題──科學本質是什麼？校內研究如何能反映科學本質？

Dawson 的故事和伴隨而來的評論，提供了討論有關科學本質雙面特徵的進一步例子。這個討論的其中一個觀點涉及科學的價值性──不論本質上是好或是壞。三個評論者都提供違反倫理、性別歧視、種族主義行為和無聊例行性工作的科學主題的例子。例如：Dawson 描述從事醫藥研究中的各種經驗，包括以活生生的動物做癌症研究。在回憶中，她納悶這些工作的倫理公平性。Tobin 在其意見中，指出非倫理、種族歧視主義的科學實驗導致政府認同歧視非裔美國人政策的例子。Dawson 同時回憶她對身為在科學事業邊緣的女性不確定的事業未

來，依靠她同僚（主要是男性）的支持、認可、資助。Lederman 回憶在當科學技術人員有趣的部分：是在咖啡間開玩笑的討論，是誰要做血液與誰要做尿液分析。

前述的每一個例子指出了科學是有缺陷的事業。但是如同 Tobin 爭論的，思索科學「是對或錯」是錯誤的。科學有可能「對的或是錯的」，完全看我們如何看它。他提出當許多過去（和現在）的研究可能是有問題，但是過去百年來「驚人的」科學進展，還是應該感激的。Dawson 和 Lederman 所描述的例行性工作（有時倫理上值得討論的），必須和醫學上「突破的」發現平衡。例如，白血病方面，重要性的進展是建立在一些令人不安的實驗上，牽涉到用癌細胞感染活生生的動物。當女性在科學中掙扎以獲得一席之地時，男性也一樣，如同 Lederman 的職業夢想與「固定收入」的科學家例子一樣。科學所顯示的既非單一性（使用 Tobin 的術語），也非雙極性。更切確地說，它是一個複雜的人類活動，充滿協商、矛盾與兩難。

就所給予的複雜性而言，Dawson 對於回答 Jess、Sarah 和 Shannon 所問的問題感到困擾是不奇怪的。學校研究如何能夠反映科學本質呢？Lederman 對這問題的回答聚焦於「呈現給學生科學的例行性與令人激奮的面向，和教學上需要保持青少年動機及參與兩者之間的緊張狀態」。依據 Lederman 的說法，學校科學和「真實科學」不一樣，讓學生從事例行性活動，可能會使學生不想學習科學。因此，他提議教師應該將大多的時間用在他們學科中較能激發學生的面向。根據 Lederman 的說法，教師的角色並不是完全代表這個專業的所有活動。基本上，Lederman 提議以「小謊話」來「邀請學生進入」，所以她們能夠參與其中，並且在科學職業方面發展進一步的興趣。

Tobin 從不同的觀點處理這個問題，他勸告 Dawson 向自己的學生解釋她自己如何從內在所經驗到的科學中（她接觸到科學好的一面與

不好的一面），說出事實，做到「真實」。Tobin建議在教師與學生之間使用蘇格拉底對話，從開始就圍繞著「敏銳的問題」，讓學生能分辨自己的經驗，是科學參與者或消費者的角色。之後，學生能夠質問教師在生物醫學科學和科學教育的職業活動。Tobin擬想了一個互動式對話，「學生從被邀請的提問中產生互動，出現正反要點，並且對任何他們想要去陳述的議題提出觀點。」Tobin建議在鼓勵有關於科學本質的討論方面，我們的目標應該在「當慶賀科學成就的同時，評論科學結構也要責難其不倫理的行為」。

　　Dawson提供了這樣的故事，「到底什麼是科學？」就像一個「刺激物」一樣。在她評論的結論中，她承認在科學環境中工作有很多正面事物，而且也有很多優秀的科學成就。但是她提出如何去呈現科學不同的面向的問題也是有所根據的。平衡好與壞的科學、倫理與非倫理行為，以及學生所經驗到的例行性與不尋常是困難的。例如，在Dawson的學校中，許多科學觀點共存並且互相競爭；稱讚的是，她企圖教導以探究為基礎的人性化生物課程。鼓勵有關科學本質的提問，用以對抗傳統上被外在考試所支配、教科書導向的學校課程當中，難以克服的限制。在這些限制之內的工作，決定何謂「發展的適當」（Lederman），保持「兩者／和的觀點」（Tobin），鼓勵學生參與有關科學本質的互動對話，鼓勵學生成為科學的主動參與者和批判的消費者，每一部分都是困難，然而都是重要的工作。

參考文獻

Allchin, D. (1998). Values in science and science education. In B. J. Fraser and K. G. Tobin (eds), *International handbook of science education* (pp. 1,083–1,092). Dordrecht, The Netherlands: Kluwer.

Brickhouse, N. (1998). Feminism(s) and science education. In B.J. Fraser and K.G. Tobin (eds), *International handbook of science education* (pp. 1,067–1,081). Dordrecht, The Netherlands: Kluwer.

Cooper, J. M. (ed.) (1997). *Plato: Complete works*. Indianapolis, IN: Hackett Publishing Company.

Duschl, R. (1994). Research on the history and philosophy of science. In D. Gabel (ed.), *Handbook on science teaching and learning* (pp. 443–465). Washington, DC: Macmillan.

Harding, S. (1991). *Whose science? Whose knowledge?* Ithaca, NY: Cornell University Press.

—— (1998). *Is science multicultural?* Bloomington, IN: Indiana University Press.

Jones, J. (1981). *Bad blood: The Tuskegee syphilis experiment: A tragedy of race and medicine*. New York: The Free Press.

Kuhn, T. (1962). *The structure of scientific revolutions*. Chicago, IL: University of Chicago Press.

Longino, H. (1990). *Science as social knowledge: Values and objectivity in scientific inquiry*. Princeton, NY: Princeton University Press.

Longino, H. and Doell, R. (1983). Body, bias and behaviour: A comparative analysis of reasoning in two areas of biological science. *Signs*, 9, 206–207.

Matthews, M. (1998). The nature of science and science teaching. In B. J. Fraser and K. G. Tobin (eds), *International handbook of science education* (pp. 981–999). Dordrecht, The Netherlands: Kluwer.

McComas, W. (ed.) (1998). *The nature of science in science education: Rationales and strategies*. Dordrecht, The Netherlands: Kluwer.

National Research Council (1996). *National Science Education Standards*. Washington, DC: National Academy Press.

Stepan, N. L. (1996). Race and gender: The role of analogy in science. In E. F. Keller and H. E. Longino (eds), *Feminism and science* (pp. 121–136). Oxford: Oxford University Press.

Stepan, N. L. and Gilman, S. L. (1993). Appropriating the idioms of science: The rejection of scientific racism. In S. Harding (ed.), *The 'racial' economy of science: Toward a democratic future* (pp. 72–103). Bloomington, IN: Indiana University Press.

Stinner, A. and Williams, H. (1998). History and philosophy of science in the science curriculum. In B.J. Fraser and K. G. Tobin (eds), *International handbook of science education* (pp. 1,027–1,045). Dordrecht, The Netherlands: Kluwer.

Wertheim, M. (1995). *Pythagoras' trousers: God, physics and the gender wars*. New York: W.W. Norton & Company.

第二章

科學的定律

David Geelan, Marie Larochelle and Jay L. Lemke

主編引言

在學校科學教室中，個人經驗與正式的科學描述間，一直存在著深而久遠的緊張關係。學生對學校科學課程所試圖解釋的自然現象有著豐富的個人經驗：他們知道一顆球沿著一個平面滾動會漸漸慢下來而最後會靜止；他們知道蝌蚪在從水面上所看到的位置和水面下確切的位置是不一樣的。許多對孩童在科學知識和認知改變方面有濃厚興趣的研究者已發現學生如何使用他們科學知識的先備概念（preconceptions）或迷思概念（misconceptions）來理解科學（詳見 Duit 和 Treagust, 1998）。然而，是由於科學界用以表徵歷久不衰的重要科學知識所採用的語言使然，學生所擁有的一般知識與正式的科學知識間也就一直維持著緊張對立的關係。科學知識以專門的字彙和語法分門別類來呈現，那和常識的語言是不同的。如同 Martin（1993）所主張的，學生無法以自己的語彙去理解科學，那是因為科學使用進化的特定語言來解釋這個世界（Martin, 1993, p.200）。

在學校自然課裡，個人經驗及正式知識的緊張關係因代表歷久不衰的知識——「定律」——而提升。教科書只含混描述一個學說從最初觀念的形成到正統學說觀點確立期間難懂的漫長過程（Stutton, 1996）。例如，學生在十二年級時物理教科書中所見到的折射定律，書中對於它現在被稱為司乃爾定律（Snell's Law）的來龍去脈，根本就含糊帶過。學生在學習做關於折射作用的運算時，對於誰是司乃爾（一個荷蘭的數學家）、他何時研究折射作用（大約一六二一年）、他在哪裡發表（他從未發表）、折射作用何時成為光學領域中基礎理論之一（超過八十年後），以及因誰的支持而使司乃爾的演算提升為一種定律（Huygens 和 Descartes）則一無所知。透過學校自然課程，學生豁然明白，原來他們所經驗的知識（定律）曾經是暫時性且有爭議性的，然而其權威性卻遠超過學生自己。如同 Désautels 和 Larochelle（1989）引用一個學生的話：「定律就是某些你無法否定的事物，定律就是定律，……你必須遵守定律。」（Désautels and Larochelle, 1989, p.117, 在原文中強調）。

在這一章中，David Geelan 以故事說明科學定律及個人經驗間的緊張關係。Geelan 描述當他面對學生不相信牛頓第一運動定律時所感覺到的困頓；學生的個人經驗——物體總是傾向於慢下來——總較符合亞里士多德的運動動力理論而非牛頓的運動定律。他不知道該如何利用更多的學生經驗來教導物理定律。以下便是 Geelan 的故事，以及由 Marie Larochelle 和 Jay L. Lemke 所做的評論。

牛頓運動定律

David Geelan

　　「並不是這樣的！」每一堂課總會有人發出質疑的聲音，要我們保持公正。在我們的哲學良知裡，我們都會認為他們的問題是有價值的，並且我們也很高興他們在課堂中提出。但是我累了！

　　星期五剛吃過午飯，十一年級的物理課，有五個剛玩過足球且滿身大汗的男生走進教室。他們很熱也很浮躁，你不會想靠近他們，有三個女生選擇儘可能遠離他們的座位。實在太熱了，實在沒有人——至少包括我——真的有心情想與牛頓定律來捉對廝殺。畢竟，牛頓是在陰冷古老的英國，坐在一棵樹蔭茂密的蘋果樹下提出這折磨人的定律。這時陽光從西邊的一扇窗戶斜射照入，原來上星期九年級的學生把窗簾弄壞了。

　　基於上述種種情形，Neil 拒絕讓日子過得輕鬆點。我們正在討論牛頓的第一運動定律，以我認為最流暢的方式將它寫在黑板上：「一個物體除非受到不平衡的外力作用，否則它會保持靜止狀態或保持相同的直線運動。」Neil 插嘴說「並不是這樣，」「第一個部分是 OK 的，如果一個物體是靜止的，你必須施力才能讓它移動。但如果它本來是在移動，事實上它會漸漸慢下來而最後會停止。」

　　「不對，」我解釋著（耐心的想一下我有何感受），「那是因為有我們沒注意到的力在作用；當物體運動時，通常會受到來自空氣或其他物體的摩擦力，這就是為什麼它們會慢下來的原因。」

「對，但是整個的關鍵就在於牛頓定律的觀點是不正確的。如果，移動的東西終將會慢下來，那麼，為什麼要編造一個定律來說它不會呢？像這樣的定律到底好在哪裡？」

「那好，」我說，「考慮一下在外太空會發生什麼事，那裡沒有摩擦力或風的阻力。在那裡，物體會持續以直線方式永遠移動下去。」

「但是我們怎麼知道呢？」Kelly 提高音量的說，「我們永遠都不會到外太空。」James 加入了：「對啊！你總是告訴我們科學是為了解釋我們的經驗；在我們的經驗裡，物體總是會慢下來，過了一會兒後就停止。所以牛頓定律並不適合用來解釋我們的經驗。」

「有很多物理學的內容都像那樣，」Phillip 說，「科學家花了許多年在證明到底光是粒子還是波，因為你無法看到或以任何方式感覺到它。」「是啊，他們仍然不知道，」Jill 說，「在科學裡也有其他例子，例如原子和分子，你並不能感受它，所以那有什麼用呢？」

這看來幾乎是公然造反──他們打算要完全放棄學校的自然課了嗎？我想要積極地開始介紹整套複雜的向量圖來指出牛頓物理有用之處，以及亞里士多德方法中極嚴重的錯誤，但我並沒有這樣做。當我思考時，學生們等著我，並不是所有人都看著我，因為他們大概都想要回家了。天氣仍然很熱，但是我從沒有這麼認真地用這麼長的時間思考。

當學生所學的是不熟悉的內容時，我會試著以他們的個人經驗為起點來進行教學。事實上，我相信除非我所教的是能幫助他們利用已擁有的經驗發展出可靠的、可行的解釋，否則接下來他們只會累積無用的「事實」來回應我的要求，而那對我和他們而

言，都只是浪費時間。在這堂課中我真正想做的是以我說的話來讓學生接受牛頓定律，但結果令我有些沮喪。我堅信學校自然課是為所有人，而不是只為了少數想要在科學上更深入研究的人而設。雖然我必須支持有可能少數幾個在我教室中未來的科學家，但如果我的教法只是為此理念，那會浪費 90% 學生的時間。我被逼著把我價值框架中的兩項要素放在一起去思考；如果採取上述的看法，James 是對的：牛頓第一運動定律是無用的，而且也浪費這堂課的時間。

我相信牛頓學說的革命在歷史上和哲學上的意義是極其重要的，而我也相信如果你要設計一架飛機或一棟建築物，牛頓定律的確很有用。但是要解釋孩子的一般日常生活經驗，像是溜滑板，亞里士多德的動力理論偏偏就能更令他們信服。所以，就如這個例子，從純科學的立場去為中學裡的牛頓物理教學辯護是非常困難的。

「我需要一些時間去思考你們的觀點，但我想我已經清楚了解你們的想法，」我對學生說「或許我們可以研究看看，牛頓定律在哪些方面可能是有用處的。嗯……如果你將來到大學打算唸物理，你就必須這樣做。」我討厭這樣說，但我仍然說了；當我還是學生的時候，我也很討厭這樣。如果某些事情對我沒有實質上的價值，只是以後某些時候可能有機會用到，那我為什麼現在要花力氣去學它，如果以後有需要，到時候再學就好了！我看到學生有相同的反應。

我想告訴這些學生，我的出發點是關心他們。他們都是好孩子，因為他們真的有困惑才會提出問題，並不是故意找麻煩的。在我對他們的勸戒中，存在著一條鴻溝，鴻溝的兩邊分別是：以所有人經驗為基礎的科學，另一邊則是我所教導的內容。所以，需要改變的到底是什麼——是學生、是科學，還是我的教育價值觀？

教師評論

David Geelan

　　從我（無疑是唯一可能）的觀點來看，這真的是一個有關於科學教學意義的故事——我們為什麼教，以及對學生而言，學校所教的科學價值到底為何的故事。

　　雖然我們想要傳授給學生的知識和訊息有很多實質上的意義，它對我們的文化很重要，也能支撐我們的科技和所有美好的事物，但它和大多數的學生真的只有很少或是根本沒有什麼切身的關係。當然，那些將來到大學讀物理或化學的學生會發現牛頓定律和原子理論的知識是有用的，但是對於那些要成為護士、秘書、焊接工人、公車駕駛、醫生或英文老師的學生呢？這些知識的本質對於解釋生活中的事件或過程是完全無用的，然而我們要如何證明它們在學校課程中應占有顯著的地位呢？

　　我們對科學的看法強烈地影響我們怎麼教科學。雖然我們在課程的前言中都會談到當前主流的看法，認為科學課程是由知識、過程、技能和態度所組成，但知識仍然是課程中最重要的一環。學生這個偏見自然地強烈影響學生——他們認為科學是一座由事實和理論建構成的山，理論是用來背誦而不是一種生活模式，一種由價值、觀念、興趣和闡述所組成的生活方式。

　　但事實遠甚於此，建構論者在處理科學教育的教學和學習方法上變得愈來愈有影響力，建構論者建議學生由他們的生活經驗建構他們自己的科學定律知識。然而目前的科學課程大部分是無法被體驗的，

學生無法直接體驗原子論，只能憑藉相當抽象的測量和關聯性作為論斷依據；同樣地，光的本質也不行。換句話說，這些複雜的、高度抽象的理論，只能用來回答複雜的、高度抽象的問題，而不是用來回答簡單的日常生活問題。諷刺的是，這是因為它們太單純！單純到不能表達出複雜且多采多姿的「真實生活」。

　　我仍然在教科學，而這些問題依然困擾著我；我相信也有許多自然領域教師在思考相同的問題。有些事我反覆的想，我懷疑，是否大多數的自然領域教師都把所教的內容視為理所當然，所以不會有這些問題（或許中小學其他領域的教師較能應付這類問題）。例如，每當努力去整合科學和其他學習領域來形成統整課程時，總有人會問：「我們如何把目前學校自然課程的知識基礎適當地放進統整單元中呢？」，但幾乎從來沒有人問：「科學有什麼面向（包括技能、態度、事實和觀念）是必要且需統整到主題學習的？」換句話說，科學是主體，其他所有學科都必須配合它。為什麼不把單元主題或者學生較感興趣和需要的當作是課程的主體，而以科學為輔呢？難道，這就是科學的生活應用嗎？

　　我想到兩個方法可以處理這個問題，我不能確定我比較喜歡哪一種方式，或許融合二者對學生的科學學習助益最大。一個是：教同樣的理論，但是必須巧妙地回頭增加廣度，以便能增加深度。如果我們可以更認真地把時間用在每個理論或觀念的教學上，那麼我們就可以讓學生有足夠成熟的基礎去學牛頓第一定律，包括摩擦力的概念等等，這樣將可以真正解釋學生的經驗了。也就是說，應避免過度簡化傳統科學教學，但方法要正確。另一個方法就較為激烈：假如亞里士多德的運動動力理論比牛頓或愛因斯坦的理論更能解釋我們的日常生活經驗，那麼我們就應該教；畢竟，我正試著教導已有一百多年歷史的牛頓物理。我也覺得應該教導亞里士多德的理論，不要把它當作一種對

歷史荒謬和個人背景的好奇，而是把它當作一種可見的、有用的模式，來了解我們生活周遭所發生的事情。對一個自然教師而言，這種說法看起來像是一種異端，但如果我們認真思考建構教學的新意和適合所有學生的科學，或許我們就必須以接近學生的科學觀來教科學，而不是反其道地要學生遷就科學。

從影像到視窗

Marie Larochelle,[1] Université Laval and CIRADE (Centre Interdisciplinaire de Recherche sur l'Apprentissage et le Développement en Education)

　　為了符應本文所提倡的主張，我的說明如下：David Geelan 的故事激勵了一些重要觀點，這些觀點明顯地已在我的討論和對策中發酵了。我絕不會宣稱我採取的是過度或權威式的解釋；的確，整體來看，它的關聯性是有值得懷疑的地方，但我知道他所指的那些數不完的星期五下午無精打采的課，肯定是沉浸在偶爾混雜著令人衝動的氣息中。我也感同身受於那種將現在看起來沒有用（將來可能會有用）的知識強加於學生身上所產生的挫折感。但我必須承認，我無法直接看到David Geelan 從這故事所獲得的社會文化基礎觀點與意義。然而，某些觀點（我反而會認為他所說的是兩難的問題）是激勵我去評論的一個形式。這件事可以有很多切入點，我的評論是針對他和學生對話中的諸多問題點來談，重點在於請將我的評述視為眾多可能的其中之一。

一個兩難的描述

　　在一本名為《當啞巴對聾子說話時》（*Les muets parlent aux sourds*）

的書中，社會心理學家 Suzanne Mollo 使用兒童對學校的陳述來檢驗學童進入學校知識世界後，其社會化過程中所涉及的各種學習。那是一個浮現在檯面上如萬花筒般的「壓型」面面觀（或是依據 Foucault 來說是「權力的技術」）。不論這過程是否為一種修煉──將知識視為物體而不是活動，或標準化認知和描述的規則，或將學生的身分堆疊於兒童身上，結果就是學生變成啞巴，而老師變成聾子。因此感謝循序漸進的教育，這整個過程──和這過程的複製──顯然是毫無阻礙地繼續前進。最後，在一個活動中，這些學生終於有機會說話了，他們被要求去想像一首描述一隻鳥的詩，敘述學校學童、老師和背誦乘法表，[2] 那是一種一發不可收拾的內心感受真情流露，好像這些學生一個接著一個變得互不聞問。

　　的確很幸運，這個過程的機制並不是毫無缺點的，如同 David Geelan 以重複的方式清楚地提供他的經驗，尤其針對日夜縈繞著他的那些問題──自己的言行以及強加於學生的要求──也都詳盡敘述。一旦將牛頓的第一定律當作教學主題，他會發現自己處在一個非常棘手的情況中。在這堂課之前，學生對物體的移動已經有他們的定見，因此他們在判斷牛頓的觀點是不正確的。當老師勉強使用馴化技巧時，其實他真正關心的是如何使科學變成是可帶著走的工具，如何促使學生接受其他潛在可能，引介他們看世界的其他方法，及在世界中找到自己的位置。此時，像 David Geelan 這樣的教師該怎麼做？當教師相信學生不是認知不足，而是學生知道的不同於老師要他們知道的；或是再一次當他或她知道強迫學生相信例如「知識總有一天會有用的」這樣的策略是無效的時候，那老師到底該怎麼辦呢？一定要面對 David Geelan 故事結論中的兩難情況嗎？──「誰應該改變呢？是學生、科學還是我的教育價值呢？」

從客體的世界到主體的世界

無疑地，對於這種形式的問題，可採用的方針不一而足。我想與作者討論的方法可能和小型的認識論有關，[3] 這個方法在必要時可以派上用場；它的關鍵在於教材的呈現、對稱形式以及問題的措詞。如上述案例中的問題，它的措詞方式就充滿著道德議題。

例如 David Geelan 推斷的問題，我們被兩個世界所挑戰：一邊是一個主體的世界（「學生和我的教育價值」）——因此，是上述故事中所描述的充滿緊張、矛盾和妥協的世界；另一邊，是一個客體的世界（「科學」）——換句話說，是一個將具體抽象化的世界，也因此跑出一堆無法解釋的力量。如同其他無中生有無法解釋的力量，如同社會和道德（Fourez, 1992），他們的意義是沒有辦法妥協的。David Geelan 的故事提供了有關這個觀點的實例：對一個困難的事件，學生以拒絕客體世界來作調節，因此引起老師採用一個他在其他情況下不會採取的策略——例如，使用「這些知識將來會有用」的論點。

然而，如果努力讓客體的世界重新人性化——換句話說，如果藉著連結人類與形塑客體世界的社會情境將這世界在文化中重新定位，這兩難狀況就不太可能以強行操控的方式來解決。總之，現在出現的對抗，已不再針對眾多主體和任一世界描述（糟糕的是，我們常看到的是這個世界的描述），反而，它出現在「世界的描述者」（學生、科學家、老師）群組之間，這些世界的描述者可以自由的占據舞台，並且盡情揮灑他們的想法和原則——簡而言之就是將他們的想法定錨，據而產生討論並測試他們所描述的世界。

換句話說，根據這個觀點重新建構問題，接著我們要處理的是一個學生的經驗承諾、科學家的認識論承諾和教師教育承諾之間的協商過程。當然，有人會反對我採取這種僅僅轉換方法角度的方法。我會

在某個程度上同意這觀點，但我也會指出這種改變同時會合理化初始
表達中不可能會出現的關聯。例如，David Geelan 主張的「全民科學」
（science-for-all），可能會被解讀為一種由「植根於文化中的科學」的
期望抽離出來的價值觀。如同一開始就提到的，這個問題包含了雙重
糾結：一個人如何超脫世俗客體秩序束縛而精準地將客體世界安置於
文化中？其次，允許更多的辯論表述，在文化中科學的立場是公認的，
因為科學就如同社會演員（即那些不斷從事知識交換的人）共同具體
呈現的一個表演活動。

　　簡而言之，第二種闡述引出完全不同的問題，那就是我們有可能
以社會的語詞來構思科學，而同時也強調一個事實：即便使用學生的
「知識」，學術性的知識也不會就此無從蘊育而生。相反地，學術知
識所表達的是發展者，以及他們的認識論觀點、社會地位、社群及特
定的當代思潮。引用出自 Von Foerster 的曠世名言：「用以描述這個世
界的邏輯就是世界的邏輯」（Segal, 1986, p. 4）；換句話說，就是觀察
者的邏輯——根據自己的社會認知經驗做自我監控描述，並且維護與
他共享承諾和故事的社會討論社群中成員的地位。

　　然而，藉由觀察者及其自我描述的再統整，教學就不僅是教導各
種不同觀點的相對性。的確，教學意味著從所給予的觀點與觀察者的
選擇及決定間找到一個必要的關係，然後努力思考要如何利用相同的
符號表徵，讓這些選擇成為自己的產出物——一種自我反思方式和戮
力思考緣由、價值、意識型態，以及在工作社群中可被合理接收的表
徵方式。這種思考方式明顯地傳達某種形式的意識形態。然而，如同
Fourez 指出，這個議題從來就不是嘗試去除所有的意識形態（可以肯
定它本身就是一種意識形態），或也不是一個掩飾權力關係的議題之
一。實際上，這個議題牽涉到我們希望在學校裡推動的想法與價值；
除此之外，更精確地說，我們希望能夠避開其他雜亂無序的東西。

因此，我要以下列的例子來描述小型認識論的關聯：藉由重新形塑問題語詞間的對稱地位，想想在等待塵埃落定的時刻來臨前，我們能做些什麼？借用 Bauman 的隱喻（1989, p. vii），認識論必須從一幅精心裱製掛在牆上的「科學之畫」，蛻變成一幅透窗而望的「科學圖像」。過程中你會把那幅畫從牆上拿下來，大肆強調它的美以及它多麼與眾不同，相較於房中的其他擺飾。框中的畫，其意境是那麼的遙不可及，但透過窗口所見的圖像，我們卻可以窺視一個近在呎尺的世界，一個有著緊張、衝突，但也有妥協的世界。

科學和經驗

Jay L. Lemke, City University of New York.

　　「牛頓定律完全不能解釋我們的經驗」，一個學生在炎熱的澳大利亞教室裡這樣說。他的老師擔心究竟牛頓定律是不是有點悖離了以經驗為基礎來達成全民科學的取向。牛頓的力學方法與歐幾里得幾何學方法的相似度，比牛頓自己在光學的實驗論文中所論述的還高；它是比較形式和演繹的。他沒有受制於經驗，並且提出著名的理念：「沒有框架的假設」——或許他想說的是，他並不只是猜測實驗結果的一般性。對牛頓而言，重要的是不可辯駁的、合邏輯的、數學的確定性，並且是他可以證明的。他的「定律」比較像歐幾里得的原理，比較不像現代科學歸納出通則的觀念。他的論證方法在他的時代並不意味著「全民」的意思，或用現代人的說法，就是「切合實際」。

　　以經驗為基礎的科學教學法常常錯誤地表徵理論的角色。像在澳洲、美國或英國的實用主義文化似乎偏愛經驗主義：理論只不過是經

驗和實驗所得的摘要和通則。它被表徵成實證研究的最終產物。在理工的思考模式中，它也被用來作為設計實驗和評估各種效應的實用工具。但它並未呈現牛頓或愛因斯坦所了解的原貌：一個可以用自我語詞而為人所知的平行世界。在一個想像的國度的時空裡，我們可以超脫所有可能的實驗，並且創造出不可能的可能（時間擴張、反物質、黑洞、夸克），然後，再一次地，我們猛然發現，所有發生在想像國度裡的一切，恰恰平行存在於我們這個以實驗求取事實的世界。對我們許多人來說，科學的刺激與興奮並非來自實驗室中永無止盡的數據蒐集，也不是只來自於看到或測量到某些非預期事件的少數時刻，或是第一次證實想像的理論。它來自於理論推測所創造的可能性，和理論工具的力量帶領我們到達連想像都無法到達的地方。

當納稅人的錢被用來支應科學教育，納稅人就會要求相當大的回饋：有為數眾多的傑出技工、工程師和研發人員執行科學的一般性工作。對科學的先驅者而言，市場並不廣大；當專業科學家社群塑造他們的社群形象時，這個形象反映出大多數實驗科學家的主要價值就是謹慎和小心。這些科學家所呈現的面貌是一群執著於資料的人，並且他們審慎的結論是可以被公眾政策及商業投資所使用的。只是，並沒有太多青少年覺得這樣的形象特別令人感到興奮；老實說，大多數的成年人也一樣。

當學校的自然課變成曲高和寡的高度抽象概念（如牛頓定律）及如履薄冰的混合體科學時，在實驗室中胡搞（自由探索）好像還滿好玩的，甚至還能發現「正確」答案，但這樣的自然課很難喚醒靈魂、激發想像力，或者產生真實的情感參與和個人對科學的認同。抽象僅僅是科學的附屬品，是我們得在實驗或測驗中帶進帶出的另一種負擔。幾乎沒有人看得懂這些抽象概念的真實意義：從理論科學的巨大想像引擎中鬆落的接榫和齒輪。

在科學教育的理論中，我們嚴重疏忽了人類學習的情緒向度：要有快樂和希望，想像和關懷。我們沒有好好想過是什麼讓人對科學工作或科學構思感到興奮，或何種個人的傾向可以讓人們在服膺科學想像的同時，也能享受抽象和批判性推理的樂趣？學生以發自內心的情感所認同的科學和科學家的形象，到底是什麼樣子呢？科學有什麼值得讚賞或崇拜的嗎？在我們的課程中，有什麼樣的論述涵蓋這些呢？當我們談到「以經驗為基礎」的科學時，是否我們只想到我們為學生安排的經驗而疏忽了學生自己的經驗？那些屬於他們的經驗也正是他們要盡全力投注於何種科學研究的關鍵因素。

　　當我們深思熟慮這些問題時，我們是否有能力消弭在我們文化中造成男女學生態度不同的性別差距？用來激勵男性的形象、暗喻、範例和想法（冒險、危險、能力），極可能使許多年輕女性覺得男性的態度對生活並沒有那麼重要。那麼對女性而言什麼是重要的呢？幫助其他人、改善生態系統、強化社會關係網絡和對彼此的支持嗎？牛頓定律或其他在生活中無法直接經驗到的種種抽象理論，在這些價值體系中到底有什麼重要性？大概就如同 Jill 說的：「摸索、理解這些東西到底有什麼好處？」

　　以經驗為基礎的科學教育通常只關心建立真理，而不做更好的處理和設法將真理用於替人類謀福利或用來尋找人類新的可能。我們的課程所呈現給學生的，是我們所認為的「什麼就是什麼」，而不是它為什麼是重要的。如果學生已經對某些事物感興趣或好奇，那就沒有問題，但讓我們感興趣而決定投入的是什麼呢？是什麼樣的價值和感受，什麼樣的自我意識——我們要做什麼事，要成為什麼——在形塑我們的興趣呢？為什麼沒有一種以價值為基礎的科學教育呢？

　　我並非想要尋求既新奇又詭異的方法來評判舊課程，也不主張我們應調整牛頓第一定律的教學方式，以迎合學生的多元認同及價值基

準。但假如科學原理真如我們所宣稱的那般有用的話，那麼大部分由價值及興趣驅策而成的探索途徑，遲早會一一浮現。我第一次接觸到牛頓第一定律是當我讀到普通相對論時，書中所使用的是原始的敘述法：它是一種沿著彎曲空間——時間運動的原理（是的，我先讀愛因斯坦再讀牛頓，那樣比較不會產生困惑）。我讀那本書是基於對宇宙論的興趣，最初是從天文學產生興趣，然後是天體物理學和星球演變。我對天文學的熱愛來自於對星球的好奇，最初是被一個星象儀玩具所激起的，同時也和一個苦苦哀求後才得到的小型望遠鏡有關。我可以在放學後將整個夜空帶進我的臥室；我可以看到以前在天空裡看不到的東西。我可以擴展並加深我對星球和宇宙的好奇與探索，然後想像著種種充滿「可能」的宇宙。所以我從自然被導引到科學和科幻小說，並且簡單地以我自己的方法從牛頓第一定律中了解到更現代和更有趣的科學理論。

　　我在高中 PSSC 物理和大學物理 131 課程中讀牛頓定律時吃足了苦頭，即便我已取得理論物理學博士，但我從來不覺得牛頓定律會在智能上揚起令人振奮的波濤（然而，或許某天我再回頭看牛頓，但不再把興趣放在概念的發展過程，所以，仍然有希望的！）。牛頓和我的科學自我教育並沒有什麼關聯；重要的是我感興趣的主題。我一路走來，所有的學習都是為了要滿足我的好奇心（代數、微積分學、希臘字母、偏微分、微中子物理），我感到興致盎然是因為它可以帶領我到我想去的地方。除了達成使命之外，我真說不出那些必修課程對我後來的工作有任何一丁點的用處。真正有用的倒是求知過程中所累積下來的多年經驗。

　　那些經驗大多得自圖書館，而不是教室或實驗室。我對科學理論的發現來自閱讀、思考和數學推理（鮮少計算），並且為想像中的讀者寫出結論（最初的時候）。我對這些理論有深刻的理解，但我從沒

有採用個別相關的資料，也從沒有任何相關的第一手經驗。大多數二十世紀的科學理論與日常生活經驗或學校科學實驗室中可能有意義的經驗無關，它們甚至和研究室裡的「經驗」都不太有直接的關係。當我還是青少年時，我在一些主要的研究室中親眼觀察到粒子束實驗，我所看到的粒子束大得令人難忘，但在那之前，所有我在研修那些理論時所作的聯想都只侷限於想像之中，就如同我面對課本或繪製數學推理時一樣，我只能憑著想像將抽象的理論影像化。

在學校科學課程中，實驗室的經驗是占有一席之地的，如同學生們的校外經驗和繪畫有所關聯。它們的用途是開啟學生對種種科學題材的新興趣；它們的角色是要使學生能夠產生連結，去認同並且讓學生抽空參與科學。這些連結是不可預測且獨立的；必須依賴學生之前的生活史、他們的態度、價值觀和興趣，他們的自我形象和對未來的夢想。在這種方式之下有一些學生會經由科學的想法和活動變得興奮，經由我們或其他人的幫助而繼續追求科學。如果我們能夠早點引起這種對科學的期待，並且支持得夠久夠好，許多學生就會發現穿越那片幅員廣闊的科學叢林的途徑。他們其中的一些人甚至會停下腳步思考牛頓的第一定律，但不論他們會不會這麼做，他們都將會獲得我們所謂的「良善科學教育」所宣稱的真實益處，但那些益處都不是課程所能「傳遞」的。

主編總結

David Geelan 的故事描述了一個許多教師所熟悉的情境：一個漫長的星期五下午和一群散漫的學生聯合起來挑戰老師的信念：學校科學到底可以並應該成就些什麼？Larochelle 和 Lemke 以不同的方式對

Geelan發現自我的情況表示理解。Larochelle知道那種「來自沒有立即實用性知識教學的荒謬感」，而Lemke同意教牛頓定律與「以經驗基礎的方法達到全民科學」是有點格格不入的。然而評論者都沒有分享Geelan所稱的「以經驗為基礎的科學」的熱情。

　　這兩位評論者的爭論點在於，科學教育者會對「經驗」的意義做出草率的假設。Larochelle爭論的是，人們以不對等的方式看待教室裡所描述的主體世界經驗和固定科學定律所描述的客體世界。主體經驗充分地被帶入這故事中：酷暑燠熱加諸於老師和學生身上的影響；男女生科學態度的不同調；學生不願放棄既有的一般常識來遷就永不改變的物理定律。這故事中的客體經驗，也就是牛頓定律，其表徵方式是一成不變的、公式化的，而且是隱晦不明的。看看它的措詞方式：如「靜止狀態」、「慣性運動」和「外力」，導致牛頓運動定律艱澀難解。如同 Larochelle 所主張的，開啟科學學習大門的一種可能方式將是對客體世界提出質疑，揭示科學是一種全員參與的社會活動，這些社會參與者以他們具有的經驗協調，將種種社會認識論的觀點發揚光大。

　　Lemke 批判偏狹的實用主義框架。他認為在此框架中，科學教育者為經驗定位，並且以自己認定的優先順序將經驗給予學生，而不管學生所面對的科學理論和具有想像力世界的經驗。如同Lemke和Geelan提到的，目前許多科學工作所涉及的，是種種無法以「學校實驗室中有意義的方式」來體驗的現象。Lemke 主張支持學生將他們的熱情、興趣和價值觀與科學產生連結。他說，學生需要的經驗應存在於與抽象理論並行的真實世界中，在這個世界中，跳躍的想像力可以讓天馬行空的想法和「以可能的實驗和……不可能的可能性」有機會邂逅。

　　兩位評論者和Geelan一樣關心「這些知識總有一天會有用的」的教學評斷，他們同樣關心在學校科學課程中「經驗」的重新定義。有

一種可能就是將科學的定位改變成為一種經驗形式，讓它與學生的經驗，就認識論觀點而言，是對稱的。另一種可能是共同論辯實驗經驗的傳遞是否應優先於經由閱讀、思考和想像而得的科學理論直接經驗。科學教師所面對的挑戰是如何適當地將人擺放在科學的經驗裡：這些人充滿求知的熱忱，並且共同分享建構我們所稱的科學的意義。

註解

1 我（Larochelle）要謝謝 Donald Kellough，即評論部分的翻譯，在每段文章中反覆推敲法文和英文之間不同語言的誇飾用法。

2 "Page d' écriture" 這首詩是由 Jacques Prévert 所寫的。

3 "Morf 's" 表達（個人的溝通，1992）。

參考文獻

Bauman, Z. (1989). *Modernity and the Holocaust*. Ithaca, NY: Cornell University Press.

Désautels, J. and Larochelle, M. (1989) *Qu'est-ce que le savoir scientifique? Points de vue d'adolescents et d'adolescentes*. Quebec: Laval University Press.

Duit, R. and Treagust, D. F. (1998). Learning in science: From behaviourism towards social constructivism and beyond. In B. F. Fraser and K. G. Tobin (eds), *International handbook of science education* (pp. 3–25). Dordrecht, NL: Kluwer.

Fourez, G. (1992). *Éduquer. Écoles, éthiques, sociétés*. Bruxelles: De Boeck.

Martin, J. R. (1993). Literacy in science: Learning to handle text as technology. In M. A. K. Halliday and J. R. Martin, *Writing science: Literacy and discursive power* (pp. 106–202). London: Falmer Press.

Mollo, S. (1975). *Les muets parlent aux sourds. Les discours de l'enfant sur l'école*. Tournai, Belgique: Casterman.

Segal, L. (1986). *The dream of reality. Heinz von Foerster's constructivism*. New York: Norton.

Sutton, C. R. (1996). Beliefs about science and beliefs about language. *International Journal of Science Education*, 18 (1), 1–18.

第三章

實驗室

Bevan McGuiness, Wolff-Michael Roth and Penny J. Gilmer

主編引言

　　實驗室是最常進行談論科學和學校科學的地點。一百多年來，學校的科學和實驗室有一個特別的連結關係；每當想到學校的科學課程時，腦中都會浮現學生在實驗室中模仿真正科學實驗室中科學家行為的影像。過去四十年，不管在已發展或發展中的國家「動手做」變成是科學教育中引人注目的口號，也驅動了課程發展（以及設備的管理）。可是，雖然實驗室在學校的科學有中心地位，但是懷疑實驗室在科學教育上的價值、效果和科學相關產業的連結的研究日益增多（Hegarty-Hazel, 1990; Hodson, 1993; Lazarowitz and Tamir, 1994; Milne and Taylor, 1998; Tobin, 1990）。

　　最近對學校科學實驗室浮現了兩個主要的批評；第一個批評認為我們理想的實驗室活動應該是探索式的，但實際的實驗室活動是以食譜式的方式來強調技巧的發展和對已知理論的證明（Hodson, 1993）。也就是學校科學實驗室是一個真正從事探索活動的地方的假設是一個

迷思（Hodson, 1990; Milne and Taylor, 1998）。大部分在實驗教學法的偽裝下，真實發生的是例行的動作以及技巧和數據的專注而不是討論。基本上對實驗室的評量反映出實驗活動是封閉而不是開放的；真正的實驗通常只限定在課外活動，例如科展。很多評論者都要求注重智力和問題解決能力的真實實驗室的活動和評量，應大量減少只注重技巧發展的實驗活動，並且要融入更多現代科技和資料的蒐集與處理（Arzi, 1998）。

　　第二個對實驗活動的批評是假設學生多少都可以模仿在真實科學實驗室所發生的事情。很多學者觀察到，「真實」實驗室中的科學是在一個詮釋、辯解與論證的社會情境中來進行。科學地位是經由研究者典範的親密關係所構成，這親密關係有助於建構一個現象、在特定的操作條件定義下執行觀察（Désautels and Larochelle, 1998, p. 118），並決定如何處理資料（Woolgar, 1990）。且從學者的特定社群間爭論及社會化衍生出這些地位，同時這地位與一組信念（beliefs）、規則（rules）和假定（assumptions）是一致的。相對的，基本上學校的學生都是從個人認知來行動，也就是說他們相信一個物體現象或數據都是客觀的，因此觀察和數據是建立或修改理論的基礎（Désautels and Larochelle, 1998）。確實，在缺乏解釋性的框架下，學生幾乎不具備能力去模仿「真實」科學家複雜且成熟的社會行為模式。

　　這兩個對目標和實際之間不符合以及學校科學和「真實」科學之間有差異的批評——提供一組複雜的議題給希望改進學校科學實驗室的老師或其他人，這些議題包括學生在缺乏社會與認知的資源下努力模仿科學，讓實驗室的活動更接近真實。想像的方式有：如何將重點（emphasis）從個人的科學看法轉移到科學是一個社會的活動，和如何從給予正確答案的文化改變成解釋（interpretation）、磋商（negotiation）與辯護（justification）的文化。這些議題就是下列故事的背景。

在滴定、滴定故事中，Bevan McGuiness 詳述他教導一群十一年級的學生有關化學滴定技巧之經驗。在故事中，他提出了關於這個活動與所發生的學習型態之間相關性的問題。接著是他自己與 Wolff-Michael Roth 和 Penny Gilmer 對這個故事的評論。

滴定、滴定

Bevan McGuiness

　　教高中化學有喜有憂，有時候必須在沒有簡單的實驗下很辛苦地教導冗長的理論，如原子論和電子組態；有時候是一系列難理解和吃力的實驗，滴定活動就是這樣的實驗課程。每年這個時期都會出現滴定的課程，這時我們會重新啟用滴定管，找到量瓶並引導學生享受由滴定法中求取未知物濃度和當量點（equivalence-point）所產生的樂趣。

　　我記得有一年，我帶一個非常優秀的班級。他們主動、快速的領會概念並渴望超越。所以很自然地當滴定章節到來時，我熱心地期望他們能著手做滴定的實驗工作。在準備教材時，我發現一些我大學時期的實驗室筆記，我研讀筆記並且從中確定複雜的事物。這個班級就是我會傾囊相授我所會的一切技巧的班級。所以，我反覆練習我的教學，並要求實驗室的技師檢查他們提供的每一根含有鐵氟龍頭開關的新型滴定管。

　　在課堂上，我引導他們到教科書中的正確章節，因此當他們到實驗室的時候，已經有好的準備，我們實驗前先討論實驗誤差的可能原因，以及如何使用準確的器具來減少誤差，也討論準確

度（accuracy）與精確度（precision）之間的差異。前述所有的良好準備，都是為了讓學生體認我所認為的實驗樂趣。

終於到了那一天，我記得很清楚；那是一個溫暖晴朗的日子，學生在午餐後進入實驗室，他們都有點熱而且滿身大汗。我馬上要求他們注意我已組裝好的滴定裝置，我小心地講解每一個步驟並且演示我高中老師教我的滴定技巧。

首先，我介紹並示範吸量管的使用，並且演示如何使用兩種不同形式的安全吸球，並討論為什麼不能用嘴巴來吸吸量管的原因。然後我在滴定管下方放錐形瓶並用右手搖動此瓶，同時用左手繞過滴定管，小心地控制開關，讓低濃度的酸液滴入搖動中的錐形瓶。就在這個時候，我想起我沒有放入任何的指示劑，所以我就使出我拿手的遊戲「發現故意的錯誤」，挑戰學生去確認我忘了什麼，這活動使得幾位自願提供正確答案的學生感到滿意。我小心地加入適當的指示劑，並展示如何達到滴定終點的技巧。

很棒的，我做了三次誤差在 0.5ml 以內的實驗。甚至在第三次時，學生給了我一些喝采。之後我們討論如何使用誤差分析來正確的記錄結果。最後的活動是讓他們做複雜的百分比誤差因而減低了他們的學習興趣。當整個滴定教學完成時，時間也進入尾聲。我愉快地向我的班級說「明天見」，且認為這是一個非常成功的示範教學。

第二天，當學生開始自己的滴定時，我有了第二個讓實驗教學示範成功的想法。一開始，學生就犯了使用吸量管的最基本錯誤，他們堅持兩個人一起做滴定的實驗，一個搖動錐形瓶，另一個操作開關；當我繞教室一周時，我無法相信我所看到的。最後我無法忍受，所以叫他們全部停止正在做的事，並注意我說的內容。我重新操作所有程序，就是重新示範滴定一次，並且解說整

個過程，之後我讓他們回到他們的桌子去試這個技巧。這時他們的操作有改善一些，但仍有錯誤。噢！好吧！總是會有明天的。

　　隔天，學生再一次試著精熟滴定的技巧。在這裡值得描述的是我們如何從事一系列的實驗；首先是準備標準溶液，然後使用這個溶液來標定另一個溶液。這個被標定的溶液可用來滴定兩個或三個日常商品的濃度。雖然，預定上這個實驗課的時間很多，但是顯然有些學生的時間不夠用。但，一如往常，我忽略時間的限制，選擇讓學生完成實驗。

　　整個實驗持續了好幾天，在這段時間，學生的技巧改善了，而且他們的滴定變得愈來愈準確，接下來就是討論誤差分析。當牽涉到複雜的運算時，都會出現抱怨的聲音，「噢！不！」、「你在開玩笑」等等的話語，這個班也不例外。但，身為好學生，他們全力以赴，並盡力去學習必要的數學運算來分析百分比誤差和實驗誤差。

　　無論如何，我們一同奮鬥，經歷這些困難，完成整個過程。我慎重地說「一同」，好像我成為這個班級的一部分，同時參與他們這個長且令人吃力的學習奮鬥階段。我們努力工作，且成功地達到處理滴定技巧的階段，這時我敢說學生精熟了滴定的技巧。

　　我們終於面臨了最後的困難階段，就是本單元的考試。我有點緊張，我從出題同事那裡拿到試題。在我走到教室的這段時間，我看了整個試題並感到安心；心想這將是一個公平的考試。有三題有關滴定的計算問題和幾題有關滴定技巧的選擇題。這樣的試題令我愉悅，因為我們在這個課程中做了很多有關滴定技巧的實驗！

　　然而，當我改試卷打分數時，我被擊垮了。除了少數成績總是很好的學生以外，其他學生的分數都非常差，實在是令人不可

置信。我們不是用了比平常還多的時間嗎？我個人也花了很多時間一遍又一遍重複整個滴定的實驗？答案應該不會意外，所以我問了一個中等能力的學生（這是我們所熟知的類型，他是一個好少年，平均得到C，但努力嘗試並盡力，期望有一天能達到B）。

「Bill，發生了什麼事情？我們花了很多時間在滴定上，而你們的考試成績怎麼那麼差，到底是怎麼回事？」我問他。

「是的，我們花了所有的時間在實驗技巧上；但測驗卻全部是有關滴定的計算。你知道的，我們全部都鑽研技巧，鑽研你所教我們的每一項的實驗細節及技巧。我們並沒有思考很多有關計算的部分。」他有一點不悅地回答。

「但是在最後我確實有教整個計算。」我抗議。

「噢，是的，你有。但是我們在實驗上花了所有的時間，我們以為那才是本單元的重點。」

他帶著那二十九分的考試卷離開，我被迫去反思，我可能的確需要重新思考我教授化學的重點。

教師評論

Bevan McGuiness

無論我們何時教學生，我們都有大範圍的任務和問題。教化學也是一樣的，因為它有它獨特的問題。在一般的教學中，評量是主要的問題之一。當我們評定學生時，到底我們要評量什麼？甚至更重要的是我們評量的想法是否總是與我們的學生一致嗎？

在這個故事中，我花了很多時間來教導這個特別的班級有關滴定

分析技巧的操作。當然滴定技巧本身並不複雜，但因為包含新技巧和新概念使它變得困難，所以我們花了比平常多的時間來討論背後的理論。在這種情形下，學生合理推測考試的重點應該是實驗中花最多時間的地方。在這個故事中，我沒有提及在課程剛開始時，我給學生一份完整的評量大綱，內容不僅詳述分數的分配，也詳述每個評量項目的相對比例。因此他們應該知道此次測驗基本上以計算為主，而不是以實驗為主。但他們並沒有做到那個步驟，因而導致對測驗結果失望。

　　的確，有關滴定評量的另外一個觀點就是實驗本身。只是，要如何來評量它呢？我很清楚地告知學生在本次測驗中，評量最強調的是在理論基礎下的計算部分。當然有一些問題是有關實驗的技巧，只是大多數的測驗題目是有關實驗後的數據處理。當我們評量一個課程的實務部分時，如化學，我們實際評量的是什麼？假如我們用紙筆測驗，我們能評量到學生的實驗操作能力或是知識嗎？對學生而言，是否有可能沒有做實驗，仍可通過有關實驗技巧的紙筆測驗呢？在我的經驗裡，這是可能的。

　　至少有兩種評鑑實驗的方法，經過這個事件後我都使用兩個不同的方法來評量學生的實驗。一個方法是使用一個以實際實驗過程的特別設計為主的紙筆測驗。這是有用的測驗工具，就是測驗學生記得這個實驗滴定的步驟，以及接下來的計算。但是這樣的測驗並無法分辨學生是否擁有操作實驗的技巧。

　　另一個可用的評量工具是操作測驗，就是給予學生一組設備或者一堆設備去解決一個問題。這樣的評量給予學生使用設備去解決限定問題之機會，這樣的測驗形式可以讓老師觀察學生進行實驗的過程，然後依據他們的實驗結果檢查他們的計算。

　　時間是上述這種評量工具的主要問題，也就是需要時間來組合實驗器具準備所需要的溶液以及操作整個實驗；所以這樣施測的方式不

像一般的測驗，其主要批評都是時間侷限的議題。然而，假設測驗的目的是要測驗學生實驗的能力，那麼為何要限制時間呢？雖然在工業界中也有時間的限制，但不會像學校那樣。同樣地，我們到底是要評量他們實際的能力還是評量在短時間內他們能做什麼？

我採用的評量工具明顯地不適合我們已經做的工作，但如何評量像滴定這樣複雜的事，還真不是一個簡單的工作。在這裡我提出另外一個可能的平行議題，也就是另一個班級只看兩個滴定的演示，接著就練習解題，然後在這個考試比我的學生表現得更好。這個結果顯示我的學生將時間花在實驗上，對他們的成績是不利的。

當我回想這個故事，然後思考寫這個評論時，我打電話到一些化學分析公司。我問了八間公司的化學家，請問他們是否在平常的工作中使用滴定。回應有很多種，五間說滴定對他們的分析來講是很正常的步驟；兩間說他們完全不使用；最後一間說除非沒有辦法不然不會使用滴定。我和這些在工作場所的化學家談話所得到的印象，是滴定技巧將不會完全消失，但會被新的方法逐漸取代。一個化學家說，他們使用滴定的想法和技巧，不是「滴定管及其週邊設備」，而是使用輻射劑量測定器；同時他有一個明顯的感覺，那就是滴定屬於「古典的化學」，會立即被新的科技所取代。

然而，在目前的工業界中，滴定是化學分析的重要部分。因此我將滴定融入到我個人的教學中；現在當我教到這個單元時，我會強調這個技巧在工業界中的重要性。從我和一些化學家談話中所得到的訊息，我可以描述分析在工業中真正的做法，以便將這個實驗放入真實生活情境中。

現象學、知識學和真實的科學

Wolff-Michael Roth, University of Victoria

　　滴定、滴定提出了很多教師和科學家都沒有提出適當看法的嚴肅問題，為什麼我們要求學生從事實驗室活動？學生的學習發展在儀器操作與依規定摸索練習之間，存在著什麼樣的關係？學生從事活動的目的是什麼？學生的活動和科學家的活動有什麼關係？學生在教室從事的活動和他們在測驗時所從事的事物間有何關係？換句話說，使用測驗評量，我們能對學生已習得的事物有多深入的了解？我從知道和學習的現象學反思開始，再繼續敘述真實的科學實驗。

從實驗室（和示範實驗）學習

　　最基本的問題是當學生從事實驗室活動或觀摩示範實驗時，我們期待他們學到什麼。科學教育意識形態（ideology）和一般的學問（lore）抓緊「動手做」〔或更近的是手到（hands-on），心到（minds-on）〕，幫助學生學習到正確的理論論述和科學實驗。然而，並沒有任何研究顯示操作儀器會如何改變一個人對科學理論架構的理解。我們有什麼證據可以證明學會滴定（甚至「正確」）技巧能幫助學生學習化學的一切？傳統實驗室活動所宣示的價值並非未經檢視，而是藉這個價值所組成的「有權勢的、如神話般的誇張言辭」（Hodson, 1990, p. 34）；從未接受檢驗。因為學校實驗構想有暇疵，造成學生混淆又無法激發產出，所以在這個實驗活動中，許多學生只學到科學的皮毛，更談不上真正從事科學。想了解為什麼會這樣，我們需要從學習者的

觀點去看課程活動；也就是說，我們必須從假設一個人還不知道這些活動到底要教什麼科學的立足點來看科學實驗活動。讓我們從認知上的現象學觀點來看。

我們居住在一個我們認為理所當然的世界而且重複持續對我們表示這個世界像什麼（Heidegger, 1997），這世界是我們每天活動的背景。然而，當被問到相關事物時，我們開始聚焦在個別化的物體和事件，也就是我們使一些模糊的背景變得更清楚而導致一些面向被突顯出來。然而，我們所凸顯的是依據情境和因這個情境而回溯的過去經驗。我們的已知會強烈影響我們想凸顯的和凸顯的方式，因此我們要處理或注意的是結構的性質。教師和學生之間的經驗有很大的差異（更不要說學生和科學家之間），所以當學生看這個世界時會有不同的認知建構（Roth, 1995, 1996）。我的研究顯示選修物理學的學生整理他們實驗經驗所建構的通則與教師想教的理論並不相容（Roth et al., 1997a）；當演示時，學生所凸顯的面向和老師在演示中所要教的定律無關，甚至是背道而馳的。

因此，這些評論清楚地顯示，期待學生的建構能和科學家花了兩千年所建構出的定律和理論相同是不合理的。因此，「發現」是一個迷思，更進一步說，老師無法只用演示一些示範實驗和告知一些有規則的結構就可以讓學生理解科學的理論架構。在此簡述我的想法，同時也提供大家不同的架構去理解該如何從教學和學習的觀點去看「知識」（knowledge）和「知道」（knowing）。從現象學的觀點，我們總是活在一個充滿意義的世界。從出生開始，我們就參與組成社群的各種活動（Heidegger, 1997）。因為我們共同參與的方式，如在社交和物質世界中的演出和互動，使我們對這個世界的經驗變得很敏感。在合適和有序的活動中會產生豐富的知識，而這知識「在包含各種人共同參與的持續情境和結構的活動中，會在社會、文化與歷史持續的活動

系統中產生豐富的知識，且這些豐富的知識習慣處於一個變化狀態而不是靜止的」（Lave, 1993, p17）。Lave更進一步指出，共同參與者的社會地位、興趣、原因和主觀的可能性是不同的，因此共同參與者不斷以協調特定情況的定義來做改進。這個失敗的產生是這種例行性群體活動的一部分，它同時也是一般知識的產物。

　　這是一個知道和學習活動的中心觀點，當改變我們的參與時就產生了學習，我們經驗的世界也同時改變。因此，學習是由改變參與所組成的，這也改變了我們看教學的角度。教學不再是資訊的轉移，而是我們如何創造一個機會讓學生有機會在變遷的世界中改變他們的參與（Lave, 1996）。因為我們和其他人共同參與，所以對話和行動的可理解性是最優先的社交；因為我們已經在社群中分享對世界的看法，使得我們的活動變得有意義。也就是說，從信任共同參與做科學中產生了與科學家實驗一致性的本質。[1]

　　當我們使用這個現象學的觀點來反思滴定事件時，我們不禁要問學生活動如何在脈絡化學習主體中成為最重要的一部分。我們也問學生如何在搖錐形瓶和開、關旋鈕的參與改變中，如何改變在計算活動中的參與。假如在滴定實驗活動和紙筆測驗只有些微相似性，我們就必須問：「做滴定活動的價值是什麼？」當我們決定要學生去參與滴定時，我們應該在他們做滴定的過程中評量他們的能力。為什麼把學生帶離他們平常活動的資源，而在人為的脈絡和方法中去測試他們，這樣將導致我們無法得知學生在正常活動中的能力資訊，最後，這引導我們進入下一個章節，雖然學生可能從未共同參與真正的滴定實驗，但應要求學生正確操作滴定而不是讓別人信任他們的滴定操作。

真實科學中的對與錯

　　科學教師必須要問自己：他們為學生所設計的活動是如何反應科

學的知識和實作的科學（science as practice）。以我的觀點來看，現今
大部分的科學教學曲解且干擾了科學的本質，我從研究實驗室的工作
中理解了科學和科學實作，以及科學家（和軟體工程師）每天做的田
野記錄和認知的研究。和專業科學相反，學校的科學活動通常有人會
提供「正確」的答案，而這個人常常是老師，如本文中滴定、滴定的
描述，學生以這些當作評量的正確答案。[2] 另一方面，在日常的科學
中，我們通常沒有所謂的正確答案；這些數據或一系列數據是訊號或
是雜訊，決定於研究者的理論架構和數據的再現性（例 Garfinkel et al.,
1981; Woolgar, 1990）；通常科學家們會在他們的社群中進行論證，也
就是一個扮演正方，另一個扮演反方，來建構這些資料是訊號還是雜
訊的意義（Amann and Knorr-Cetina, 1988）。因為這個理由，使得學生
的實驗操作或老師的演示以及他們的學習理論陷入一個困境，因為他
們沒有足夠工具來決定所看到的是訊號還是雜訊（Roth et al., 1997a,
1997b）。

　　科學家社群已經發展了一連串的實作，來幫助他們把看起來不像
訊號的訊號變成可見的訊號（Roth and McGinn, 1997）。讓我們來看一
個例子，[3] 在圖 3.1（上方）中，我呈現了一個似乎是合理的人為實驗
數據曲線，一般而言，這些數據應該會出現一個波峰（peak），但是，
假如一位研究者直覺會有兩個「真正」的最高點，那麼他可能要估計
他的數據蒐集工具的頻寬（bandwidth）並以數學來建模它。使用「展
開」的數學過程，可能會「恢復」像圖 3.1 底下圖形中「真實」的波
峰。[4]

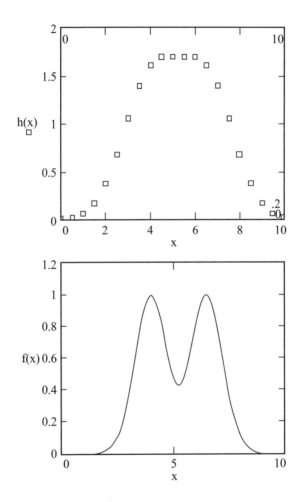

圖 3.1　上圖代表由科學家真實蒐集的資料，如果科學家假設負責蒐集資料的儀器頻寬會覆蓋「真實」的資料，則會使用合理的儀器功能「展開」數據的過程。這樣展開之後，在更低的畫面可能產生「真實」的函數 f(x)。

相同的方法，我們的科學家可能已經蒐集了圖 3.2 上方圖形中的資料點，再一次，假如他直覺認為真的應該有一個現象和一個訊號（signal）代替虛擬直線，他可能會想要使用一個對變化很敏感的技術，然後使用數學的導數運算來處理所蒐集的資料，或者使用對變化很敏感的電子工具，像在圖 3.2 上方圖形的資料經過處理後會出現圖 3.2 下方圖一樣。

上述的重點就是科學家們在他們的工作中發展出各種的實作（practice）把他們的期望（理論）和所蒐集的數據進行統一，這樣的實作（practice）在社群內部是合理的，且讓他們的活動獲得信任。到底什麼是「真正的」數據，圖 3.1 的波峰是一個還是兩個，還是圖 3.2 上圖或是下圖圖形的波峰，都依賴我們科學家的理論，也就是自然的理論和儀器的理論。將理論預測的訊號和其他影響加以區隔是高度偶然的成就，並且有賴於研究者的實驗背景，以及對該專業領域的理論判斷。在可能的情況下，研究者尚且可預知現象合理的（可論述並受公評的）外貌。資料是否「真實」且符應事實現象，端賴研究者本身是否具備能力讓實驗和分析在自己的研究社群中具有可信度。在圖 3.2 原始圖中上下起伏的波動是否起因於實驗誤差，或者事實上可用它們來揭露一些無法預先建立，但必須放在一個足令科學家做出可信陳述的操作範圍中加以檢視的現象。在這個過程中，如第二次的實驗可被視為相同的（也因此用它來評估第一次實驗被證實的或不被證實的），或者在某些面向是不同的，那事實現象就必須融入在科學家實驗的偶發中。

相反的，在滴定故事中，學生在實驗室中所做的實驗工作，從一開始就可以被預測。這裡我們並不是在說一個「發現」的工作，而是像技術員一樣瑣碎的工作，因此只顯露出一些發現科學的輕鬆經驗，這種方法和意義是科學家所建構的知識，此知識我們後來視為「事實」。學生很少學習有關科學家使用精密滴定的目的，以及有關科學

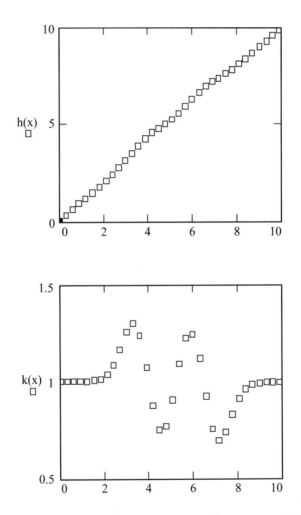

圖 3.2　上圖，是合理的人為實驗數據函數h(x)圖；下圖，假如研究人員
　　　　假設有「真實」訊號產生，他可能會想使用電子儀器方式（在
　　　　蒐集資料的層次），或者數學的方式（運用原始數據）產生原
　　　　始圖形的衍生函數 k(x)。

家設計活動來取得研究夥伴或是大部份（at large）社群的信任。這些有關「真正」科學的故事，如何能期待學生在第一次就會做對呢？他們如何區分訊號和雜訊呢？他們如何知道哪一個訊號和現象是有關的呢？

　　科學教育者和科學老師需要改變有關教學和學習的想法；此時，若老師和學生只注重成績，則我們需要改變教學，使我們的教學可以和在這些反思中支持的學習觀點相容。我們必須在敏感和有用的活動中，來導致共同的參與和在一般科學實驗的結果；我們要建構的是一個以學習為主要目的的環境而不是成績；我們必須建構一個能引導學生產出合理報告的實驗，而不是得到「正確」的答案。

評量與學生的興趣：連結學習

Penny J. Gilmer, Florida State University

考慮評量的形式

　　Bevan McGuiness傾聽他的學生回應有關為什麼學生在滴定單元的考試表現不好的問題，「噢！的確是如此，你在本單元最後，的確強調計算的重要性，但我們把所有的時間都花在實作（practice）上，因此我們認為實作是大事情。」

　　身為老師，必須了解評量學生和上課強調重點是引導學生學習的兩種方法；Bevan用總結性評量的方法評量學生滴定的學習，此方法強調的是結果（即，最後的計算和誤差分析），而不是學習過程（準備標準緩衝溶液、滴定鹼，並且用標準的鹼來決定未知酸的濃度的實作），Bevan的學生花了很多時間學習滴定實作的過程技巧，只有在這

個單元的最後一天計算一些酸的濃度和做錯誤分析。

了解學生的興趣

　　為了學生學習滴定所具有的複雜性，老師必須抓住學生的興趣，就如 Bevan 想要的，享受滴定過程、由滴定法中求取未知物濃度的最小滴定量、當量點的樂趣，和誤差的分析；例如，Bevan 的學生可能對特定植物中的花色素苷（anthocyanin）色素，如天竺葵、薔薇、草莓、黑莓（譯者註：桑椹）等紅色的顏色，可作為天然的指示劑有興趣。罌粟花的花青素，在鹼性中呈藍色，但在酸性中會呈現紅色；事實上植物的樹汁，控制了花的 pH 值。罌粟花的汁液是酸性，所以花是紅色；而矢車菊的汁液呈鹼性，所以開藍花。人們從實驗室的動物研究中發現，有些人造紅色染料會導致癌症，因此食物就改用這些自然的染料（Oxtoby et al., 1994）。像這樣的想法，可能就會讓 Bevan 的學生看到化學的關聯和為何會引起人們的興趣，而化學的力量就是能夠解釋大部分的世界。

在化學中分享個人經驗

　　我總是試著把我在化學生涯中的一些重要研究的實際經驗跟學生一起分享，如滴定。當我在加州大學柏克萊分校修生化博士學位的時候，我的研究是要了解當兩個受質酶之一形成共價鍵時，一個特定氨基轉換酶作用的機制。先前研究這個酶的研究者報告中提到每四個聚合物（tetrameric）的蛋白質有兩個活化位置（即，此酶每個完整單位有四個相同的蛋白質鏈，且有兩個反應位置給受質酶），我並不預期會與先前的報告有任何的不同，我使用滴定法測定此酶的受質酶，當發生鍵結之後，可藉由顏色的變化，做定量的結果。在我第一次的實驗中數據顯示此種蛋白質都有四個鍵結的位置（Gilmer et al., 1977），

我用了一年的實驗時間去說服我的指導教授接受那篇文獻是錯的。這個故事總是讓學生留下深刻的印象,那就是科學是一個了解的、慢慢增加的嚴謹過程。然而,我總是和我的學生分享:當我的指導教授用他所研發的此酶的受質酶的實驗結果確認了我的實驗結果,也就是每個此種蛋白質(四個聚合物)有四個鍵結的位置時,我的感覺非常好。

使用網際網路

另外可以幫助 Bevan 的學生看到滴定市售酸的產品濃度的重要性和實用性的一件事,就是鼓勵他的學生在網際網路上找尋滴定的實際應用,他的學生可能會選擇一個他們想要去滴定的市售產品。

或者,Bevan 的學生可能已經對測定來自國內不同地區的酸雨中酸的量有興趣,這些學生會主動去做標準的滴定實驗,來發展他們的方法,所以他們能夠檢測未知物,對他們來說這樣更有意義。以檢測酸雨為例,學生可能需要思考如何執行實驗,使結果是有意義和可複製的,而不是用食譜式的實驗步驟來做實驗。經過這樣過程,Bevan 的學生將知道科學研究的挫折和回饋,他們擁有自己資料的所有權,他們也能夠透過網際網路上的"GLOBE"計畫,與世界上其他做相似研究的學生互動,網址是:http://www.globe.gov

最近,我教導生化課程中的酸鹼單元,選修此課程的大學生對經由網際網路尋找緩衝液的實際應用感到興趣,我的學生發現緩衝液可被使用在決定 DNA 的基因順序的電泳(electrophoresis)實驗中,也可使用在牛的飼料中來增加牛肉的質量。

運用學習歷程檔案評量學生的學習

Bevan 的評量可以包含傳統的總結性紙筆評量,也可以包含另類的評量方式,如他的學生在網際網路上的作業的學習。因為很多學生不

知道如何使用網際網路上的搜尋引擎，所以 Bevan 應該教導他們如何使用。當學生自由地探索時，他們將會感到新鮮且會發現那些老師以前無法體會的所有新事物。換句話說，老師必須也是學習者，以開放的心胸從他的學生身上學習，但同時也要有判斷力以及詢問學生發表的內容。

我在班級活動中發現可以進行小組合作學習，比如他們必須使用這個學科語言（language of discipline），或者他們必須以他們知道的來教導其他的同學，這樣可以幫助學生學習。所有的學生都帶著自己的先備知識和經驗來到這個班級（Glasersfeld, 1989），在班級中每位學生都和同儕分享自己的理解，每位學生也可以從其他同學身上學習，就像從老師身上學習一樣。

為了 Bevan 對他學生的貢獻和學習的評量，每位學生必須在自己的學習歷程檔案中寫上一個紀錄（Collins，1992），我發現讓學生依循他寫學習歷程檔案的過程對學生的寫作是有幫助，例如，為了個別學生的電子歷程檔案，我最近擬了五點標題（five-point rubic）（正在演進中）包括：

- 分享正確的科學內容理解（可幫助學生使用科學對話和老師也可以了解學生的迷思概念）。
- 使用正確的文法和拼字來傳達學習（幫助學生能夠更清楚的傳達）。
- 反思過去和現在的學習（幫助學生連結已學過的學習和新的學習；學生也可藉由反思了解有哪些幫助和阻礙他們的學習）。
- 註解學生從何處學習到課本以外的資料（學生從網站、書籍或報紙文章中發現能幫助學習的材料）。
- 在研究結束之後，鼓勵學生把心中對本研究還有的存疑以問題的方式提出（給予老師一扇進入學生心中的窗，可以看到每位學生學習的進程有多遠）。

老師花很多時間閱讀學生所寫的內容並給予個別的回應，這樣做可以幫助老師了解學生的學習，發現現在教學的單元中學生知道了什麼，還不知道什麼。當老師這樣做且反應在教學上時，老師所接收到的回饋會影響日後的教學，也就是在本單元結束後可發現學生還不知道的地方，老師也許還有機會改變重點，澄清迷思概念和強化班級的學習。這是在班級中進行行動研究的第一步，在小學（Spiegel et al., 1995）、國中（McDonald and Gilmer, 1997）、高中（Yerrick, 1998）的行動研究結果，可以提供在任何層級的老師如何改善自己班級的科學教學和學習的觀點。

主編總結

或許在學校的化學課程中的滴定實驗活動已經提升到高藝術（或科學）的地位，在世界的某些部分，國家競爭力掌握在學生的滴定技巧上，滴定這個課程的主要焦點好像強調完美的技巧（「技巧」這個字在 McGuiness 的故事和評語中出現了十八次）。不用懷疑，這位老師熱衷於追求完美的滴定技巧，這點符合高中化學老師的特質，然而，本章一開始所提供的實驗室工作的評論，我們好奇這類活動如何被視為「真正的」科學。針對這個議題，評論人也提供了不同角度的看法。

第一個角度，科學實驗室需要可解說的氣氛而不是正確的氣氛。就像Roth建議的，「我們需要帶領學生到合理解說的脈絡情境，利用此情境引導學生從事實驗活動，而不是得到一些所謂『正確的』答案的情境」。正如Roth所指出的，這是一個複雜的事件，就像知識豐富的發展一樣，來自於具有「持續進行的、情境的和建立結構的活動中」的共同參與的文化；Roth描繪了和科學家在工作中的圖像一樣的相似

物；他在複雜社會環境的科學行為的觀察，被 Gilmer 在她的生物化學的博士研究的故事所驗證，除了不斷地做滴定，Gilmer 的主要工作之一是說服她的指導教授接受文獻是錯誤的。依照評論員的說法，真正的學校科學是發展說服、商議、論證的情境脈絡。

　　第二個角度，滴定活動需要考慮相關的科學、問題解決的情境脈絡。從 Gilmer 在班級裡研究植物染色的價值、市售酸性產物和酸雨的討論中，得知學生的興趣是可以被提升的；然而，瞭解學生的興趣是一個非常需要技巧的工作，如 Gilmer 的經驗一樣，在她的特定胺基轉酶的性質研究中顯示當時該研究明顯的捕獲她的興趣，不過對其他人來說可能就比較沒有興趣了。很清楚地，真實性包含對個人關心的相關和興趣的重要成分。

　　第三個角度是活動需要進入「真實世界」的資源和技術，就像 McGuiness 的觀察一樣，在一些化學實驗室中可能仍使用滴定管，但它們很快地被其他更現代的工具所取代。Gilmer 使用網路詳細調查了探究化學滴定的一些實際應用的可能性，這些可能性包括了電腦模擬的使用，就如回應 McGuiness 的亂數也包括調查（straw poll）所顯示的，滴定被取代不僅是一個想法而已，滴定的週邊設備及使用這些設備的特定技巧也全都被替換。事實上，可能也會包含使用資源和技術來解決科學的問題。

　　最後一個角度是有關評量和教學活動的關係；三位評論員都注意到故事中的活動（強調過程）和評量（強調計算）之間的衝突。McGuiness 提供一些修正此情形的可能方法，包含實驗測驗，在此測驗中給予學生很多儀器去解決問題，他仍然暗示，必須要檢查學生的答案；Roth 建議寧願在正常的情況下進行評量，也不要在人為的情境脈絡下進行。寧願從解釋的觀點為他人解釋，也不是要得到正確的答案。在 Gilmer 的評論中，她建議評量應該是以學習（例如準備標準緩衝溶

液的實作）的方法為基礎，而不是最後的結果（最後的計算），她也探究使用學習歷程檔案（包括電子歷程檔案）以了解學生理解的可能性。真實的實驗工作必須和真實的評量是一致的。

實際上，這四個角度——關於社會情境脈絡、關聯性、資源和評量——提供一些解釋本故事中滴定、滴定事件的方法，以及一些如何繼續往前的想法，不一定是本故事中所描述的滴定（甚至技術），所有的實驗活動應位於社會、智力和認知的環境中。滴定（和技術）是真實科學實驗的一部分，這是完全可能的，就像 Gilmer 的研究經驗可以證實一樣。然而，Gilmer 的經驗是科學的努力含有不同標準的處理，而不是學校的科學。McGuiness 和其他的科學教師夥伴的挑戰就是要找到協助學生發展行為的相對應標準，來統合社會和認知資源以操作真實的實驗的方法。

註解

1. 語源學地，如 communicate、community、consensual 和 collabrate 這些字的自首來自於拉丁字 "cum" ，意思是「和」。Communication 和 community 是假設我們和其他的人在一起，允許我們一起分享，有一些事情是共同的、同意的和合作的。
2. 研究證明，有些受到最好訓練的老師有時候會假設他們有正確的答案，這樣會導致學生測驗的標準答案和科學的原則不一致的有趣情況（Roth et al., 1997b; Roth et al., 1996）。
3. 在我的科學碩士研究期間，我（Roth）看到很多電子和氣體物質反應實驗的圖表，在 Garfinkel 等太空人蒐集到的這些數據可能是這種性質。
4. 為了產生這些資料，我（Roth）採用相反的方向，我從一個「真實

的」函數開始，使用一個工具函數覆蓋它（蓋在它的上方），有興趣的讀者可以寫信給我以獲得確實的計算。

參考文獻

Amann, K. and Knorr-Cetina, K. D. (1988). The fixation of (visual) evidence. *Human Studies*, 11, 133–169.

Arzi, H. J. (1998). Enhancing science education through laboratory environments: More than walls, benches and widgets. In B. J. Fraser and K. G. Tobin (eds), *International handbook of science education* (pp. 595–608). Dordrecht, The Netherlands: Kluwer.

Collins, A. (1992). Portfolios for science education: Issues in purpose, structure and authenticity. *Science Education*, 76, 451–463.

Désautels, J. and Larochelle, M. (1998). The epistemology of students: The 'thingified' nature of scientific knowledge. In B. J. Fraser and K. G. Tobin (eds), *International handbook of science education* (pp. 115–126). Dordrecht, The Netherlands: Kluwer.

Garfinkel, H., Lynch, M. and Livingston, E. (1981). The work of a discovering science construed with materials from the optically discovered pulsar. *Philosophy of the Social Sciences*, 11, 131–158.

Gilmer, P. J., McIntire, W. S. and Kirsch, J. F. (1977). Pyridoxamine-pyruvate transaminase: I. Determination of the active site stoichiometry and the pH dependence of the dissociation constant for 5-deoxypyridoxal. *Biochemistry*, 16, 5,241–5,246.

Glasersfeld, E. von (1989). Cognition, construction of knowledge, and teaching. *Synthèse*, 80, 121–140.

Hegarty-Hazel, E. (ed.) (1990). *The student laboratory and the science curriculum*. London: Routledge.

Heidegger, M. (1977). *Sein und zeit* [Being and time]. Tübingen, Germany: Max Niemeyer.

Hodson, D. (1990). A critical look at practical work in school science. *School Science Review*, 70, 33–40.

—— (1993). Re-thinking old ways: Towards a more critical approach to practical work in school science. *Studies in Science Education*, 22, 85–142.

Lave, J. (1993). The practice of learning. In S. Chaiklin and J. Lave (eds), *Understanding practice: Perspectives on activity and context* (pp. 3–32). Cambridge: Cambridge University Press.

―― (1996). Teaching, as learning, in practice. *Mind, Culture, and Activity*, 3, 149–164.

Lazarowitz, R. and Tamir, P. (1994). Research on using laboratory instruction in science. In D. L. Gabel (ed.), *Handbook of research on science teaching and learning* (pp. 94–128). New York: Macmillan.

McDonald, J. B. and Gilmer, P. J. (eds) (1997). *Science in the elementary school classroom: Portraits of action research* [Monograph]. Tallahassee, FL: SouthEastern Regional Vision for Education; available On-line: <http://www.serve.org/Eisenhower/FEAT.html>

Milne, C. and Taylor, P.C. (1998). Between a myth and a hard place: Situating school science in a climate of critical cultural reform. In W. W. Cobern (ed.), *Socio-cultural perspectives on science education: An international dialogue* (pp. 25–48). Dordrecht, The Netherlands: Kluwer.

Oxtoby, D. W., Nachtrieb, N. H. and Freeman, W. A. (1994). *Chemistry: Science of change*. Philadelphia, PA: Saunders College Publishing.

Roth, W.-M. (1995). Affordances of computers in teacher–student interactions: The case of Interactive Physics[TM]. *Journal of Research in Science Teaching*, 32, 329–347.

―― (1996). Art and artifact of children's designing: A situated cognition perspective. *The Journal of the Learning Sciences*, 5, 129–166.

Roth, W.-M. and McGinn, M. K. (1997). Graphing: A cognitive ability or cultural practice? *Science Education*, 81, 91–106.

Roth, W.-M., McRobbie, C. and Lucas, K. B. (1996, April). Students' talk about circular motion within and across contexts and teacher awareness. Paper presented at the annual conference of the American Educational Research Association, New York, NY.

Roth, W.-M., McRobbie, C., Lucas, K. B. and Boutonné, S. (1997a). The local production of order in traditional science laboratories: A phenomenological analysis. *Learning and Instruction*, 7, 107–136.

―― (1997b). Why do students fail to learn from demonstrations? A social practice perspective on learning in physics. *Journal of Research in Science Teaching*, 34, 509–533.

Spiegel, S. A., Collins, A. and Lappert, J. (eds) (1995). *Action research: Perspectives from teachers' classrooms* [Monograph]. Tallahassee, FL: SouthEastern Regional Vision for Education.

Tobin, K. (1990). Research on science laboratory activities: In pursuit of better questions and answers to improve learning. *School Science and Mathematics*, 90, 403–418.

Woolgar, S. (1990). Time and documents in researcher interaction: Some ways of making out what is happening in experimental science. In M. Lynch and S. Woolgar (eds), *Representation in scientific practice* (pp. 123–152). Cambridge, MA: MIT Press.

Yerrick, R. (1998). Reconstructing classroom facts: Transforming lower track science classrooms. *Journal of Science Teacher Education*, 9, 241–270.

第二部分

有關不同的兩難

第四章

性別

Wendy Giles, Peter Leach, J. Randy McGinnis and Deborah J. Tippins

主編引言

性別問題在科學中是很重要的。在最深的層級中，科學的概念結構植基於性別差異之上。舉例來說，Linnaeus 將傳統的性別階級引入到植物的綱及目的階層區分。在植物的分類中較高層的是基於雄性器官的數量來決定；而植物分類中較低層的目，則是基於雌性器官的數量來下定義（Schiebinger, 1993）。傳統上，理所當然視科學以陽性認識論為主，且科學活動也以男性活動中心為主導（Harding, 1991）。這種傳統的結果導致很少女性進入科學領域，甚至更少女性在大學或其他研究單位中，占有資深的科學地位（Osbourne, 1994）。當女性參與科學時，她們選擇較「軟」（soft）的生物科學比選擇較「硬」（hard）的物理科學來得多；她們聚焦於能幫助人們、動物和地球的科學（Baker and Leary, 1995）。

在學校科學教育中性別差異也同樣存在。在許多國家，女孩較少選擇科學，且較少選擇物理科學（Rennie et al., 1991）。在他們的科學

教科書中，女性和女孩一直以被動的角色呈現（Potter and Rosser, 1992）。在教室中，男老師和女老師皆較常與男孩進行互動（Crossman, 1987; Jones, 1990），而女孩較少接觸實驗器材（Tobin, 1988）。在考試中，尤其是物理考試，女學生時常會面對以武器或是戰爭為情境的題目（Parker and Rennie, 1998）。

為了解決科學中對女學生這種結構的不利，研究者企圖找出教室中的性別平等策略。舉例來說，在 Baker（1998）對科學教育的平等議題回顧中，他區辨了其他研究者所提出的一系列成功的平等策略。這包括了使用小組或合作學習的策略（Scantlebury and Kahle, 1993），使用結構化的參與來降低教室討論中男生的主導地位（Baker, 1988），和以學生想法為起點，並且不需要提出一個正確答案（Corey et al., 1993），需要學生小組朝向一個共同目標工作的實驗（Martinez, 1992），以及包含更多女性感興趣的真實世界脈絡（Rennie and Parker, 1993）。

在這章一開始的故事，在「衝撞課」中出現了幾個 Baker 所找出來的性別平等策略。一位研究者 Wendy Giles，描述八年級物理課程中提供給一群女孩及男孩的機會。Giles 介紹這位教師，Peter Leach 是一位「在教學策略中對性別議題具敏感性」的老師。儘管具敏感性，但在他的科學教室中，男孩和女孩群體所獲得的機會是不平等的。在衝撞課之後的評論中，Giles 描述她對這堂課的想法，Peter Leach 則提出對自己意圖的解釋，Deborah Tippins 和 Randy McGinnis 分別提出在這堂課的描述中所出現的性別議題之解讀。

衝撞課

Wendy Giles

　　在我的研究計畫中，我觀察從小學至中學的學生。Elizabeth
是我所選擇的一位學生。當她還就讀國小時，就對科學有相當大
的興趣，因為她小時候有很長的時間生病住院，她希望能成為護
士幫助別人。她發現中學的科學比她預期中的要好，因為大部分
課程都包括一些各式各樣的活動，而且老師很親切又平易近人。

　　Elizabeth 中學第一年的科學老師 Peter Leach，是一位年輕且
熱心的教師。他認為學生在一個沒有壓力的環境中將擁有最好的
學習，因此他意圖在他的教室中營造一種輕鬆的氛圍。他了解科
學教育的近期發展，且對教學策略中的性別議題具有敏感性。因
此在大部分的教學中，他企圖將教學的內容和活動融入對學生有
意義的情境脈絡中。他鼓勵小組解決問題，且更喜歡動手做的活
動，而不是以教科書為主的教學活動。

　　在學期末這個特別的日子，Leach 先生允許學生自己形成小
組來完成活動。Elizabeth 選擇和她鄰座的三位女孩一起工作。當
老師概述需要遵守的程序時，她專心地聆聽。為了讓學生參與討
論，Leach 先生以車禍來開啟這堂課的討論；在車禍中車子的速
度、座位的安全帶和頭等等對汽車所有者的影響全部被提及。每
個小組準備一輛台車（汽車）、坡道及代表一個人的黏土。將
「人」放置於汽車前端，接著玩具車沿著坡道向下滑動，再撞上
木製的不同點路障，觀察碰撞對人造成的影響。學生要測量碰撞
後，假人靜止時玩具車到路障的距離，並在坡道的不同起始點，

重複進行這個活動。

　　Elizabeth 旁的那一組男生立刻開始，他們使車子從坡道向下行駛，而未將假人置於車上。他們花了一些時間去組織及記錄結果。每一次碰撞時，他們發出了很大的聲音，並且興奮地叫喊著。

　　「喔！好帥！你有沒有看到啊？」

　　「這一次，換我推一下吧！」

　　「用力推它！我們拿這塊黏土要做什麼呢？」

　　「不知道！」

　　「再推它一下啦！」

　　相反的，Elizabeth 和她的朋友花較長的時間，儘可能將黏土做成接近真實的人形。實驗手冊的教學包含手臂、腳及頭的重量比例。她們討論黏土人如何建造，並且仔細量測每個部分的重量。

　　「像這樣製作頭——使用你的手指頭讓它變中空的。」

　　「要連接它的火柴呢？不要弄壞它！」

　　「我們可以給它加上一些頭髮嗎？它必須坐在台車上，所以腳必須是彎曲的。」

　　她們專注於情境脈絡中，似乎不想去嘗試活動，雖然她們看見旁邊的男孩組表現得很有興趣。Elizabeth 的組別沒有將車子進行任何一次的試跑。

　　Leach 先生在教室中走動。他仔細地觀察每一個組，但並不介入活動。除了 Elizabeth 那組外，其餘各組都從實驗中記錄一些結果。最後 Leach 先生指出沒有足夠的時間再進行第一階段的實驗，他接著說明下個階段需要兩部車，所以組別需要合併。Elizabeth 組加入了旁邊的男生組中。一輛車被置於坡道前三十公分處，而另外一輛車沿坡道向下行駛一公尺，再撞上那輛靜止不動的車。學生要觀察碰撞對於坐在汽車裡的假人造成什麼影響。開始

時，Elizabeth 與其中的一個男孩爭辯尺的使用。

「它必須從一公尺開始。」

「讓我來！把尺給我！」

「不，我可以做！」

Elizabeth 繼續進行標記。然後，男孩開始讓車子行駛，而女孩則觀察和記錄。在整個實驗活動中，女孩唯一操作的器材只有尺，最後收拾器材時，女孩們則全部幫忙。在班級進行結果討論時，明顯地看到 Elizabeth 組是唯一在第一階段沒有結果的組別。她們看起來是要使用男生第一階段的實驗結果來完成這個實驗報告。

觀察者評論

Wendy Giles

教室中包含性別議題的教學，會強調女孩們的興趣和優點，或者提供女孩參與活動的機會，而那些活動通常是女孩在校外不會參與的。這些策略也有助於男孩，因為這樣可以幫助他們在這個領域上成長。鼓勵或甚至允許在教室中單一性別的小組去操作，似乎都是一種使女孩們在操作器材或實驗上，能參與更多的鼓勵策略。小組有益於同儕討論，和合作的解決問題。在所描述的這堂課中，問題被置於有意義的社會情境脈絡中；因此，它將顯示在教室中女孩應能從這類的課程中受益。

然而，對女生而言，將女生組置於有些干擾的男生組旁邊，似乎會有負面的影響。如果整個班級都是女生，女孩們對於觀察和記錄可

能會感到較不拘束。假如男孩也有他們自己的班級,他們最後可能會
有所體認,除非他們依照實驗手冊做實驗並且做記錄,否則他們的活
動是沒有意義的。贊成和反對單一性別科學班級的論證,已經有很好
的文獻。在單一性別班級中,雖然學習成就大部分沒變,但女孩顯示
出較喜愛的態度和較多的參與比例。在男生的班級中,男生傾向於產
生更多的干擾方式,且男生似乎較喜歡男女混合的小組,而女孩則喜
愛單一性別的班級。但在性別混合的班級中使用單一性別小組,並不
意味著相同的優點或缺點也都適用。Elizabeth 班級的意外事件說明了
這一點。

　　接下來將說明女孩所喜愛的學習風格的一些其他觀點。她們傾向
喜愛長時間的解決問題。Elizabeth 的組別有意識地依照所教去製作她
們的黏土模型人,唯一不利的是:時間到了。這些男孩組並未遵照實
驗指示,而只是匆忙的進行活動,似乎感覺上完成較令人滿意的活動。
如果這堂課是一個包括幾個不同領域的統整課程,在有限的時間內完
成任務的壓力將會減輕,而各組可能會達成更好的結果。對中學的青
少年而言,統整課程是較有幫助的,而且是含括更多課程的一種策略。
給予更充分的時間去完成活動,可以防止任何一組處於不利的地位。

　　當小組合併一起參與最終的實驗,即使 Elizabeth 企圖堅持自己的
權利,但還是變成由男孩主導。女孩們則撤離成為觀察者及記錄者。
此時,教師可以介入,使小組更公平地來分配工作。雖然他知道這種
情形,但他卻未介入,這是令人感到迷惑的。

教師評論

Peter Leach

　　學生需要去調查碰撞和各種速率下突然停止所造成的影響。台車代表汽車，而黏土模型人則是用來代表人。許多學生之前多少可能有一兩次這樣的經驗，但大概不會去思考發生了什麼事以及為什麼如此。希望藉由這個活動給予學生觀察汽車事故的結果，並想想為何要使用頭墊及座椅安全帶的理由。

　　將全班置於情境脈絡中討論主題後，學生可以根據他們的步調，在有限的課堂時間和材料中自由地去進行任務。我同意並允許學生採自願方式形成組別，全部都是單一性別且人數最多為四人。由於有朋友關係的小組已經有互動的基礎存在，而且學生們在小組中感覺比較舒服，所以會有較棒的實驗結果。這也可以避免發生在性別混合小組中的緊張和主導的問題。我感興趣注意的是：當小組必須合併時，Elizabeth 小組選擇與男孩們合併。或許社會互動可能比完成這個活動的需求更具有驅動的力量。

　　除了特定的科學目的外，我完全給予學生（包含 Elizabeth 在內）儘可能自由的以互動方式去「玩」器材和實驗。玩器材有助於增強對不同事物的操作及實驗上的信心，也可以鼓舞好奇心。以學生互動（有意識或其他的方式）進行實驗，允許學生去發現更好的操作方式。在這樣的情境下，Elizabeth 的小組確實如此做到。而我的介入可能不允許這樣的實驗和發展的發生。活動沒有完成也是學習過程的一部分；這也就是說，一個小組如何將完成特定事務的需求和社會互動結合在

一起。如果小組成員要在認知上有進步，小組必須能夠獨立的工作。那麼，教師的立場是能夠變成小組的一部分，成為小組成員學習的一部分。

在 Elizabeth 小組的互動和男學生組的合作結果，顯示出小組合作和混合性別小組的先期工作經驗。Elizabeth 組沒有發展出具生產力的小組互動來使她們能夠完成活動及社會互動，性別混合小組說明人們對於小組工作成效上的許多顧慮。社會建構和期待都鼓勵了最大聲的人來支配小組的情況，而這些人通常為男性。女性則被期待和準備坐在一旁等著觀察、蒐集結果和使用二手的資料。單一性別的班級則不會遭遇類似的命運，男性會更合作地工作，而女性則有更多機會去經驗所有調查過程的面向，而不是只有記錄，因此就會有自信心。Elizabeth 組和其他組在信心的發展上是明顯具有差異的。「勉強」去嘗試活動，那就準備看男孩回到定型化的男性—女性角色。而其他不在男孩組旁的女孩組，可能會更有信心去嘗試實驗和操作。

在那堂課後，班級中的小組成員關係因而改變，但大多數組別仍維持單一性別，這些改變顯示出同儕關係的變化。有趣的是 Elizabeth 的小組變得更小，只包含另外一個小組來的男孩，和這組原來的一個女孩子，而其他成員則加入其他單一性別的組。

管理探究

Deborah J. Tippins, University of Georgia

一開始，當我閱讀這個案例時，我發覺我戴著「性別平等」警惕的眼鏡來看待它。我一閱讀到「衝撞課」題目時，我立刻想到，「啊

哈」，這是典型的男性涉及暴力的主題。當我仔細想這個案例時，我不禁想到為什麼我會認為「衝撞課」是男性的主題呢？畢竟，大部分的人通常對於車禍都是感到好奇的。當然，我認為這位宣稱對性別敏感的教師，在現實上並非如此，這是件十分清楚的事。無論如何我認為這個案例中的議題超越了性別平等的問題。

　　這個案例的中心如下：哪些是構成有效科學探究的問題、小組共同合作到什麼程度及動手操作策略有益於科學學習。在這個案例中描述的實驗室調查對於探究是具有助益的。然而，調查需要藉由不同方式來組織，以及教師的協助。在組織這個活動時，教師讓學生「自己選擇」合作學習的小組，導致小組是以性別來分組。本來這樣的分組是希望女生可以參與實驗，但是這類的分組卻產生了一些問題。它顯示這些女生只是想使用男孩們的資料和數據，並且無條件的視自己為秘書一樣邊緣化的角色。既然這種參與的情形可能會一直重複，那麼教師需要考量不同的分組方式。而在這個想法上，分組的議題則會引起倫理的考量：教師如何能夠尊重學生組別的選擇，並且同時顧及差異因素？

　　在這個活動中，男孩和女孩花大部分的時間去探究與慣性概念不相干的事情。活動的脈絡提供一個情境，而在這個情境中，男孩子會因車子的衝撞問題而導致分心；同時女孩們則注意到黏土假人的建構並加強比例的概念，而不是著重在所要學的慣性。隨著時間的過去，這些方式的參與會對兩組學生都造成傷害。為了將可能損害的情況減到最小，實驗室活動需要設計成為較開放的探究形式，教師需要發展成為協助者，而非旁觀者。

　　在實驗活動一開始，教師概述程序並且討論及強調座椅安全帶及頭墊在事故預防的重要性。更多的探究引導形式可能應在活動期間和活動之後的小組討論中，而非之前進行。同樣地，在本質上活動的程

序也應該使用半開放式的設計。建造一個真實的黏土假人的小細節，它變成女孩們瑣碎分心的事物，而且她們在比例的細節上花了太多時間及注意力。

在實驗室中，教師的角色是被動的旁觀者，而非積極的協助者，教師仔細觀察每一個小組，但是卻不在任何一點介入。作為一個協助者，教師可以提出問題、回答學生問題、讓學生聚焦於科學概念並鼓勵女性主動參與實驗室的活動來介入這堂課。當案例中的教師推廣一個不具威脅性的學習環境時，學生可能需要更多的回饋，並知道老師隨時在旁協助。

這個案例說明了許多科學教與學的不同面向。它一方面說明了科學探究中精確測量的價值，也相對強調了學習環境中諸如寬容、感覺和平等等情意向度的重要性。深入來說，在這個案例中我對於教師的問題是：

1. 你是否覺察到 Elizabeth 的興趣在於看護？
2. 你是否注意到女孩們缺乏自信，而男孩們過度自信呢？
3. 你如何描述發生在這活動中的學習本質呢？

立場與不公平的循環

J. Randy McGinnis, University of Maryland

在澳洲中學科學教室中，女孩和男孩融入在參與的調查中，她們操作模型來模擬碰撞對乘客所造成的影響。指導這堂課的是一位男性科學教師：Leach 先生。這堂課是以小組學習、以問題為基礎的教學，

以蒐集學生的資料為基礎的相關現象分析，以及科學知識的社會建構來進行教學。這是一節典型的科學課程——或者不是呢？一個女性科學教育研究者記錄了她進入這個教學現場所見的一切，以及課程一開始可能是典型的科學教學但最後卻變調；以及變成問題導向課程時，剛開始可能會出現的問題。典型教學呈現了新的觀點，而這節課所聚焦的報告重點是男性科學教師的教學對這一組學生（包括 Elizabeth 和她所有的女性小組成員）的衝撞。但是教師的作為（包括無作為）對學生的影響，現在卻變成我們思考的焦點。

　　附帶一提，在我們思考中根深柢固的是介於男老師、女學生及女性科學教育研究員中的性別差異議題。這個科學課程的唯一資料提供者是女性。她在教室觀察中的焦點是一位女孩（Elizabeth），並對她從小學至中學的這段期間持續的進行觀察。令人不禁要問的是，在這情境中研究者性別到底扮演了什麼角色？一個男性的教育研究者有可能記錄類似的觀察嗎？在這個科學教學實務報導中，Wendy Giles 這位女性科學教育研究者的看法，變成我們思考的第二個焦點。

　　我身為一個男性科學方法的教授，所教的班級大都是女生，但我致力於探索和研究性別平等的文獻。我花了很多時間整理文件，並報告身為一個男性，我對提升性別平等教育（gender-inclusive education）所做的努力（McGinnis et al., 1997; McGinnis and Pearsall, 1998）。我相信唯有透過科學教學實務的解構，消除介於男性教師及女性學生間的性別差異，而這種差異表現在社會建構性別角色的有害衝撞，如此將使科學學習獲得最終的改善。甚至，根據 Byrne（1993）與 Shepardson 和 Pizzini（1992）所做的研究所描述的，我認為女孩在科學學習中，可能受害於男、女教師的性別偏見，因此對她們的科學態度、信念、參與和學習成就產生負面的影響。Shepardson 和 Pizzini 發現，許多女性教師認為在科學能力上男孩比女孩擁有較多的認知知能（cognitively intellectual），而女孩比男孩則有較多的認知程序（cognitively procedural）。加上女生在小時候應該較依賴，而男生在小時候應該較獨立的這種社會文化影響，老師的性別偏見會更強烈（Mann, 1994）。

　　這個由女性科學教育研究者所提供的報告中指出：「Leach老師，他很了解近期科學教育的發展，在他的教學策略中對性別議題也具有敏感性。」在課堂的第一部分他接受Elizabeth的女生小組，這是Rennie和 Parker（1987）研究中所提出的科學教室中的性別分組。Rennie 和Parker 發現女生在性別混合的小組中，女生確實比男孩較少有動手操作經驗的機會。因此，Leach先生在課堂上需要操作使用的部分允許單一性別小組，在教學策略中這課程反應出對性別議題的「敏感性」。然而，他卻沒有預期到女孩及男孩的興趣差異，以及科學課程中學習任務的知覺差異是與Murphy（1994）的近期性別研究不一致的。在類似的科學教學實務案例中，Murphy觀察發現女孩花較多的課堂時間在計畫及設計實驗，而男孩卻完成了整個實驗步驟。這意味著教師不是需要提供更多的時間讓男孩女孩們去完成實驗，就是需要巧妙地介入並鼓勵女孩操作剩下的活動。而Leach在這堂課中，兩者都沒有做到。相反的，當 Eliztbeth 那個女性小組特別聚焦於黏土人的建造時，他選擇不介入，顯示在他的思考中有其他的考量。例如，這會讓人猜度Leach 先生要促進「沒有壓力的環境」的承諾，而這限制了他去改變女孩的態度以完成全部的程序，或是男孩需要更正確地建造一個假人模型的能力。（另一方面，我很懷疑他是否允許女孩在這堂課中用更多的時間準確建造黏土假人？）

　　相反地，在課堂後半部分，Eliztbeth 那組女孩和男生組合併時，顯示了Leach先生在性別或合作學習策略上「對科學教育的近期發展」有足夠了解。在廣泛的合作學習研究回顧中，Slavin（1990）發現當清楚的期待小組所有成員的個人責任時，合作學習是有效的。在任何時

間裡小組任務結構的使用促成每個學生在每個角色上的貢獻，這是非常值得推薦的。確實沒有證據顯示 Leach 察覺到需要促成這個部分。大體上，在教師及學習者互動和期望的性別平等文獻中（例子詳見 Kahle and Meece, 1994; Roychoudhury et al., 1995; Sadker and Sadker, 1994）清楚地顯示，在所有的層次上教師在科學課堂中較偏愛男性，而女性卻是被阻攔的。更特別的是，在回答科學問題、參與科學討論及做實驗時，女孩比男孩可能較少從教師身上獲得鼓勵。在 Wendy Giles 報告的 Leach 課堂中，這種不平等的情境被當成一個令人心酸的例子來說明。男性科學教師鼓勵 Elizabeth 女性小組在科學學習方面更主動，而這些女生卻反而如預言般地扮演觀察者、記錄者和器材整理的角色；男生卻「操弄汽車」和蒐集資料。而在這堂課的第二部分，女孩則被撤離成為「自願的少數族群」地位，背負著溫順依賴的協助者文化包袱（Tobin, 1996）。然而這個狀態的決定不太可能是 Leach 和學習者活動的意圖，而這是女性教育研究者所觀察和記錄的結果，就如同 Elizabeth 科學課的課程設定一樣。

　　最後，我想討論由男老師所教的科學教室課堂實務案例中科學教育者的性別角色。Wendy Giles 在報告中聚焦於女生小組而不是全班的活動，很多人會認為這是公平的嗎？為了回應這問題需要考量一些研究目的以及陳述我個人的信念。我所持有的信念是教育研究是在有意義的主題上進行嚴謹的探究（Cronbach and Suppes, 1969）。對我而言最有意義的主題是那些與社會正義相關的。在這個案例中，Wendy Giles 的研究員角色如同觀察員一樣（Creswell,1994）；她的研究焦點是「觀察學生從小學到中學期間，Elizabeth 是我所選擇的學生之一」。由於參與者的選擇，因此研究者的記錄聚焦於她的個案研究參與者（Elizabeth）的學習小組。如同我所簡單描述的，由於性別研究指出在科學教室中通常女孩受到性別歧視的衝撞（不論老師的性別），教育研究

中女性研究者從社會正義的觀點出發並聚焦於女孩們是最適當的，對於這樣的群體我們需要新的理解。性別平等主義學者長期主張，由於男人和女人社會經驗的差異，女性和男性有不一樣的立足點（Harding, 1986）。在研究上女性的立足點需要明顯地被呈現，特別是當教師是男性，而所教的學生為女性時。閱讀 Wendy Giles 的報告，可以顯而易見到男性科學教師如同 Leach 先生忠誠地促進一個「沒有威脅性的環境」，而這個環境中「概念和活動『發生』於」在對學生更有意義的情境脈絡中，需要來幫助如 Elizabeth 般的女性，在科學教育中得到公平的對待。科學教育研究者指出：對女性學生不公平影響的報告，對大部分在教育過程中科學學習上享有特權的男生而言特別具有意義。如果要打破女生的學習及科學教學中的不平等循環，應該重新檢討這種女孩無法完全參與科學的教學。從這種傳統上未受到關心的社會正義研究類型出發，希望能產生新的覺察，並能對如何教導學生學習科學有益。

對於 Giles 而言，現在困難的工作是有效傳達她對 Leach 先生的觀察。我熱衷的期盼 Leach 先生和所有其他科學教師，能開放地進行對話。

主編總結

原則上，衝撞課描述許多科學教育者提倡的課堂類型。教師使用很多的策略——合作學習、動手做的活動和有意義的社會脈絡的科學內容——被廣泛地認為適合一般的學生，特別是女學生。而這明顯的顯示出教學結構應該是性別平等的，但它卻反而強化了學生典型的社會性別角色。在這個故事的評論中包含了三個議題：情境脈絡、介入和立場。

　　Deborah Tippins 藉由「性別平等」這副警惕的眼鏡，在第一次閱讀故事後開始她的回應評論：看到「衝撞」，她期待在這個領域的處理中看到一些男性暴力，但隨後則認為車禍是一般人皆感興趣的。儘管在學校的物理科學中，武器和戰爭的歷史情境占有優勢，這位教師特別花了一些時間來建置性別平等的情境脈絡。如同他對這堂課之後的評論所做的解釋，Leach 先生企圖幫助學生考量車禍對人的影響，以及合適的使用頭墊及座椅安全帶的理由。儘管小心的建立中性性別的情境脈絡，但單一性別的小組卻造成這些似乎是典型的實驗活動。藉由提供了一些資源來想像車子和人的活動，女生組聚焦於人形的建造，男孩組則吵鬧地投入他們所創造的碰撞中。

　　Tippins 並不認為這個課程是潛在的男性化主題，而是教師處理學生探究的方式。如同她的註記，在這堂課中採用單一性別小組的結果，女孩們撤退至成為男孩們秘書的被動角色。單一性別小組並不需要將女生邊緣化，但實際上在這個案例中他們卻變成這樣，這使 Tippins 注意到，這是由於教師不介入小組活動的決定。當小組工作時，較少的觀察、較多協助與聚焦於科學概念上，可能可以幫助女生組克服她們對實驗室活動的性別反應。Randy McGinnis 開始提出介入的議題，爭論 Leach 先生雖然實做了一個沒有威脅性的環境，卻因此限制了去引導女孩完成程序，及引導男孩確實建造一個假人模型的能力。特別是針對性別的差異，Leach 先生預期女孩應該會比男孩花更多的時間在調查的計畫上。他應該給這個活動更多的時間，或介入以確定女孩們參與所有活動中的程序。大體來說，他應該更明確的知道每個小組成員的角色，然後介入以確定女孩不會淪為觀察者、記錄者和器材整理的邊緣化角色。

　　McGinnis 所提的第三個議題則關心這一個案例研究撰寫和閱讀的立場。作為一位對性別平等教室實務感興趣的女性研究者，Wendy Giles

站在優先考慮班級中女孩們經驗的立場。從這個立場，她對於教師不介入最終的實驗小組，以更公平的分配工作表達失望。對 Leach 先生而言，一個男老師提供學生機會，藉由操作材料和採用小組實驗來增加學生自信，而未完成的活動是一個和教師無關的更多延伸學習過程的一部分。雖然他的評論明白地承認女孩們樂意「看著男孩們」是由於「典型的男性—女性角色」，他所喜歡的教室也似乎不是由關心性別平等所構成。在這個故事中，這個選擇並未對其他評論者開放，對 McGinnis 而言，一個享有特權的男性教師，小組成員應該阻止對較少特權小組自由放任教學的結果。他認為，如果這種不平等的循環要被打破，那麼男性教師必須區辨出女孩們在科學哪些方面缺乏參與。

參考文獻

Baker, D. (1988). Teaching for gender differences. *NARST News*, 30, 5–6.

—— (1998). Equity issues in science education. In B. J. Fraser and K. G. Tobin (eds), *International handbook of science education* (pp. 869–895). Dordrecht, The Netherlands: Kluwer.

Baker, D. and Leary, R. (1995). Letting girls speak out about science. *Journal of Research in Science Teaching*, 32, 3–28.

Byrne, E. M. (1993). *Women and science: The snark syndrome*. Washington, DC: The Falmer Press.

Corey, V., van Zee, E., Minstrell, J., Simpson, D. and Simpson, V. (1993). When girls talk: An examination of high school physics classes. Paper presented at the annual meeting of the National Association for Research in Science Teaching, Atlanta, GA.

Creswell, J. W. (1994). *Composing and writing qualitative and quantitative research*. Newbury Park, CA: Sage Publishing.

Cronbach, L. J. and Suppes, P. (1969). *Research for tomorrow's schools*. New York: Macmillan.

Crossman, M. (1987). Teachers' interactions with girls and boys in science lessons. In A. Kelly (ed.), *Science for girls?* Milton Keynes: Open University Press.

Harding, S. (1986). *The science question in feminism.* Ithaca, NY: Cornell University Press.

—— (1991). *Whose science? Whose knowledge? Thinking from women's lives.* Ithaca, NY: Cornell University Press.

Jones, M. (1990). Action zone theory: target students and science classroom interactions. *Journal of Research in Science Teaching*, 27, 651–660.

Kahle, J. B. and Meece, J. (1994). Research on gender issues in the classroom. In D. L. Gabel (ed.), *Handbook of research in science teaching and learning* (pp. 542–557). New York: Macmillan Publishing.

McGinnis, J. R. and Pearsall, M. (1998). Teaching elementary science methods to women: A male professor's experience from two perspectives. *Journal of Research in Science Teaching*, 35 (8), 919–949.

McGinnis, J. R., Tobin, K. and Koballa, T. R. (1997, March). Teaching science methods to women: three tales of men professors reflecting on their practices. Paper presented at the National Association for Research in Science Teaching, Oak Brook, Illinois (ERIC Document Reproduction Service No. ED406200).

Mann, J. (1994). *The difference: Growing up female in America.* New York: Warner Books.

Martinez, M. (1992). Interest enhancement to science experiments: Interactions with student gender. *Journal of Research in Science Teaching*, 31, 363–380.

Murphy, P. (1994). Gender differences in pupils' reaction to practical work. In R. Levinson (ed.), *Teaching science.* New York: Routledge.

Osbourne, M. (1994). Status of prospects of women in science in Europe. *Science*, 263, 389–431.

Parker, L. H. and Rennie, L. J. (1998). Equitable assessment strategies. In B. J. Fraser and K. G. Tobin (eds), *International handbook of science education* (pp. 897–910). Dordrecht, The Netherlands: Kluwer.

Potter, E. and Rosser, S. (1992). Factors in life science textbooks that may deter girls' interest in science. *Journal of Research in Science Teaching*, 29, 669–686.

Rennie, L. J. and Parker, L. H. (1987). Detecting and accounting for gender differences in mixed-sex and single-sex groupings in science lessons. *Educational Review*, 39 (1), 65–73.

—— (1993). Curriculum reform and choice of science: Consequences for balanced and equitable participation. *Journal of Research in Science Teaching*, 30, 1,017–1,028.

Rennie, L. J., Parker, L. H. and Hildebrand, G. (eds) (1991). *Action for equity: The second decade.* Perth, Australia: National Key Centre for School Science and Mathematics, Curtin University of Technology.

Roychoudhury, A., Tippins, D. and Nichols, S. E. (1995). Gender-inclusive science teaching: A feminist-constructivist approach. *Journal of Research in Science Teaching*, 32 (9), 897–924.

Sadker, M. and Sadker, D. (1994). *Failing at fairness: How American schools cheat girls.* New York: Charles Scribners Sons.

Scantlebury, K. and Kahle, J. B. (1993). The implementation of equitable teaching strategies by high school biology teachers. *Journal of Research in Science Teaching*, 30, 537–545.

Schiebinger, L. (1993). *Nature's body: Gender in the making of modern science.* Boston: Beacon Press.

Shepardson, D. P. and Pizzini, E. L. (1992). Gender bias in female elementary teachers' perceptions of the scientific ability of students. *Science Education*, 76 (2), 147–153.

Slavin, R. E. (1990). *Cooperative learning: Theory, research, and practice.* Englewood Cliffs, NJ: Prentice Hall.

Tobin, K. (1988). Differential engagement of males and females in high school science. *International Journal of Science Education*, 10, 239–252.

—— (1996). Gender equity and the enacted science curriculum. In L. Parker, L. Rennie and B. Fraser (eds), *Gender, science and mathematics: Shortening the shadow* (pp. 119–127). Boston: Kluwer.

第五章

平等

Barry Krueger, Angela Barton and Léonie J. Rennie

主編引言

　　根據Gallard和同儕（1998）研究顯示，表徵是課程和平等的核心議題。表徵就是公開表示我們的想法，使這些思想可以被檢查、批評和分享（Eisner, 1993）。教師所使用和用來做評價的表徵形式，會影響學生如何理解及表徵自己的想法。此外，課堂的組織方式、教學活動和內容的選擇、學生分組、教師教學、肢體語言、回饋訊號和評量程序，上述這些例子均是表徵的形式。此種表徵方式存在一個問題，就是在挑選表徵的形式時，只能依靠教師自己已有的實務（經驗和理解），去決定哪些表徵是重要且需要被注意的，而哪些表徵不是。而教室中其他實務（譬如教學現場的學生）則是教師無法掌控的。因此，老師的實務經驗和學生的實務經驗之間不同差異，會導致老師在選擇表徵的平等形式時陷入一連串兩難之中。

　　我們將描述一個較早期的研究個案（Wallace and Louden, 2000），此個案的教師面對一些平等問題而產生教學困境，其發生於澳大利亞

的十年級的科學教室。在本研究中我們將顯示，教師在教室的立場不同是如何產生不同的科學教室實務。本研究我們特別聚焦於教師，Horton女士，及在Horton女士班上的兩名學生，Karl和Punipa。Horton女士班上的學生，主要來自學校周遭的工人階級家庭，此班是非能力分班。Karl的科學成績是在等級C的附近，而Punipa則是在等級A附近的學生；Karl的父母是原住民〔毛利人（Maori origin）〕，Punipa的父母來自柬埔寨（Cambodia）。本章所敘述的教室情境為Horton女士在提供學生關懷時中所使用的表徵模式。Karl有破壞性的行為，而Punipa僅關心她自己如何達到最好等級的成績；這三個人的經驗和志向（aspiration）總是不符，並且經常互相衝突。Horton女士所使用的關懷策略包含了快樂和正向性格，且以一種輕鬆方法教科學的學科內容。Horton女士教學表徵的形式使Karl覺得親切，所以Karl正面地回應Horton女士的方法；而Punipa（渴望增進她的科學成績等級）卻積極尋找更加可預測、傳統和迫切的科學教學形式；明顯地，Horton女士將「平等」詮釋為關心所有的學生，不論他是優勢或是劣勢的學生。

當我們放慢觀察速度，從不同的角度觀看這間科學教室發生的事，發現令人困擾的是，從各種角度來看都是真實的。因為教師處在這麼多元的事實中，她卻只能照顧到其中一個她認為真實的情況，她根據自己的經驗和事實，來選擇她認為表徵的方式。進一步言，由於Horton女士的課室經驗不足，她難以取用自己生活中的種種可用的替代方案。這也使她覺得，相關於其他現實事物的知識是自相矛盾的、零碎的、不能簡約的，並且根本就無法究解。（Ellsworth, 1992）。所以當教學現場發生任何事時，例如由Karl、Punipa和其他二十五名在她班級的學生產生複雜的問題時，她無法輕易的以關懷的方式來平衡教學時同時發生卻被彼此競爭的需求。我們從研究者的立場可以顯示這些事情是多麼複雜，但是Horton女士仍需選擇面對表徵的平等形式的兩難。

哪些事（或人）的平等問題該注意端賴於教師對什麼是重要和不重要
的理解和經驗而定。

　　以下故事將以一個情境脈絡中，敘述這些表徵和多重事實的問題。
在「所有電池都不見了」故事中，Barry Krueger 描述他在九年級普通
科學教室教電學的經驗，對教師的兩難是：有一組女孩學習進度落後，
而男孩們所做的研究超越目前教學進度的事實，設備不足的事實或促
進探究精神的事實？以及在此課室中，哪一種表徵形式最適合來達到
平等？接下來的評論是由 Barry Krueger（有關他自己的教學）、Angela
Barton 和 Leonie Rennie 所進行。

所有電池都不見了

Barry Krueger

　　當 Laura 按下開關，她驚叫「沒有一個亮的。」

　　由於電燈泡不發光，Laura 和 Megan 檢查她們的電路是不是
正確地組裝，然後她們加入第二個燈泡到電路組，還是沒有任何
燈泡是亮的。

　　由於無人可確定第二條迴路和第一次是否有不一樣的地方，
Megan 建議「再試一次吧！」於是 Laura 再次按了開關，但是燈
泡依舊不亮。

　　Laura 下結論：「電池沒電了，沒有任何電流流出。」

　　Megan 點頭表示同意。我皺著眉覺得心煩，最近我為九年級
學生在科學課程購買一整組電學實驗工具，而現在學生是根據新
買的電學組說明手冊的步驟來做實驗。如果 Laura 按下開關幾秒

鐘後,她應該會觀察到電燈泡的細絲發出微弱的紅色光。我在心裡想這次實驗完要做的事,記得下次要找更適合的小燈泡。Laura和 Megan 只是照規定記錄了她們的結論,她們不知道有一微弱的電流通過。

其他組則有不同程度的成功,有一些男孩已經完成電路的串聯及並聯,而且測試了保險絲。我心中不禁回想,儘管採購初期遭遇困難,但我仍為學生的前途著想,深謀遠慮的購買這些器材,至少學生們能依他們自己的節奏完成核心活動。我心虛地回想過去我是怎麼教這個單元,我過去使用固定的步驟教導電學所產生的一個問題是:在十五分鐘之內,有一些小組會完成他們的工作,而其他人在分配的時間內無法完成。主要的原因似乎是這些男孩太早完成了,然後剩下的時間,他們寧願玩耍,而不願完成他們的書面報告。有時我會把活動停止,並不是因為學生完成他們的工作,而是因為那些完成的學生造成秩序大亂。至少在今年,所有的學生均能完成核心活動。而且,提早完成的學生也有其他的延伸活動。

當我指導 Laura 和 Megan 她們應該觀察什麼時,Holly 和 Simone 往我的方向靠過來,並在我背後安靜地等待。

「我們該如何得到結果呢?」Megan 以失望的聲音發問。「我們完全按照指示來做!」

我忽視 Megan 的問題,然後轉頭看 Holly 和 Simone。

「所有電池都沒電了。」Holly 抱怨的說。「我們沒有電池,而且我們需要其他燈泡。Michael 拿了三個,」他繼續說:「而且他連一個也不肯給我們。」

如果 Holly 和 Simone 連一個電池也沒有,我想知道他們在前十五分鐘做了些什麼事呢?同樣的情形,也在前面的幾堂課發

生，幾個男孩多拿了一些電燈泡，因此造成其他組別沒有足夠的燈泡。而現在則換成電池。

Michael 組拿了三個電池，而不是預計的一個；Jason 那一組也是拿了三個電池，這兩組相當認真地做實驗。Michael 已經知道（不像 Laura 和 Megan）：一個額外的電池會讓兩個串聯的電燈泡亮起來。他們那一組對這個發現相當高興，然後相當不情願的給 Holly 和 Simone 這組一個電池。

另一方面，Jason 和 Shane 已經進行了數個活動，其實驗進度超越 Michael 這一組。因此他們忙著娛樂於聚集在他們實驗桌附近的男生組，Shane 還向這些男孩演示保險絲是如何作用。

「當你把這條電線加在這裡，就形成短路，會造成保險絲燒掉。」他解釋了當他把導線加在一塊兒，在保險絲完全熔化之前，保險絲會變成紅色然後產生白光，這些男孩對此印象深刻。

我悄悄過去，並問 Shane，「狀況如何啊？」

其他男孩聽到我的聲音，就陸續坐回他們的實驗桌。

「在你的迴路中，真的需要兩個電池嗎？」我問了這個問題，但我儘量設法讓聲音聽起來沒有威脅性。「你能照說明書所指示，只用一個電池，然後進行實驗嗎？」

「按照說明書所說的去做，這樣是沒有效。」Shane 回答。「我們可以展示給你看。」

我仔細看著 Jason 用另一段保險絲，圍繞在末端，然後 Shane 從他們的電路中，取下一個電池。看起來在這節課裡，他們已經燒斷了三根或四根保險絲，我想在他們滿意之前，不知要燒斷多少保險絲。Shane 按下開關、連上導線，然後形成短路，電燈泡馬上熄滅而保險絲開始發紅色光，並在三或四秒之後熔化。

「你看！我就是這意思！」Shane 大叫。

「這仍然有效，不是嗎？」我微笑的說明，同時把他們多餘的電池拿起來。「但不一樣。」Shane 私下咕噥。

我檢查了 Jason 的紀錄本，他沒有用直尺畫他的電路圖，同時他的觀察紀錄實在太簡略了；Shane 的紀錄也是一樣，沒有比較好。

「你需要在這裡寫下更多細節，」我簡單講述。「如果你不詳細記錄你觀察的結果，那將如何記住你觀察到的呢？」我環視教室周圍，女孩們投入活動中並且記錄她們實驗的結果，但是大多數男孩就僅僅只做實驗而已。我要求 Jason 和 Shane 花十五分鐘的時間，先寫下他們的觀察和結論，然後再進行下個活動。

再走回到教師實驗桌，已經有好幾組在等我幫忙。我注意到 Laura 和 Megan 對建立並聯電路是有困難的，她們遠遠落在班上進度之後，現在才開始進行。如果我幫她們建立電路，然後讓她們自己觀察，顯然比較輕鬆。然而，我終究沒有這麼做，因為還有其他學生在等著我幫忙，而且我也沒有充分的時間幫 Laura 和 Megan 來組合電路。其他組都燒壞他們的電燈泡，並且需要進行更換，所以不能再幫 Laura 和 Megan；Gareth 也有問題，而且他也已經等了一段時間了，同時我還得檢查其他組的進度，我心中還是惦記著或許我可以快一點幫 Laura 及 Megan 組裝電路……。

教師評論

Barry Krueger

我發現國中科學課程中，電學總是特別難教。例如：我一不小心，

課室討論就會完全由少數幾個男孩壟斷，他們會敘述他們誇大的經驗，並且問一些其他學生想不到的問題。讓這些男孩掌握討論的議題，並且使女生排除在討論之外是相當容易的。同樣在實驗室中，相似的情形再度發生。因為我通常採用固定步驟的教學方法，而且使得實驗進度快的學生掌握實驗的節奏，所以某些學生的學習機會被排除了。我詳細描述了我觀察到的故事，這是一系列的實驗課程當中的一個情節，而且我試著在此實驗課程中製造更多平等的學習機會。

　　剛開始時我對實驗課程的設計是感到相當滿意的，學生在核心活動中忙著以他們自己的步奏完成工作，而且有很多延伸。我不再有先前所遇到的問題，即先完成活動的學生會在實驗室玩耍，而其他學生卻無法完成，這種設計方式，能成功的避免這種情況。但是，學習機會上的差異永遠會存在，只是沒有那麼明顯。

　　雖然我創造了讓所有學生在實驗課程裡完成核心活動的空間，但是我沒能為不同的技能和信心的學生編寫課程。經驗告訴我，家裡備有電子工具的男生比女生多，因此，男孩知道電池的哪一端正極，能辨認在電路中怎麼連接電燈泡。結果，在電路這方面，男孩較女孩更容易確定電路問題出在哪裡。所以我相信當 Megan 和 Laura 下結論說：「電路裡並沒有電流流動」，其他對電路較熟練的學生會重複操作，直到他們觀察到預期的結果。Megan 和 Laura 要如何才能知道呢？終究她們只是依照實驗操作步驟進行而已。我懷疑會有多少如 Megan 和 Laura 這樣經驗較少的學生，會達到預期的結果。

　　要監控十五個小組進行電路實驗並不容易，會有很多問題，如：電池沒電、電燈泡壞掉和沒有成功連接的電路。我好像同時要在三個不同地方：解釋實驗步驟、協助學生處理電路或補充額外設備。我竟然不知道因為有些男孩拿取超過的實驗資源，所以 Holly 和 Simone 無法進行他們的活動。針對這類問題，我在接下來的課就克服這個簡單

的管理問題了，我將電池和電燈泡裝在一起，而不是像上次一樣，分次發給學生。

　　但是，當我和好幾組的學生進行互動時，有一些學生就被忽略而沒注意到，並因此而遠離學習了。或許是我對自己太嚴格了，但是這情形卻讓我感到挫敗。例如，我站在 Shane 這組後面，且允許他們展示電路給我看；但是另一方面我卻介入了 Laura 和 Megan 的小組活動，接管她們的電路，並告訴她們應該觀察些什麼。同時在稍後課程中，當 Laura 和 Megan 的小組有困難時，我甚至考慮為她們組裝電路。由於我允許 Shane 的小組向我展示他們的專門技術，因此卻凸顯 Laura 和 Megan 這組缺乏專門技術。如果時間列為考慮因素的話，我認為權宜之計是直接告訴這些女孩們應該要觀察什麼？或直接幫她們把電路裝好。但實際上卻不是如此。細微的訊息會製造依賴，這並不是我希望的結果。老師很容易就告訴學生，他們的電路有什麼錯誤，甚至更不好的是，當你幫他們組裝電路，就是懷疑他們的能力。現在回想起來，讓 Megan 和 Laura 以她們自己的步調來進行實驗會更好。我不禁猜想，我們當教師的多常以這種細微潛藏方式來製造學生間的差異呢？

教所有孩子電學的女性挑戰

Angela Barton, Teachers College, Columbia University

　　Barry Krueger 的故事，「所有電池都不見了」，強而有力的提醒我們在科學教室裡的複雜面向，包括：性別、經驗、權力和科學的複雜性。當我讀到他的故事，我回想到以前我在大學物理課上的一個電學經驗。我在一個約四百名主修工程學和科學的課程中，當時教授在

講述串聯電路和電荷。在這節課之初，我以為我了解串聯電路和電荷，但是當教授以電容器為例時，我變得迷惑。我無法了解電容器的例子，我感覺挫敗，同時非常害怕，所以不敢舉手發問什麼是電容器？然而，我當時想起在國中和高中科學課程中，曾經聽過有關電容器。在此節課結束我克服我的窘態並且對坐在旁邊同學發問，「什麼是電容器？」他笑了一分鐘，然後非常大方地對我解釋電容器是什麼及如何作用。雖然，我必須承認他的解釋讓我少花時間了解電容器，但我對這人的知識感到驚奇。我問他是在哪裡學會的，因為我非常確定在我們的課本裡，無法發現這麼詳細的說明。他毫不猶豫地告訴我，當他還是小孩時，他常把玩他家車庫的電器設備，「噢！」我想，「這就解釋得通了！」

　　我從我自己的故事開始，作為我對 Krueger 故事的回應，因為它顯示出我們必須在科學課室中討論的三個相關層面。首先，我雖然成長在一個「當我長大以後，我能成為任何我想成為的人」的這種家庭；而且，當我是小孩時，我雖然被鼓勵去探索自然和物質世界，但我從未創造（或被給予）機會去探索電和電器設備。而最接近的事是，我拆解家裡的電話機（由於我無法把它組裝回去，還被禁足了一個月）！當我還是小孩時，我從未想過，不玩電器設備，會影響我往後在學校的學習，特別是在我的科學學習中。但是在中學物理學、高中物理和大學物理只要與電學有關，我那低落的科學成績和低科學信心就不斷重複出現。

　　因此，這些議題的第一個層面，包括女生必須在理化學科中獲得行動知識的機會以使她們在學習成就和行動參與可以和男生平等。這意思就是說：課外的經驗是重要的，女性主義者提醒我們，從性別的立場來看，我們在家裡的社會互動的方式會形成我們帶到學校的知識（Rosser, 1997）。在 Krueger 的故事中，學生在電學單元裡，男生的

學習進度是超越女生的。雖然我肯定並不是所有男孩都有校外的電學經驗，也不是所有女孩都沒有此經驗，然而實際情形是男孩比女孩有較多這方面的經驗，而這種校外的學習經驗，會使他們在操作學校的科學材料時游刃有餘。

身為教師，我們必須記得，學校外的經驗對學校知識的影響，並不只是性別議題而已（Barton, 1998）。雖然在本故事沒有提到，但我們必須考慮其他影響學生擁有資源的因素，如孩子所使用資源的數量和種類的影響。居住在低收入區貧窮的孩子有較少的資源，特別是像電池和電燈泡這類材料。所以，在科學課室中，我們必須像Krueger一樣，提供學生時間和空間來把玩這些科學材料，並幫助所有學生建立信心、熟悉和經驗的知識。

第二個層面與孩童所學之科學評論有關，他們學什麼？可能會影響他們學什麼、如何學的因素有哪些？女性主義者批評科學是以男性為中心的學科，而這個男性為主的想法滲入科學的社會結構、應用和方法學中（Barton, 1998）。例如，科學引以為傲的是嚴謹的研究方法，把認知者（knower）從已知的部分和客觀價值分開來，並以現象論者的方式，來理解物質和自然世界。同樣的觀點，女性主義者認為我們需要凸顯這種男性為主的偏見，特別在科學教室裡，我們可以藉由重視強調女性經驗和女生認知的方式做起，譬如關心、合作和人際關係。在電池故事中，明顯提供讓女孩玩電池的機會是非常重要的。同時教師提供了同性別的小組，一個合作探索的機會，也是同等重要的。但是，我想知道如果情況改變，女孩是不是可以更加積極地參與計畫呢？我懷疑如果這個課程和女學生的需求和興趣更接近，而不是以學習科學為單一目的的課程，女學生是否會更投入參與這個活動呢？此外，身為教師的我們需要記住，學習和做科學不能脫離社會因素，因為它是有環境脈絡的。因為這個論點顯示，除了提供女學生體驗到她們在

性別差異社會中可以經驗到之外的經驗，我們也必須提供針對學生的社會和文化機會（Lee and Fradd, 1998）。

第三層論面的訴求在科學教室中權力、性別和知識之間相互的關係。我再度回到我開頭的故事，因為我在一個以男性為主的學校，因而感到困惑、害怕去問物理教授有關電容器的問題。我怕中斷他的演講，我怕承認自己的「無知」，特別是在教室同學面前。我，做出像許多女孩的社會化行為中會做的事，我害怕走出我的「好學生」角色（Barton, 1998）。然而 Krueger 的故事告訴我們，實際上，跨出「好學生之外的」角色，反而幫助學生成為一位好科學家。例如，故事中的女孩扮演好學生的角色：她們遵守實驗指示，僅取了一組實驗材料，同時詳細的記載實驗記錄，並且依實驗流程進行。另一方面，男孩由於拒絕扮演好學生的角色，磨練了他們的探究技能，並且學會成為好科學家的方式。他們偏離手上的任務，同時自己發展實驗，他們對不同的變因表示質疑；他們展示了他們的發現，並且質疑課本、測驗和其他教材所呈現的科學標準化知識。如男孩所呈現，他們有很大的「空間」進行規定以外的活動，並測試自己的假說和想法，真正達到做科學。但是由於種種原因，女孩甚至不知道有這些可能性，她們似乎不知道，這些行為是被允許的。

因此，就科學教室內會出現的權力、性別和知識的問題，誰會得到獎勵？何時得到獎勵？同時，為什麼他會得到獎勵？Krueger清楚且敏感知道他的學生（女孩和男孩）的需要。他促使女孩自己探索，並且規定男孩回到指定的任務上。然而，從性別的立場來看，我懷疑男孩的「出軌」行為，在他們未來長遠在科學社群之路上對他們有益。

當老師期望創造一個讓學生可以沈浸於自然和物質世界的些許空間中，他們無法避免面對經驗、知識和權力等問題。藉由在此豐富的情境脈絡中反思與清晰表達這些議題，Krueger創造了一個複雜的故

事。Barry Krueger 向我們顯示出，老師在科學處理中，除了科學教育傳統中所關心的事情以外，其他的議題處理是有多麼的複雜。像這樣的一個故事，將幫助我們更全面接近科學教育。

一如往昔嗎？

Léonie J. Rennie, Curtin University of Technology

　　男孩們奪取實驗裝置而且不願意分享；他們進度超前，不依照實驗步驟進行實驗，常常浪費或破壞資源；他們不願意寫報告，即使寫了也寫得的不整齊且不完整。但是他們看起來好像比女孩懂得更多。Shane 知道如何燒斷「保險絲」，並向其他男孩們炫耀。不像 Laura 和 Megan，Michael 知道另外加入電池會使兩個燈泡發亮。女孩們的進度緩慢，她們跟隨著實驗步驟進行，但對建構電路覺得困難；她們忠實記錄她們的觀察、她們實驗進度落後。

　　這個教師開始感到絕望！他想要每個人都參與課程，他可以看見學生以他們自己的步調進行活動時的優點，但這與要進行一些步驟以確保有些學生（女孩們？）不落後的需求相衝突。他很想要幫 Laura 和 Megan 組裝電路以節省時間，但他似乎認為這會剝奪了她們從自我經驗中學習的機會。教師到底該做什麼呢？

　　Krueger 認為這是一個有關性別議題的兩難。無疑地，他給我們刻板印象的東西，來指出行為和所產生的教學問題皆因性別而起。男孩工作迅速，而女孩工作緩慢。男孩花時間進行有創意的實驗；女孩則花時間，如奴隸般的跟隨實驗步驟。男生們即使有寫實驗報告，也是草率的記錄；女孩們即使實驗不成功，她們仍是整齊的記錄。但作者

的意思是在實驗室的所有時間中，所有男生及女生皆會發生這樣的事嗎？或許不是。或許也有一些記錄整齊但動作緩慢的男孩、工作草率但進度迅速的女孩，以及笨手笨腳去完成電路的男孩，和在第一時間完成電路的女孩。

「全部男孩」和「全部女孩」的這種想法，正是某些我們認為是性別問題的核心。最有可能的是即使是在班級中，女孩自己之間的差異和男孩自己之間的差異比男女生之間的差異還多樣，當然在大部分的團體裡這是真的。例如，Hyde（1981）重新檢試 Maccoby 和 Jacklin（1974）這篇完善建構的描述性別差異的著名論文，發現其結果是和文中所描述的不一樣，事實上，性別差異非常小。在文字能力上，中位數的效果量為 0.24，數字能力則是 0.43。Hyde 在附加的分布圖上說明，顯示在這些測量值上，男生和女生有顯著的重疊。在針對性別差異所造成的學校科學成就上的動機傾向，Steinkamp 和 Maehr（1984）使用相似的男女動機傾向分布的重疊圖，其大幅的重疊顯示幾乎不存在有關平均值在統計上的顯著差異不存在（呈現約 0.3 的效果量），儘管這兩個研究時間是不一樣的，我們發現大部分有關性別研究的焦點都聚焦於差異而不是相似處，而這會誤導我們的想法。

我們可以舉參與物理課來當另一個例子，一個反應性別差異最為符合典型的例子。一般而言，男生比女生有更大的比例選擇學習物理學，通常我們會把它解釋成對物理興趣的差異。但是對物理興趣的差異在男孩之間和女孩之間的差異比男、女孩之間的差異來得大。我們很容易將男生視為一個群體，女生視為另一個群體，這樣會使我們以群體之間的差別來決定學生的需求，以及對這些需求如何處理。我們發現會以刻板印象來思考學生，並會根據我們對全體男生或女生的教室經驗來期待性別上的行為模式。

讓我們回到故事的教室中，假如是 Holly 和 Simone 多拿了電池，

並且向女孩展示如何燒斷保險絲，那會發生什麼事呢？假如是Jason和Shane 在背景中沈默，並告訴教師一些女孩多拿電池且不分享給他人呢？假如 Megan 和 Holly 寫了雜亂且不完整的實驗筆記，並跳至之後的活動，會發生什麼事呢？這是不是看起來很奇怪？我們可能會感到驚訝嗎？假如是這樣，是因為這和我們認為誰在教室中會做什麼事的刻板印象是相反的。我們會以性別為基礎來讓一群體比另一群體更有特權。也就是性別變成誰在科學上會成功的決定因素。我們的確希望男孩及女孩兩者皆超越教學，是成功、能分享且進行探究，並且能慎用資源及記錄觀察！

　　或許我們可以再次描述問題的特徵，並暫時忽視那些不分享的男孩及進度落後的女孩。對這個老師而言，問題的其他解決方案是什麼呢？

　　如果不分享設備是一個問題，那麼有更多的資源可能會有幫助，因為每個人將可以擁有他們所需的電池及燈泡。如果一些學生沒有了解所有必要的核心活動是一個問題，那麼在課程中減少授課內容以創造更多的時間，使學習進度緩慢的操作者完成核心的活動。如果那麼多學生需要老師的注意，而老師所能關切的注意力已經發揮到極點，那麼縮小班級規模是一個解答；因為這時候教師就有時間可以去幫助需要的人，同時可以監控每個學生的表現。當然這些解答存在著問題，特別是有關於經費。較少的班級人數需要更多的教室和更多經費來給老師薪資；更多的資源代表額外的費用，更多設備需更多的管理而且可能會花費更多。而且有多少學科內容被包含在科學課程中，常常是教室中的教師所無法掌握的。

　　對這些問題，沒有簡單的解決方案。如果有的話，現在我們早就發現到了。但是我的觀點是，可以用其他方式去看這個議題。可能我們可以藉由我所提的建議方案來減少故事中所描述的這類難題。以性

別為基礎來找尋解決方式，可能是一條最不利也最不平等的道路。全世界都使用訂有課程標準的課程，只有一個平等的基礎。我們必須依照學生的需求對待他們；有時學生的需求是與他們的社會條件相關的，如性別、文化或宗教，但常常不是如此。更進一步來說，社會變因是纏繞、多重交錯、通常是無法預測的方式。處理所有這類問題並不容易，有時只處理他們其中一個，例如：性別，可能會有幫助，但並非總是如此。

　　我並未提出故事中問題的性別解釋方案，著眼於大部分男孩所做的和大部分女孩所做的會增強及重塑性別的分岐。我認為學生被當成是單獨的個體並以他們個別的興趣、經驗及需求來考量他們的行為，學生將獲得更大的進步。我們可能需要協助一些學生（並非全部都是男孩）去學習分享資源，也可能需要協助一些學生（並非全部都是女孩）去學習組裝電路。我們可以視學生為個體，不再聚焦於他們是女孩或男孩，只需要以他們自己的方式及自己的步調去學習。或許，在短時間內可行的方案是依據學生需求來分散教室，並且讓教師有更多責任來管理實驗室資源和程序。假如每個學生都是任務導向而且都努力做好，這不是向前跨了一步嗎？

主編總結

　　這個案例故事，「所有電池都不見了」，以及接下來的評論提出有關平等和科學教學議題的好幾個層次。最初閱讀時，這個故事呈現一個明顯的科學教室中性別本質的案例。Krueger以這個故事結構和他自己的反思，做出以下結論：在故事中許多的課程表徵的偏見是不利於女孩，而有益於男孩。像競爭資源機會的主題，教師對於男孩的回

應和女孩不同等等，皆指向科學對「男孩」比「女孩」更友善。例如，Krueger 說出女孩在家中遇到電路的可能性較低，男孩拿走多於分配的資源問題和在女孩「產生依賴」的危險。藉由強調增加女孩（和男孩）獲得行動知識的機會，重新檢驗男性為中心的科學基礎和改變科學教室的權力關係，Barton 同意並回應在這案例中的議題。

Rennie 提出另外的解釋，她認為閱讀太多並深入到性別議題是危險的。她指出這個案例與其他性別研究一樣，同樣地聚焦於「差異，而非相似……並會讓我們的想法染上色彩」。根據 Rennie 的想法，描述「我們關注於那些大部分男孩所做的和那些大部分女孩所做的事，會增強並重塑性別的分隔。」她繼續說：「以性別為基礎來找尋解答，是一條可能最不利也最不平等的道路。」Rennie 認為更有收穫（和平等）的解決問題的通路，就是認為學生是擁有自我經驗、興趣和需要的個體。她提出許多的策略可能協助教師去幫助全部學生，不管是男孩和女孩；或者緩慢、整潔、較少冒險的學生和迅速、更多冒險的學生。這些策略包括降低班級人數、減少課程內容及增加更多教室中可利用的資源。

儘管持有不同的解讀，Barton 和 Rennie 皆同意這案例產生的議題是複雜且困難的。例如，Rennie 指出教師處理社會變數是困難的，而社會的變因「是纏繞、多重交錯、通常是無法預期的」。根據 Barton 觀點，教師正處於必須提供學生新的經驗，並以社會、文化皆強調要如何做的方式的之間。Barton 爭論著「企圖要提升學生的內在空間，促進學生已深入並有智慧的方式使學生沈浸在自然和物理世界的教師，都會面對無所不在而且處處可見的經驗、知識和權力等議題」。

Barton 和 Rennie 的評論將我們帶回本章一開始的兩難。當教室裡這麼多真實發生的情況時，教師要做什麼？Krueger 發現自己處於兩難之中。例如，因為選擇聚焦於女孩的經驗，所以他可能會讓男孩處於

劣勢。像 Horton 女士一樣,假如她聚焦於教室中低成就者,她可能對高成就者幫了倒忙。教師只能對他所知的部分做出反應,而且只能是基於他自己經驗的部份看法。然而,關於 Krueger 的教學、他對新觀念的開放,及他嘗試迎合所有學生的不同策略的這些故事,對其他的老師提供了一個例子來追隨。因為只有透過多樣的經驗和深層理解,教師才能擴充他們表徵的所有組成部分,如此才有可能創造更具包容性的科學教室。

參考文獻

Barton, A. C. (1998). *Feminist science education*. New York: Teachers College Press.

Eisner, E. (1993). Forms of understanding and the future of educational research. *Educational Researcher*, 22 (7), 5–11.

Ellsworth, E. (1992). Why doesn't this feel empowering? Working through the repressive myths of critical pedagogy. In C. Luke and J. Gore (eds), *Feminisms and critical pedagogy*. New York: Routledge.

Gallard, A., Viggiano, E., Graham, S., Stewart, G. and Vigliano, M. (1998). The learning of voluntary and involuntary minorities in science classrooms. In B. J. Fraser and K. G. Tobin (eds), *International handbook of science education* (pp. 941–953). Dordrecht, The Netherlands: Kluwer.

Hyde, J. G. (1981). How large are cognitive gender differences? *American Psychologist*, 36, 892–901.

Lee, O. and Fradd, S. (1998). Science for all, including students from non-English-language backgrounds. *Educational Researcher*, 27 (4), 12–21.

Maccoby, E. E. and Jacklin, C. N. (1974). *The psychology of sex differences*. Stanford, CA: Stanford University Press.

Rosser, S. (1997). *Re-engineering female friendly science*. New York: Teachers College Press.

Steinkamp, M. W. and Maehr, M. L. (1984). Gender differences in motivational orientations toward achievement in school science: A quantitative synthesis. *American Educational Research Journal*, 21, 39–59.

Wallace, J. and Louden, W. (2000). *Teachers' learning: Stories of science education*. Dordrecht, The Netherlands: Kluwer.

第六章

文化與少數民族

Deborah J. Tippins, Sharon E. Nichols,
Mary Monroe Atwater and Glen S. Aikenhead

主編引言

　　對於科學教育而言，建構主義的主要貢獻之一是學習者對這個世界、課程，產生他們自己已經相信的，自我領悟。學生相信的是以他們所生活的文化環境而定。從一個文化社群到另一個社群，對科學和物質世界的自然理解是有差異的。例如，西方和原住民學習科學方法的差異，這在澳洲的原住民（Christie, 1991）、紐西蘭的毛利人（McKinley et al., 1992）和美國的原住民（Haukoos and Satterfield, 1986）已經有所記錄。對這些原住民和其他人而言，文化差異衝擊著他們的學習機會。這個議題可能和科學本身有關，根據維新黨式，西方科學毫無疑問是人類進步的媒介。有時候，此議題可能和學校科學有關，是因為學校科學偏於線性的、抽象的和特別的語言。有時候，這議題和學校制度有關而不是因為科學的特別性。對那些家庭被邊緣化和被學校系統排斥的學生而言，他們對生活的想法和學業的成功是無關的，對教室作

業、考試的遵守並不一定是明顯的。

這些有關科學的議題，學校中科學的科目與學校的結構都會減少社會與文化社群的學習機會。對教師而言，文化差異的結果通常是一個警訊。特定文化社群低於平均的表現時常被報導，例如在 TIMMS 研究中，報導了美國的黑人學生和西班牙學生（Jakwerth, 1999）以及在澳洲的原住民（Lokan, 1999）表現低於平均。對所有教師而言，除了這些表現差異之外，白人和中產階級的教師常發現來自不同文化社群的學生很難被教導。不管教師們多麼的努力，文化歧異度阻止一些教師試著使學生在學校科學上產生興趣。

在本章中，Deborah Tippins 與 Sharon Nichols 描述 Stacey Harmon 企圖在學生學習裂縫上搭橋，並教導更多和文化有關的科學。Stacey 是科學課室中在多元文化議題中掙扎的許多教師之綜合體，基於她認為科學不應該抽離文化來教授的信念，Stacey 計畫不使用文化相關的科學課程。當她九年級理化課的學生無法從「建造和隔離一個冰屋活動」中產生有關文化與科學的有意義結論時，Stacey 開始質疑文化相關性的意義。她參與「良師益友」Deborah 和 Sherry 的對話，並修正她設計文化相關科學課程的方法。緊接在這個故事後的是來自 Mary Atwater 和 Glen Aikenhead 的評論。

冰屋和冰山

Deborah J. Tippins and Sharon E. Nichols

Stacey 在 Delland 的門羅高中擔任她第一年的九年級教師，Delland 是一個因為電腦科技工業興起，和賺錢的商業市場所帶動

的快速成長的市郊社區。Stacey 在她 Wilkerville 的家鄉教了三年之後轉往 Delland，在她的家鄉，她享受生活在一個小城鎮中的舒適。她因為想認識年輕、未婚的專業人士而遷往 Delland，然而，遷往 Delland 的生活和她在 Wilkerville 的生活有著強烈對比。她調到門羅高中，這是一個東方邊緣的學校，非常努力於提高學生的出席率，並且是這個區域中「低學業成就」的學校。

　　Stacey 在門羅的前幾個月非常挫折，因為她大部分的學生看起來似乎討厭上學。她發現很難去平衡因為種族被其他同學隔離的學生所展現出來的情緒。當她每天開車經過學生居住的低收入住宅區，她很難理解為什麼他們缺乏動力去逃離如此貧困的生活。Stacey 想，他們只要願意用一些注意力和力量在學校學習，他們也可以在地方科技公司得到工作，因為大部分的基本工作只需要從當地社區大學取得兩年訓練的執照。Stacey 知道，除非學生有動力去學習和發展基本技巧，不然他們將無法被雇用。她能做什麼去幫助她的學生發展學習科學的興趣呢？

　　在晚秋時，Stacey 有機會參與科學教師會的會議。為了尋找能幫助她解決多元文化學生的需要，她參與稱為「Ice-capade：一個學習熱能的多元文化手段」的工作坊。參與這個會議的教師被挑戰要選用材料來建造一個避免被冰融化的房子。使用金屬薄片、保麗龍與紙的結合，Stacey 與其他三位教師建造了避免熱散失的冰屋。當他們等待十分鐘，記錄冰屋內外的溫度隨著時間的改變後，工作坊協助者討論到愛斯基摩人冰屋設計的相關熱能概念的應用。Stacey 發現透過這個工作坊的合作、實作的問題解決方式，非常地具有參與性。她覺得那個活動是如何使科學概念能夠以文化相關的方式教學的有趣例子。她期待在下個星期熱能單元中使用這個活動。

接下來的星期，Stacey介紹給學生們「建造與隔熱一個冰屋」活動，就如同她在研討會中所經歷的一樣。她的學生熟悉於以合作的方式工作，且快速地組織他們自己和材料。如同在教師的工作坊中，Stacey 使用十分鐘測試溫度改變，來介紹有關冰屋的建造和愛斯基摩文化。只有少數學生對她的介紹感興趣，大部分的學生早就玩起了建築房子的材料，並且忽略她希望引起他們對愛斯基摩文化興趣的嘗試。Stacey 突然開始了解，她的學生認為這個活動是愚蠢的，特別是當一個西班牙裔的學生 Emilio 大喊，「唉呀，也許我應該取一束保麗龍，在房屋計畫中建造一個冰屋！」。這個活動並不被學生認為是更有意義的，Stacey 感到失望，她不知怎麼地錯失了目標，她期望將她的挫折和來自附近大學的科學教育學者 Deborah 和 Sherry 分享，他們兩位是門羅高中和大學合作夥伴的參與者。在放學後的會議中，Stacey開始分享她的經驗：

Stacey：我想學生真的可以從看見物理科學是如何與不同於自己的文化結合當中獲益。在國家科學教育標準中所強調「全民科學」理念下，我想冰屋活動是完美的例子來協助學生看見物理科學和文化的連結。

Sherry：是的，我想學生會藉由物理科學和生活結合的機會而提升他們的動機。但我的經驗中，因為他們對自己文化只有極少的了解，因此，要他們將科學連結到其他的文化是有困難的。很多學生從未思考科學在他們自己文化中的角色。所以，你的學生無法將熱能的例子與愛斯基摩文化連結並不令人驚訝。

Stacey：形成文化有關科學的問題，是非常難回答的。

Deborah：有一個模型真的幫助我理解文化在科學教學與學習上的

影響，就是「冰山隱喻」。冰山大部分是在水面下，只有冰山的頂端可以在水面上看到。這就像我們文化本質的概念；當我們考慮到文化相關的科學意義時，我們只強調不同文化社群在藝術、遊戲、音樂、服飾、食物等等的冰山一角。然而，在冰山之下的想法，才是真正影響教學和學習科學的重要因素；例如問題解決的方法、工作的刺激、對話的模式、與動物的關係、過去與未來的概念、較喜歡競爭或合作、時間的安排、群體共同決定的模式、教室空間的安排、肢體語言、有關邏輯與有效性的想法，以及其他更多的概念。

在會議後，當 Stacey 走出教師會客室，她看到一個貼在布告牌上的公告，上面寫著：「Delland 城市將在五月資助三十個住家的建造。這些住家將賣給從來無法負擔擁有一個住家的合格家庭。你被邀請來捐出你的時間，以及（或）材料來建構這些住家。」這使 Stacey 突然想起 Emilio 的評論，陳述出許多文化相關的科學教學與學習的意義。也許要求她的學生去連結離他們當地情況非常遙遠的生活形態是不適合的，也許遺漏掉的是教學生如何去使用科學來處理他們日常生活情況的機會。隨著 Emilio 的建議，她可以要求她的學生去檢查他們自己的房子，並如何應用科學來進行更良好的住家設計，使住家能在冬天保持溫暖。也許他們可以和當地的電力公司一同工作以發展更佳的隔熱材料。這個時刻是美好的，Stacey 感到興奮，她可以用這個住屋廣告來引起學生在與他們日常生活經驗有關之熱能的興趣。

文化相關的科學教育：需要去理解文化

Mary Monroe Atwater, University of Georgia

一些學者提出文化相關教學可作為一種成功教授黑人學生和其他膚色學生概念的方法（Atwater, 1995; Atwater and Brown, 1999; Foster, 1995; Gordon, 1982）。根據 Ladson-Billings（1994）所提出的，文化相關教學法是一個學習與教學的方法，利用文化指示對象，從智慧、社會、情感與政治採取行動來發展知識、技巧和態度。有效使用文化相關教學法的教師，在下列三個領域中具有較廣的教育理解：他們自己和其他個體的概念、社會相關的概念以及知識的概念。Grant 和 Ladson-Billings（1997）更進一步地詳細說明這些教育理解。就他們自己和其他的概念，教師是以下列方式進行文化相關行動：(1)相信他們的所有學生能夠在學業上成功；(2)視他們的教學是一種藝術，是無法預測的，且總是在演進中；(3)察覺他們自己是社群的一分子；(4)視教學為回饋學生社群一種方法；(5)相信知識是由學生抽取出來的，而不是放進學生的。他們有關社會關係的想法包括：(1)維持流動的師生關係；(2)和他們的學生建立和維持一個聯繫；(3)從學生中發展學習者社群；(4)偏好合作學習，並為彼此的學習負責。最後，這些教師知識概念包含了下列：(1)知識是分享的、再循環且再建構的；(2)知識應該被批判地分析；(3)一個人應該熱中於知識與學習；(4)教師應該搭鷹架或搭橋以加強學習；(5)評定與評量應該是多元化的，且應該整合多種優良的形式。為了成為一個文化相關教師，應該要考慮一個人的潛在信念與有關學習與教學的意識形態。

在這個理論背景下，「冰屋和冰山」的個案分析可以開始。Stacey，一個在門羅中學第一年的九年級教師，為了可以遇到年輕、合格的單身專業人士，離開她教了三年書的家鄉。讀者不知道Stacey 的文化、種族，我們知道的是她學生的文化和她的文化差異很大。此外，Stacey意識到她在教學生科學上並不成功。她參加了一個在文化相關科學教學的工作坊，並決定在她的課室中使用這個活動。當然，Stacey的學生並未像在工作坊中的教師那樣的回應；她非常失望，並回憶起Emilio大叫時的陳述：「唉呀，也許我應該取一束保麗龍來建造冰屋！」在這個關鍵點上，學校人員和 Stacey 都有義務去讓 Stacey 熟悉在學校中的學生們的文化。此外，Stacey應該立即嘗試與學校中成功的教師聯繫。Stacey開車經過住屋，認為她的學生應該因為他們的父母或監護人的貧困而被激發去學習。然而，Stacey應用她擁有的知識與她的科學學生連結上遭到失敗；最初，她可能較感興趣於教科學，而不是教學生科學。

　　在工作坊之後，Stacey應該發展她自己對於什麼是文化相關教學的理解；她相信一個教師應在課室中使用未修飾的科學活動，不考慮學生的文化活動與學生生活。她的方法不是文化相關的教學，Stacey從來沒有反思自己有關科學學習和教學的信念與意識形態，她假設既然她的信念與想法在她的家鄉中有良好的結果，所以在Delland也會有很好的結果。

　　她反省她在文化相關教學上的失敗，並看到了貼出的公告，Stacey開始反省自己有關科學學習與教學的信念與想法。她現在要求學生研究他們自己居住的地方，在有關熱能、熱、傳導和隔離的想法上，為他們的住家做更好的設計，Stacey開始理解什麼是文化相關教學。值得一提的是，Stacey和兩個大學教授接觸，他們幫助她開始理解文化相關教學。

Stacey 在成為一個文化相關科學教師上仍然有一段很長的路要走。她可能未察覺自己的文化和種族身分，因此，她將會有一段非常困難的時間來了解學生的文化與種族身分，因為她在學生和自己間沒有發展一個非常強的關係。讀者不知道 Stacey 是否相信科學的知識可以使學生有權力來改變他們居住的世界，假如他們是如此渴望的話。因此，讀者也不清楚 Stacey 是如何熱中於科學學習與教學。Stacey 是否發展到她認為科學教學已回饋她的學生社群了？毫無疑問地，問題仍然持續著：Stacey 在她第二次於文化相關教學上的嘗試是成功的嗎？

誰的文化？什麼文化？

Glen S. Aikenhead, University of Saskatchewan

Stacey 基於自己對於教授科學不能獨立於文化之外的信念，她計畫並實行一個文化相關的課程（她認為如此）。

在學校課程的轉移方針中，相關性時常由學科專家或是優勢文化來定義，Stacey 嘗試藉由採取轉換處理的方針讓自己脫離這樣單獨的轉移方針，可惜她失敗了。Deborah Tippins 和 Sharon Nichols 指出，相關性是必須由學生的文化來定義，如此學生才能從熟悉的情境中與課程互動。在三個時間點上 Stacey 無意地表現出殖民態度：當她認為自己的歐洲文化觀點可以強加在學生的身上；當她無法了解為何學生缺乏動機去逃離他們「貧乏」的生活情形；並且當她用她的歐洲中心標籤「愛斯基摩」來建構阿拉斯加的原住民。

但是更多的是，直到我們認同科學本身就是一種文化之前，學校科學永遠都是獨立於文化之外被教授（Pickering, 1992）。科學由分享「典範、價值、信念、期望和協定的行動」的科學社群給予特徵化（一個標準的文化人類學定義；Phelan et al., 1991）。只有當我們以對大部分的學生而言是一個跨文化的事件來從事科學教學——一個需要學生在他們自己的文化和科學的文化之間移動的事件，如此我們才可以開始處理學校科學和文化的隔離（Aikenhead, 1996）。Stacey試著去幫助「學生看見物理科學和文化之間的連結」是錯的，相反地，我們應該幫助學生看見物理科學的文化和學生本土文化之間的連結。

　　Stacey做了一個正確的結論，對她而言，在那個時間點要求她的學生與距離很遠的人們（阿拉斯加的原住民）做關聯是不恰當的。然而，Stacey應該也要做出結論，物理科學家（在文化形式上）也一樣離她的學生很遠。這種在科學上的文化觀點將為她打開一個新方法以要求學生和物理科學產生關聯（Aikenhead, 1996; Jegede and Aikenhead, 1999）。

　　Deborah透過冰山隱喻，指出我們不應該從文化中獨立出加工品（如冰屋），應該考慮學生文化特性整體微妙特徵的範圍來解釋 Stacey 課程的膚淺。同時為了取代象徵主義，我們也需要有效化學生有關本土自然的知識，如此可強化他們的自我認同（Aikenhead, 1997）。

　　如果我們排除簡化的建構主義者，對很多教育改革提升科學教育的科學教學方法中的殖民態度和同化教學，這將會是有幫助的。換另一種跨越文化的方法中，學生將可以學到科學文化而不必然要取代他們自己本身文化中有關自然的信念。學生將把新的情境加到他們的認知基模中，而科學概念也可以邏輯上適當地置入這個基模中（Aikenhead and Jegede, 1999）。在這個跨越文化的方法中，科學信念能夠和本身文化的信念來比較和對照，如同來自兩個不同的文化，每一個都擁有

自我優勢的世界觀、理論、認識論、語言習慣、標準、價值等等。相同地，人類學的明喻也可以幫助澄清這裡意圖的學習形態，學生將會和人類學者一樣——為了文化來學習科學，但並不是將科學文化當作他們自己的。人類學者並不會同化於他們研究的文化中，而是在那些文化中善於適當地行動。

為了實際行動的科學

Stacey的科學活動（設計溫暖的冰屋，和在「計畫」中設計較好的房屋）確實是科技設計的活動。科學的傳統目標是為了科學知識來發展新知識，而科技一貫的目標是回應人類和社會的需求來解決問題（Layton et al., 1993）。在故事敘述的最後，Stacey決定將要求她的學生用學校的科學內容來做最好的住家設計。她還沒承認「冰屋的錯誤」是因不了解科學文化不同於科技設計文化，且科學內容很少直接被轉移至科技的設計（Collingridge, 1989）。

Layton和他的同事（1993）有關於人們獨立於自己家庭的深度個案研究中，發現熱力學的科學在實際行動中只有些微的用處或甚至沒有用。「以科學的名詞來了解科學的必要性……藉由個案研究的發現從根本被挑戰是很清楚的」（p. 124）。在可以使用科學的實際行動之前，人們必須將科學概念轉換成有特定情境脈絡的概念。

Stacey需要學習如何「解構和再建構科學知識以達到與實際行動結合」（Layton et al., 1993, p. 128）。這不只對Stacey是個挑戰，對信奉文化相關的我們也是一個挑戰。一個有希望的成功方法是跨越文化的教學方法，在此方法中從一個文化到另一個文化的解構和再建構成為一個自然且幾乎是直覺的過程（Aikenhead, 1997）。例如，這反映出為了可以在西班牙文化中有適當地行為，以融入西班牙文化的方式來學習西班牙文，而不是為了通過文法考試來記憶西班牙文 ——一種

稱為法蒂瑪法則（Fatima's rules）的過程（Jegede and Aikenhead, 1999; Larson, 1995）。「法蒂瑪法則」建議我們不要讀課本，但要記住粗體字和片語。「法蒂瑪法則」包括了如「寂靜、調適、逢迎、逃避和操作」的複製機制（Atwater, 1996, p. 823）。

學校科學的權宜之計

對 Stacey 和所有改革運動的挑戰包含重新思考學校科學的意識形態。Loughran 和 Derry（1997）研究學生對一位科學教師為了解構和再建構（「深度了解」）教學共同努力的反應。研究者捕捉到學生為了和公立學校文化有關的理由來使用「法蒂瑪法則」：

> 學生認為對一個學科去發展深度的了解，並不是特別的重要；而沒有深度的了解在學校系統中也可以成功……他們已經知道如何在學校中學得剛剛好，而不必花更多的時間或努力。
>
> （p. 935）

他們的老師很悲痛，「不論我多想教好一個主題，學生似乎只學習那些可以讓他們通過考試的內容，然後，不管怎樣，在測驗完後他們就都忘了」（p. 925）。Tobin 和 McRobbie（1997, p. 366）記錄了一位教師在「法蒂瑪法則」的共謀：「在 Jacobs 先生和那些學生的目標之間有緊密的配合，且滿足於強調事實記憶和獲得正確答案的程序是為了在測驗和考試上成功的需要。」Costa（1997）綜合 Larson（1995）、Tobin 和 McRobbie（1997）在她自己班級的研究並做出結論：

> Ellis 先生的學生，像 London 和 Jacobs，他們無法進行有

關化學的工作，他們只是努力於通過化學。這個學科與生活
是無關的，結果，學生協商的約定視為他們在班上將進行的
工作種類。如同政治般地，他們的工作沒有大量的產出，他
們不需要是有生產力的——如同在學習化學，他們只需要是
政治的——如同為了在化學中取得學分。

（p. 1,020）

當執行「法蒂瑪法則」時，老師同時轉換課程和審查學生為了日
後的大學教育。

對大部分的學生而言，經驗過的學校科學是嘗試政策化地同化或
審查他們。很多學生在他們追求避免同化和使用不必要的努力中展現
他們的創意和不妥協性。另一方面，文化相關的科學要求學生跨越文
化的藩籬進入到科學文化裡，且將科學的和科技的意義轉讓到日常生
活文化情境中（藉由科學和科技的影響）。

主編總結

什麼樣的內容被認為是文化相關的科學呢？它僅僅是標準科學內
容和這個內容的文化特定應用之間的連結而已嗎？或是當老師嘗試超
越母語和文化、種族和社會階級的藩籬來教學校科學時，是否在危機
中有更深層的事件？「冰屋和冰山」所描述的兩難對於很多在多元社
群中和學生共同工作的老師而言是熟悉的。毫無疑問地，Stacey 認同
文化不同是她很難融入學生中的原因之一，但她也不清楚應該要聚焦
在什麼文化觀點以使她的課程更有關聯。當她在放學後和 Deborah 和
Sherry 陳述時，Deborah 建議她應該要傾向於更深的文化特點，這個特

點是潛在於文化冰山之下。

　　Mary Atwater在她的評論中開始著手處理這些潛在於水面下的議題，她專注在文化相關教育的三個觀點：教師自我和其他個體的概念、他們的社會相關概念和他們的知識概念。如同 Atwater 的解釋，Stacey顯示對於她自己種族和文化的身分沒有任何知覺，沒有這樣的知覺就有可能很難了解她學生的身分。其次，故事中沒有提供任何證據顯示Stacey了解在教學上社會相關的影響。她非常沮喪於她的學生無法和她分享她把教育當作是社會流動關鍵的信念，且也尚未擁有建立一個具有社群和合作的班級能力。回顧 Grant 和 Ladson—Billing 第三個文化相關教育的測驗，Atwater 提到 Stacey 開始了解假如她要在學校科學和她的學生文化之間建立橋樑，她要重新思考要教什麼與學什麼的假設。

　　然而，Aikenhead的回應顯示對白人老師來說，當他們企圖提出文化差異時，他們是如何容易地採用殖民者的態度。雖然她在心中有最好的意圖，在這個故事中，Stacey想要搭起她自己本身的文化和學生文化間的橋樑，不過橋樑卻是建立在搖搖欲墜的基礎上。如同冰屋、音樂、服裝和食品的文化人工製品，無法脫離於文化脈絡中而被了解。此外，Stacey在命名阿拉斯加的原住民為愛斯基摩時，做了一個嚴重的殖民的心態。Stacey失敗於看清科學教育的整體跨越文化的面向。如同 Aikenhead 所說，對大部分的學生來說，學習學校科學需要從他們本土文化到科學文化做跨文化交流。他說，物理科學家的文化離學生的本土文化有相當的距離。為了進入學校科學的文化，學生需要了解它的規範、價值和實作。通常，學生無法在學校科學中做跨文化的處理，取而代之的是他們使用「法蒂瑪法則」，從事的是測驗而不是學科知識的深層結構。

　　當然，在 Stacey 的描述裡，學生甚至沒有使用「法蒂瑪法則」，她描述學生是冷淡且憤慨的。她從文化上舒適的 Wilkerville 移到文化

上不相容的 Delland，Stacey 遇到學生只有做最少的努力來符合她的期
待。她的問題和同一時代的老師和教育學者相似，但是她嘗試使科學
更接近學生的美意，僅接觸到一點深層的文化議題（這是一個她和學
生之間文化不同的議題）。

參考文獻

Aikenhead, G. S. (1996). Science education: Border crossing into the subculture of
    science. *Studies in Science Education*, 27, 1–52.

—— (1997). Toward a First Nations cross-cultural science and technology
    curriculum. *Science Education*, 81, 217–238.

Aikenhead, G. S. and Jegede, O. J. (1999). Cross-cultural science education: A cognitive
    explanation of a cultural phenomenon. *Journal of Research in Science Teaching*, 36 (3),
    269–287.

Atwater, M. M. (1995). The multicultural science classroom part II: Assisting all
    students with science acquisition. *The Science Teacher*, 62 (4), 42–45.

—— (1996). Social constructivism: Infusion into the multicultural science education
    research agenda. *Journal of Research in Science Teaching*, 33, 821–837.

Atwater, M. M. and Brown, M. L. (1999). Inclusive reform: Including all students in
    the science education reform movement. *The Science Teacher*, 66 (3), 44–48.

Christie, M. J. (1991). Aboriginal science for the ecologically sustainable future.
    Australian Science Teachers Journal, 37 (1), 26–31.

Collingridge, D. (1989). Incremental decision making in technological innovations:
    What role for science? *Science, Technology and Human Values*, 14, 141–162.

Costa, V. B. (1997). How teacher and students study 'all that matters' in high school
    chemistry. *International Journal of Science Education*, 19, 1,005–1,023.

Foster, M. (1995). African American teachers and culturally relevant pedagogy. In J. A.
    Banks (ed.), *Handbook of research on multicultural education* (pp. 570–581). New York:
    Macmillan.

Gordon, B. (1982). Toward a theory of knowledge acquisition for Black children.
    Journal of Education, 64 (1), 90–108.

Grant, C. A. and Ladson-Billings, G. (1997). *Dictionary of multicultural education*.
    Phoenix, AZ: Oryx.

Haukoos, G. and Satterfield, R. (1986). Learning styles of minority students and their
    application to developing a culturally sensitive classroom. *Community/Junior College
    Quarterly*, 10, 193–201.

Jakwerth, P. (1999) TIMMS performance assessment results: United States. *Studies in Educational Evaluation*, 25 (3), 277–281.

Jegede, O. J. and Aikenhead, G. S. (1999). Transcending cultural borders: Implications for science teaching. *Research in Science and Technological Education*, 17 (1), 45–67.

Ladson-Billings, G. (1994). *The dreamkeepers: Successful teachers for African American children*. San Francisco: Jossey-Bass.

Larson, J. O. (1995, April). Fatima's rules and other elements of an unintended chemistry curriculum. Paper presented at the American Educational Research Association annual meeting, San Francisco.

Layton, D., Jenkins, E., Macgill, S. and Davey, A. (1993). *Inarticulate science?* Driffield, East Yorkshire, UK: Studies in Education.

Lokan, J. (1999). Equity issues in testing: The case of TIMMS performance. *Studies in Educational Evaluation*, 25 (3), 297–314.

Loughran, J. and Derry, N. (1997). Researching teaching for understanding: The students' perspective. *International Journal of Science Education*, 19, 925–938.

McKinley, E., Waiti, P. and Bell, B. (1992). Language, culture and science education. *International Journal of Science Education*, 14, 579–594.

Phelan, P., Davidson, A. and Cao, H. (1991). Students' multiple worlds: Negotiating the boundaries of family, peer, and school cultures. *Anthropology and Education Quarterly*, 22, 224–250.

Pickering, A. (ed.) (1992). *Science as practice and culture*. Chicago: University of Chicago Press.

Tobin, K. and McRobbie, C. (1997). Beliefs about the nature of science and the enacted science curriculum. *Science and Education*, 6, 355–371.

.

第七章

權力

Karen McNamee, Ken Atwood, Nel Noddings and Peter C. Taylor

主編引言

　　在教室中誰擁有權力？一九三二年 Willard Waller 寫道：「小孩無力對抗成人世界用來強制他的決定的機器，在「老師與學生」之間的抗衡結果，在開始前就預先決定了。」七十年來 Waller 這段敘述背後的假設，持續於學校和教室之間強而有力的指標。許多校內的一般活動，例如：教學、評量、學生管理與學生評鑑，都立足於教師權力與學生順從的假設基礎而遂行的。課室權力的神聖性不僅普遍為學校各級參與者所接受，同時也受立法機關的保護。藉由法律要求教師維持一個安全和有秩序的環境，並且對學生的參與和學習要有專業的負責。在此概念下，權力被等同於個人可以擁有的物體或財產；也就是某個人（一般是指老師）的權力會凌駕另一個人（通常指學生）之上，也因此要對教室中所發生的一切事負責。所以，權力是無法分享的，如果老師與學生角逐於戰爭中，老師輸掉了這場戰爭，則老師將因此失去教學的權威。

最近，很多學者已開始對教室中權力的普遍觀點提出質疑（Ellsworth, 1992; Gore, 1993; Ropers-Huilman, 1998）；其於 Foucault 想法上，權力是非物屬的系統，該系統來自於無數觀點的運作，而這些觀點源自於非平等主義者與其易變關係之間的交互作用（1978, p. 94）；這些學者以關係性的語詞來描述權力。在此概念下，權力不是一種財產，而是成長於社會關係中的動態變化。在此，屬於老師的正式權力，看起來與課室中的非正式權力關係是分開的。權力關係是以互動方式建構，老師的目標為許多競爭目標中的一個。這個概念可避免由權力階級觀念所衍生的「有權無權二元論」。它指出沒有人擁有絕對的權力，並且同時既有權又無權（Davies and Hunt, 1994）。

　　與這些教室權力本質的辯論並起的，是愈來愈多的運動來促進學校中平等的觀念。在民主的學校（Dewey, 1966/1916）、批判式的教學（Giroux, 1988; Shor and Freire, 1987）與女性主義（Ellsworth, 1992; Gore, 1993）的根基下，平等運動企圖在教育參與者中更平等地分配權力。在這個運動中可以看到兩個主要的觀念學派，一個是基於增權和釋權的觀念（Habermas, 1972; McLaren, 1989），另一個是基於關係和情感（Boler, 1999; Noddings, 1984）。增權和釋權的教育認為老師的角色是主動而且自覺地使用權威來授權給學生，並且轉移社會現存的不平等和不正義。關係和情感教育則形成下列觀念：認為老師的角色是關懷的，是在一個安全的環境中促進對話；在這個環境中，參與者可以彼此聯結，並且知覺到每個人的善意和思維的不同（Noddings, 1998）。

　　儘管這兩個學派所強調的是權力分享而不是權力失衡（Kreisberg, 1992），但課室平權倡議者仍彼此衝突於教師行使權力的角色定位，卻幾乎不對「老師知道什麼對學生最有助益」的假設提出質疑（Burbules, 1986; Gore, 1993）。例如，授權的想法指出，老師的角色是給予權力，賦予權力使用的能力，而學生的角色則是接受權力，變成有權力。在

關懷學生方面，老師可能會用另一種形式對學生做社會和情感控制，也就是 Boler（1999）所稱的「牧人權力」。儘管在這兩種學派的目的是分享和授權，但這個目的的執行卻可能產生七十年前 Waller 所描述的另外一種更複雜的形式——教師支配學生。

　　這些權力的衝突觀念在課室中並存，持續給老師矛盾。一方面，老師覺得（且擁有）要對學生的學習負有直接的責任。另一方面，老師尋求方法和學生聯結，加強他們的參與，並且對自己的學習負責。在自由（分享權力）和權威（權駕）之間求取平衡，可能是教學中主要的矛盾（Lather, 1986; Shor and Freire, 1987），老師既是有權，也是無權，正所謂「左右為難」。這個在教室中運用權力的矛盾形成閱讀這章的理論框架，「不只是謀殺」，Karen McNamee 呈現出這個矛盾的實際描述。在這個故事中，McNamee 詳述在十一年級生物課的戲劇性片段，她強力地在學生身上運用她的權威，她認為這些學生干擾科學觀察的實驗活動。跟隨這個故事之後的是這個老師、Ken Atwood（McNamee 的學校同事），與 Nel Noddings、Peter Taylor 的評論。

不只是謀殺

Karen McNamee

　　新學期的第二週，我教十一年級第一節生物實驗課總是面臨一項挑戰。我要面對三十四個的陌生學生，這是我在新學校服務滿第一年。身為一個只接受高行為道德標準的我還沒被測試過。在這節課之前，我沒有經驗過任何特別的行為問題；但那裡有一些「問題製造者」，他們似乎要挑戰我。其他老師也曾告訴我，

十一年級的學生只上過少數的科學實驗課，因為他們在九、十年級時很不安分。儘管如此，我仍然決定嘗試實驗課。我很清楚的知道，如此大班級上實驗課的危險。為了成功和安全，小心計畫、縝密安全測量和學生的合作是需要的。

我計畫一個聚焦於觀察八種不同活體特徵的活動，我認為這將是一個有趣的實驗課程。每個樣本被放置在一個「站」上，學生四個人一組，每五分鐘換站一次。在每個站，學生需要記錄單上寫下他們的觀察。

最初向班級進行任務解釋，以及看似必然的幾分鐘混亂，學生分成小組並到達他們的第一站後，每個人看起來都很忙碌地工作。我不停地在組別間移動，並且回答學生問題。課程進行到一半時，我以輕鬆的口吻問：

「進行得如何？對於你們先前一站的觀察，有沒有任何問題？」

他們偷偷地笑。另一個學生說：「老師，這個活體好像沒有移動。」

「為什麼？」我回答。

「可能牠死了。」

我保持冷靜。「牠之前並沒有死，發生什麼事了？」他們偷偷的笑，並裝成一副無辜的樣子。我設了一個陷阱。「嘿，你在牠們身上使用瓦斯？」

「是的，老師。牠們應該沒有用力吸那東西吧？」

我知道了。我從笑臉變成生氣。「你告訴我使用了不該使用的瓦斯？你有意地殺死一個活體使全班都無法再做這個實驗？」

「是的，老師，」一個學生微弱的回答。這組的其他學生保持沈默。

　　我堅定果斷地走到教室前面，詳細記錄下這件事，並將這紀錄給副校長。我要求這四個學生暫時離開我的班級，直到他們給我一份手寫的悔過書。並建議這些學生應該考慮另外一個科目，因為他們「明顯的不重視生物的學習，而且這個班級也太多人了」。

　　為了對班上其他人造成漣漪效應，我提醒大家必須注意聽。我重申對教室行為的期待和描述剛剛發生的事件。接著，我以最戲劇性的方式指出「在我的教室中，不遵守指示是完全不被接受的，且不被容忍」。最後，那四個犯錯者從我的課堂上被趕到辦公室。寂靜中，他們在三十位同儕的注視下，離開了教室。

　　那天中午前，這件事的新聞已在學校中傳開了。「X老師將在實驗中犯錯的四個學生趕出她的教室」。從此開始，十一年級生物實驗課中的行為變成典範。親愛的小蟑螂，在和平中安息。

教師評論

Karen McNamee

　　在這堂課中，我處於一個困難和潛在危險的狀況之中。實驗室過於擁擠，並且我被學生的問題淹沒。監督所有學生是不可能的。學生不習慣參與實驗室的實驗活動。他們也不習慣於我對他們行為上的期待，這是為所有學生保有一個安全環境所做的行為期待。不顧我努力詳加說明適當行為規範，這四個學生在未得到授權的情況下使用瓦斯和亂動設備的行為是不可被接受的。再者，他們似乎不知道他們行為的潛在危險性。他們同時很清楚地表現出對這個活體的不尊重，並且

蓄意破壞。在一個過度擁擠的實驗室中，沒有經驗的學生來做實驗，我關心的是如果沒有處理這個意外事件而導致學生受傷，老師是必須負責任。

我相信我的戲劇性反應是一個保證，我也相信它可以阻止將來更嚴重的事情發生。以這麼戲劇性的方式將犯錯的學生從教室中移除，可以讓所有的學生了解這意外事件的嚴重性和這件事的中心議題：在實驗室中不安全的行為是不被允許的。這個行動使學生更加察覺到適當行為的重要性，和遵守指導的需要。基本上，在這個案例中，我用阻止將來可能發生的問題來激勵自己，並「防範於未然」。

我也希望藉由向副校長陳述這四個學生在這事件中的責任，促使行政人員關注過多學生可能產生的危險情況。我樂觀於行政單位會採取行動來減少班級學生人數，以創造一個更安全的實驗環境。

對處於相似情況中教學的老師和將來的我來說，首先應提供學生簡單、安全的實驗室經驗以減少潛在危險。然後，隨著學生展示適當的行為、發展出他們的實驗技巧和創造出互信的實驗氛圍後，實驗的複雜度可以逐漸地增加。最後，不適當的實驗室行為應該嚴格處理，對實驗室的安全規範也應該永不讓步。

同儕評論

Ken Atwood

權力，倒不如說是在教室中為了優勢而爭論，似乎是這個案例的中心議題。它詳述了一個老師的感覺和看法；一開始這個老師似乎在班級的權力關係中感到不確定，然而老師採取的行動是清楚地向班上

確定她占有核心權力的優勢。

案例中應該注意到，四個男孩藉著「謀殺」蟑螂來挑戰老師的優勢。這個名詞的選擇，「謀殺」，顯示出老師在這個情節中感覺到的一些預謀，並建構出一個故事，在故事中，她最終是一個受害者。

在這裡要指出，學生的實際動機是無關的。這些學生可能沒有意圖來干擾實驗，挑戰老師或嘗試在教室中運用優勢。他們可能只是覺得殺一隻蟑螂是有趣的，雖然這可能產生兩個問題：殺死一個在實驗中被觀察的活體；和沒有被授權使用瓦斯造成健康和安全上的危險。儘管如此，我們可以推論這個老師認為這是個機會，以消除對她權力的挑戰，或者最少觀察到這是一個強調她重要性的機會。這可以由她在整個班級之前採用戲劇性和特別的反應來證明。如果權力不是關注的焦點，這個事件當然會使用一個比較不公開的方式來處理。

這個案例在一開始就顯現出來，該事件提供老師一個機會去糾正一些個人的懷疑，而且這個事件的處理方式，似乎產生預期中的結果。我們被告知隨後的班級行為是典範。然而事實上，核心權力和獨占行為的焦點，在這個案例中仍留下一些未解決的議題。我們並不知道四個男孩被處罰之後發生了什麼。他們有再回到生物課嗎？除了行為的描述之外，我們並不清楚這個事件對全班的影響。對學生的學習有什麼影響？對學生和老師的互動有什麼影響？如果將這些和其他諸如此類的議題加以檢視，老師可能會發現爭論權力關係的重要性可能是一件誇張的事。公開處罰可能會鞏固老師的優勢，但也可能在教學和學習上造成一些不好的結果。

蟑螂之死

Nel Noddings, Stanford University

「不只是謀殺」案例中出現兩件令人關心的事。第一是老師做了什麼，以及希望學校能採取更有效率的策略來處理不守規矩的學生。第二是當意外發生時，我們能夠有何做為？

首先，我能夠了解並體會這位老師試圖在一所新學校中建立她的名聲，尤其是在被認為和「不安分的」學生互動。我教中學的經驗超過十二年，也清楚明白要維持班級秩序有很大的壓力。但是，為了控制班級秩序，卻將四位學生趕出課堂，然而這些學生原本有可能從實驗過程的生物課裡面得到很好的學習，難道真的沒有別的方法了嗎？

一個可能的方式是停止計畫好的小組活動，將全班集合起來，明確告訴他們如何完成工作，該用什麼方式讓彼此依賴；一個小組是如何組織它的工作，如何分工，使每位學生都能分擔工作。讀者無法分辨在活動的早期是否就有如此的準備。但是即便如此，在過程中有嚴重的違規發生時，就應該重複告訴學生小組應該如何運作。

除了上述對全班有關互相依賴和責任的談話之外，老師還可以誘導討論如何對待實驗動物。我們可以接受故意殺死實驗動物的行為嗎？我們通常會撲滅的蟑螂，死一隻要緊嗎？換作是另一種生物呢？這類的討論將會非常有價值，而且可能增加許多關於我們對非人類動物之道德約束的有趣和衝突之問題。

但牠只是一隻蟑螂。其次，讀者不知道這個老師如何接續這個「實驗課」這個觀察引發了另一個關注。她將如何接續並期待學生可以學

習到蟑螂如何成功演化的相關知識。儘管人類企圖去消滅它們，當許多其他生物消失時，牠們卻存活下來。學生學習到有關這些強韌生命力的動物到底是什麼？例如，一隻蟑螂可以活多久？有多少相似的種類？牠們如何繁殖？為什麼牠們這麼難消滅？我們為什麼下決定要消滅牠們？牠們會咬人嗎？牠們髒嗎？事實上，人類把蟑螂和骯髒結合在一起，認為蟑螂會產生一種令人討厭的氣味。但這可能是牠們清理自己且留下有味道殘餘物的結果。學生可以想到方法去測試這個推測嗎？

在此，老師和師資培育者可能要暫停並問有關「五分鐘觀察」的實用性。在那短暫時間內有可能完成什麼？再次地，我們無法從這簡短的故事中了解老師的意圖。如果這個活動是深入學習和觀察的前奏，那麼它可能具有某種教學上的意義。然而，一個科學家在一個五分鐘的觀察中可以知道什麼呢？

提到科學活動，另外一個可能就同時出現。老師曾將一些偉大的博物學家的成果引介給學生嗎？或引導學生閱讀一些關於博物學家的真實故事或傳記嗎？Darwin、Tinbergen、Wilson、Andrews、Muir 或 Audubon 的名字對他們有任何意義嗎？

課程也可能包含一些地理學。在世界的哪一個地方，蟑螂會大量地繁衍？世界上哪些地方沒有蟑螂？牠們有天敵嗎？牠們吃些什麼？有人猶豫或拒絕殺死牠們嗎？為什麼？除了介紹當代為了宗教理由而拒絕扼殺昆蟲的人文討論外，老師可以提到 Albert Schweitzer 和他的「尊重生命」。誰是 Schweitzer？以及他在哪裡從事偉大的工作？

有些歷史也是有趣的。Paul Theobald 說中世紀的故事曾提到教會法庭，實際上以各種罪名來審判昆蟲和其他動物。他寫到：

> 不論甲蟲會如何損害稻作，一個人也不能惡意地摧毀。
> 在這樣的個案中，這件事被帶到教會法庭，一個律師被指定

來替這些甲蟲辯護；通常這些昆蟲的權利會被保持。牠們是
自然秩序的一部分（上帝的自然秩序），也因此牠們有權利
存在。

（1997, p. 17）

Theobald 指出這樣的事情，現在看起來是有些愚蠢。但是，他也
指出在自然中人類生命的內在依賴和有機關係並不可笑。我們需要找
到結合前人智慧和現有科技的方式。當我們被「害蟲」威脅時，最有
智慧的對策是什麼？我們可以使用自然的方式來控制嗎？當我們決定
必須使用殺蟲劑時（確實有些時候我們不得不用），我們如何可以確
定這些殺蟲劑對人類和其他生物是安全的？這裡有另一個非常重要的
主題可以深思研究並加以討論。

我們愈深入探討可以做些什麼來改善對小蟑螂的「謀殺」，就對
四位學生可能學習到的東西被迫離開教室，這件事愈感到遺憾。更甚
者，身為一個師資培育者，我們無法更有效將老師從目前學校令人無
法忍受的和高度人為壓力中解脫出來感到遺憾。有幾件事值得我們深
入思考：學校僵硬的課程與老師強力控制學生，從上而下實施狹隘的
校規，以及老師總是在教學體系中孤軍奮鬥。因此我們應該更深的思
考如何做師資培育，使老師能夠超越個別學科的要求。像這樣的故事
會使我們對老師和學生感到同情。不只這樣，它應該喚起我們對教學
這個事業做更清楚和更不落俗套的思考。

事實和謀殺？另一種角度的閱讀

Peter C. Taylor, Curtin University of Technology

> 多重的觀點使我們和現象的接觸更複雜。滿諷刺的是，好的研究通常會使我們的生命更複雜。
>
> （Eisner, 1997, p. 8）

> 以對話建構的文章可以讓我們在故事與對話的片段模仿中認清我們的生命。
>
> （Van Manen, 1990, p. 144）

首先，一個批判的閱讀

當我閱讀 Karen 的故事還不到一半時，我的第一個反應是這個故事不會有一個快樂的結局。結果證實我是對的。Karen 對「犯錯的」學生的戰鬥調子導致她狹窄的個人正確犧牲了學生。

最終的諷刺感終未現身來緩衝自由人道讀者的敏感反應；對他們而言，關懷和熱情是不可妥協的。批評者對幫助既無助又絕望的學生充滿興趣，可惜卻未見最終的罪惡或後悔來緩和批評學者的關心。這個故事在悲劇的口吻中劃下句點：一個訕笑的小故事將蟑螂優越的地位和被暗指為受不誠實學生拖累的老師緊密結合在一起。

這個悲劇的本質是在老師和學生之間友好關係恢復的可能性，因

為被全校皆知的 Karen 的專制而變得不可能。

然後，一個批判的自我閱讀

我們不都曾經在教學生涯中的某些階段出現和 Karen 一樣的感覺嗎？相信至少那些在充滿很多不守規矩學生的學校教學的老師有同樣的感覺。

我回想剛從大學畢業時，在學校裡曾經歷這種軍事化的訓練（徵兵制度空缺）。很多（最糟的！）為教導科學講師曾經創造出自我縱容的社會主義化左翼政治行動主義。然後第一次面對著青少年：充滿著對身為學科知識專家教師和被尊敬的內在期待，並沒有人提醒我關於兒童會測試成人權威的限度，或者教導我有關管理青少年學生的策略；我回想起這個空有理想的年輕人被授權來塑造學童的教育機會感到惶恐。

所以，我對課室教學的真實世界如何反應？我的早期教學重點是什麼？完全控制嗎？不！那完全不是真的；那是在歷經種種磨難之後才達到的。第一年，我和破滅的理想掙扎。我想要學習有趣的花招，讓我能在自己的課室中變成重要的角色。我想要成為具有自我導向、自我學習步驟和自我激勵的學習者。我要革新教學和學習，如同一九七〇年代的那些激進的教育者，如 A. S. Neill、John Holt、Ivan Illich 和 Paulo Freire。如同在公立高中大多數的同事一樣，我認為考試和競爭在教育上是不健康的。我們甚至反對參加學校間的運動競賽。

學生對於我熱忱的革新心意會將如何反應呢？好吧！有很多學生學得不錯，但是有一些學生使我感到一些為難的處境，將我激怒。我的士官長的聲音應該嚇壞了大多數安靜的學生。在我的第二年，我很快建立出無法忍受不規矩行為的老師的名聲。我甚至被一些新進老師請求去維持他們班上的秩序。隨著第三年的開始，我的名聲遠播，偶

爾有一些青少年不良行為仍會出現在我身邊。

　　回到 Karen 的故事。我從教育理論中所建立出來的想法，並且是一個有關更好世界社會重整的想法，突然失去它的魔力。我第一次的閱讀看起來像是一個道德家的故事，這個道德家可能處於一個充滿良好行為成人學習者的象牙塔的高處（假如只有那個是真實的！）。

　　然而，儘管我擁抱務實方法進行教學，我學習到不要放棄更好的世界願景並且用更好的方式去教學，讓所有的學生進入一個豐富的學習經驗。如果沒有願景，我將陷入日常生活的狹窄眼界中，並且被環境的險惡情況無情吞噬（大部分經濟理性論者起因於當前時代）。但是我的願景不再是一個靜態的理想主義。它的動態是來自我的動態教學。身為一個老師，我持續改變標準來評判自我效能，來改變我的教學。

　　所以，我不會因為 Karen 嚴厲處罰學生的行為來責備她，因為責備會關閉學習的可能性。雖然我相信有更好的方式來解決學生的不適當問題；我認為：了解和感激教學的複雜性是很重要的。同樣地，了解一個缺乏經驗的老師在掙扎於以專業的方式處理他們無法控制的矛盾優先時所面對巨大的困難，也一樣重要。

以及更多的可能性

　　現在，那看起來似乎是一個更平衡的敘述，是一個精心雕琢的記敘！然而，它是一個具高度選擇性的閱讀，在一個有問題的基礎上建立特定的圖像，又因為某些偏好而排除掉一些解釋的可能性。

　　如果我將 Karen 的角色定位為不是新任老師，而是具有二十五年經驗的教師，並且在她的第十個學校開始教學；一個具有控制癖的怪人，在嚴格的班規下毫不猶豫地進行嚴格的處罰，那我懷疑我第二次的閱讀會有何改變？一個不能反思的老師無法接受經驗學習的挑戰？或許我在第一次閱讀後做了這樣的假設。

或者，如果我聚焦於記錄對活體的觀察看起來像是單調的食譜式實驗活動，對學生而言是有意義的議題時，我的第二次閱讀會如何不同？我可能已認定 Karen 在不知不覺中成為現代科學神話（實證主義者科學觀的神聖性可以永遠持續的）的受害者。這樣的老師將會假定科學觀察是一個沒有理論的活動，也就是對所有人使用適當的相同步驟，科學家和學生會產生一樣的理解。科學控制自然，老師控制學生，學生控制……？

　　但是，假如我把 Karen 的角色塑造成一個激進的改革者（一個英雄），並且帶有科學知識不確定本質的建構主義者色彩的觀點，她極力挑戰傳統科學實證主義的圖像，這個圖像被中學學校課程和中學理化老師教學研究會的文化，更嚴重的是，和她的學生生活經驗所固化時，我的閱讀會如何呢？這樣的老師將會和不願意建構自己成為有社會責任的學生發生嚴重的衝突。

閱讀的價值，和閱讀

　　如果有多種可能閱讀方式，那麼閱讀Karen的故事有什麼價值呢？對我而言，價值存在於故事激勵出Max van Manen（1990）所謂一個老師將面對重要且會引起爭論議題的教學深思。乍看之下，這故事呈現了關於老師奮力控制不當學生行為的一個深刻敘述，一個對大部分老師在他們的職業生涯中的某些時刻的鮮明敘述。但是我所嘗試去說明的是，當你持續批判閱讀這個故事，同時也批判的閱讀自己，就會產生附加價值。藉著堅持不懈，我開始從記憶中發掘出教師經驗中的生動回憶。這是一個具有同感的回憶，它軟化我在教師控制問題上剛開始的強硬立場。從務實智慧產生的觀點，不禁要對 Karen 的行為做一個公平的判斷。進一步閱讀後，我不禁考慮到 Karen的行為受到多樣的情境脈絡因素塑造而成，例如長久存在的科學課程本質，在這方面

她無法控制,或者她試圖扮演一個課程改革者的角色,努力地嘗試克服學生的抵抗。同時,我想像 Karen 是一個置身於社會和政治的專業教育者,是一個文化再製或文化轉移的代言人。

對一個批判的教育者而言,閱讀一篇關於教和學文章的經驗,不是一個由作者種下的單一事實的簡單萌發活動。閱讀引發個人生活經驗和開啟刺激的內在對話。在這件事當中,對我而言,學生管理的議題隱喻成幾個相關的生活議題,每個議題都有一個老師難唸的一本經——逐漸清晰的政治本質加深了教育的潛在價值。

主編總結

「在聖誕節之前別笑」通常是給年輕的北美老師在準備面對課室吵鬧的忠告。這是一個熟悉的情節——在班上,活蹦亂跳的學生不守規矩,以及在學期一開始的前幾週,一個老師堅持建立可接受的課室行為標準。這個場景在學校當中是如此平凡,以至於已經變成教學傳說的一部分——如同是師生必須的開幕儀式舞蹈。本章的目的之一是產生關於這種儀式的一些問題,特別地聚焦在課室中的權力議題,以及他們面對的兩難,如老師走在分享權力和控制權力的困難分界上。

在故事中,一個中心議題關係著權力使用的概念以及各種評論。四位評論者一致認為老師擁有使用權力是一種財產的觀點。McNamee指出建立(她的)行為標準的重要性,以及學生應該遵守(她的)教學的必要。在送出不守規矩學生給副校長的同時,以她同事Atwood的話來說,她「對班上清楚指出她占有主要的權力地位」。Noddings 在她的評論並沒有直接提到權力,但她也指出這意外事件就是老師獲得班級控制力。Taylor的「多種閱讀」也同時分析了有關在各種脈絡中,

教師權力的使用和濫用。

　　另一種或者是有時是平行的閱讀，就以更廣的社會脈絡來注意老師的行動——換言之，一種權力的有關觀點，例如，老師暗示為在這事件中主要的角色——在容忍擁擠和不安全的實驗條件下，同時期望她維持教學。Noddings 列出幾種情境的壓力，老師被要求來教學——僵硬的課程、管理的要求、學校行政的科層體制和師生的疏離。在相似的脈絡下，Taylor 建議老師被視為現代科學神話中的「無心的俘虜」，他同時指出在課室製造出教室中權力情形的學生角色。

　　在故事裡不同的描述和分析中，這兩種對權力的看法常並行使用。在第一種概念下，老師是一個「加害者」，任意施加控制於自己和學生。第二種概念則是，她是一個無法控制環境限制的「受害者」。老師似乎是有權和無權的，或者如 Taylor 所言，同時是一個代理人或受害者。這樣的結果以及行使權力的論點，在故事中這老師導引出批判或同情。例如，Noddings 對學生被驅逐出教室感到「遺憾」，而且同情老師和學生的處境。在 Taylor 的評論中，當他透過不同的理論和自傳的鏡頭解釋以及再解釋時，批判和同情最為明顯。

　　所有四位論者對這個行為的結果和另有選擇都提供了他們的觀點。例如，McNamee 認為她的行為是「預防未來問題（行為）」，而且影響行政人員來改善她的教學環境。Atwood 將較傾向於將蟑螂意外事件，用他所謂的「較不公開的方式」來處理。Noddings 以促進「互相依賴和責任」，對老師的懲罰行為提供了數個其他可能方案；進一步，她建議幾個將蟑螂的意外認為是教育的機會，而非引發爭奪權力的想法。Taylor 採取不同的觀點，鼓勵老師從事課程改革者的角色——一種社會行動的方式，在其中挑戰科學、課程、學校組織和學生角色的形象是不可避免的。

　　McNamee 的故事——以及評論人提供不同層次的忠告——顯示出

老師在行使權力所面對的困難。一種策略建議是老師在「系統內」並
且「和」他的學生合作建構一個正向和有回饋的教學與學習環境。然
而，這系統並不總是被支持的，而且有些學生並不容易教導。在這樣
的環境下，老師必須使用權力來達成他們的教學目標。似乎這兩種行
動方式──權力分享和權力駕馭──一直糾葛在劍拔弩張的辯論中。
按照 Shor 和 Freire（1987）的說法，沒有權威找不到自由。因此，對
自己和他人自由的提升，常常需要權力的使用。教學意指知道如何、
為什麼、何時、何處和多久來行使權力。

參考文獻

Boler, M. (1999). *Feeling power: Emotions and education*. New York: Routledge.

Burbules, N. (1986). A theory of power in education. *Educational Theory*, 5, 95–114.

Davies, B. and Hunt, R. (1994). Classroom competencies and marginal positions. *British Journal of Sociology of Education*, 15 (2), 389–408.

Dewey, J. (1966/1916). *Democracy and education*. New York: Free Press.

Eisner, E. (1997). The promise and perils of alternative forms of data representation. *Educational Researcher*, 26 (6), 4–10.

Ellsworth, E. (1992). Why doesn't this feel empowering? Working through the repressive myths of critical pedagogy. In C. Luke and J. Gore (eds), *Feminisms and critical pedagogy* (pp. 90–119). New York: Routledge.

Foucault, M. (1978). *The history of sexuality: Volume 1: An introduction*. New York: Vintage Books.

Giroux, H. (1988). *Schooling and the struggle for public life: Critical pedagogy in the modern age*. Minneapolis, MN: University of Minnesota Press.

Gore, J. (1993). *The struggle for pedagogies: Critical and feminist discourses as regimes of truth*. New York: Routledge.

Habermas, J. (1972). *Knowledge and human interests* (2nd edn). (J. J. Shapiro, Trans.) London: Heinemann.

Kreisberg, S. (1992). *Transforming power: Domination, empowerment and education*. Albany, NY: State University of New York Press.

Lather, P. (1986). Research as praxis. *Harvard Educational Review*, 56, 257–277.

McLaren, P. (1989). *Life in schools: An introduction to critical pedagogy in the foundations of education*. New York: Longman.

Noddings, N. (1984). *Caring: A feminine approach to ethics and moral education*. Berkeley, CA: University of California Press.

—— (1998). Care and moral education. In H. S. Shapiro and D. E. Purpel (eds), *Critical issues in American education: Transformation in a postmodern world*. Mahwah, NJ: Lawrence Erlbaum Associates.

Ropers-Huilman, B. (1998). *Feminist teaching in theory and practice: Situating power and knowledge in poststructural classrooms*. New York: Teachers College Press.

Shor, I. and Freire, P. (1987). *A pedagogy for liberation: Dialogues on transforming education*. South Hadley, MA: Bergen & Garvey.

Theobald, P. (1997). *Teaching the commons*. Boulder, CO: Westview Press.

Van Manen, M. (1990). *Researching lived experience: Human science for an action sensitive pedagogy*. Albany, NY: State University of New York Press, 144.

Waller, W. (1932). *The sociology of teaching*. New York: Wiley.

第三部分

有關表徵的兩難

第八章

教科書

Catherine Milne, Noel Gough and Cathleen C. Loving

主編引言

　　高中學生在科學實驗課中常被迫面對廣泛的權威來源。最明顯的是來自教師的個人權威。學生開始以探究的精神認真地進行實驗活動，他們知道教師可能隨時出現，問一些深奧的問題，或者解釋他們在活動中該觀察或該做。同樣地，學生也在教科書和測驗的權威陰影下學習，不管他們在實驗活動中可能會看到什麼、描繪、測量或得到什麼，他們都知道，要從教科書的內容中去學習，而且考試也將以教科書的知識為主。甚至更極端的，教科書的權威會導致一些學生以「法蒂瑪法則」來學習（Jegede and Aikenhead, 1999; Larson, 1995）──只學習考試中會出現的內容。在這些強而有力的權威來源之下，學生對經驗的依據是很薄弱的（Munby and Russell, 1994），他們對於在實驗中自己的觀察和解釋實體世界的能力沒有信心。

　　科學教師所共有的認識論（epistemological）之一，就是相信在學校的自然實驗課經驗是非常重要的。就好像實驗是區別自然課和其他

課程的不同，因此，科學教師認為實驗是重要的且是必教的。不論教師這樣做是由於培根學派對觀察的喜好，或是從建構論的觀點，認為學習是從學生的實驗經驗開始，科學教師花了很多時間和資源在實驗上。在接下來的故事中，Catherine Milne將描述一個八年級的自然實驗課，她要求學生解剖花朵，畫下它，並且標示各部分說明。當她的學生從事這項活動時，Milne很失望地發現，有些學生寧可翻閱教科書也不相信自己的經驗依據。在 Milne 的故事之後是 Noel Gough 和 Cathleen Loving 的評論。

花的解剖

Catherine Milne

　　我忙，事實上我覺得我好像是《愛麗絲夢遊仙境》中的白兔先生，嘴邊老掛著：「已經快趕不上了！快趕不上一個重要的約會了！」我快沒有時間教八年級自然課中「植物和動物」的內容了。這只是高中自然課中的第二單元，並且要在有限的時間內完成所有的教學是困難的──尤其是以目標本位取向教授自然課。我們學校非常強調實驗活動，我個人也喜歡這樣的活動，然而實驗活動比講述式的教學需要更多的時間。

　　在這個單元中我們已經檢視過許多個植物門（phyla）和綱（classes），我們上過菌類、蘚苔類、地衣和蕨類。今天我們要看開花植物，我要求學生從家裡帶一些花來，以便於進行花的解剖活動。一如往常，有些學生會記得帶，有些會忘記。我用掉第一節課大半的時間和學生討論蕨類的特性，以及它們對人類的益

處，以此作為蕨類這個單元的結束，然後我們再進行到開花植物的單元。

我叫學生打開他們的活動紀錄簿到第十單元，並且給他們看解剖器材──放大鏡、刀片、鑷子和探針。我用講授方式介紹教學大綱：「第十單元，『調查花每個部分的構造和功能』，」接著我繼續說：「好！我們已上完蕨類，今天我們要來瞧一瞧『花』這種東西。」

當我這樣說的時候，學生們打開他們的活動紀錄簿到第十單元，我唸了這個活動的一部分；我認為不需要整個唸完，因為書上已經寫得很清楚了，所以，我只唸了一部分，並期望他們會按照書上的指示：「確實依照指示去做！在完成解剖後要回答書中的問題：B部分──注意有顏色的花瓣；C部分 ──雄蕊。現在注意看雄性的生殖構造，叫做雄蕊……等等。」

我知道並不是所有的學生都能熟悉這活動中所使用的術語，所以我繼續說：「好，讓我們看看在你們自己的課本中有什麼可以派上用場的。準備好自己的課本了嗎？淡紅色的那本。」

在實驗課中，當學生拿出教科書時，我要他們看書本中是否有花的圖片，可以讓他們在解剖的時候有一些參考。當學生靜靜的坐著等待活動開始時，我想在書的索引中找花的參考，但沒有任何發現。當我在找的時候，我大聲的對班上講：「好像沒有花的圖片，那我們要做什麼呢？翻到八十六頁，綠色植物，蕨類。嗯，在這裡！它沒有列在索引中。第九十二頁綱的這一節有花萼和花瓣，如果你對雄蕊的部分有問題、雌蕊的部分，這裡有詳細論說。當你做第十單元時，若有困難，第九十二頁將提供給你很大的幫助。」

我講了一些他們在活動中應該做的事：「好了，開始做！把

標題列出來，做你自己的部分，自己回答你自己的問題。在下課前需留十分鐘，因為今天的課我們還有兩件事要做。現在，你可以開始盡情熱烈地寫，我知道你們非常想要這樣做。」

學生馬上進行活動，雖然有些部分仍需要多一點的鼓勵。我允許部分組別從學校的花園採集一些花，接著開始在各組間巡視（二至五人一組）。除了有一組女生對討論學校舞會要穿什麼衣服更感到興趣外，其他大部分組別都專心在解剖花。我必須催促一些組別快點進行，因為他們在講話而沒有認真做。有一組男生則開始殘殺他們的植物，於是我必須提醒一些組別：「認真做你的工作，看看它告訴了你什麼，並且記下來。年輕人，生活是很簡單的，你們卻使生活變困難了。」

實驗課中，我都在巡視。我注意到有兩個女生全神貫注於活動中，Jane 和 Fiona 分別畫下她們所分解的尤加利花朵的圖形，雖然她們都不是要成為居禮夫人，但是她們在上課中表現得很好。她們畫的圖非常棒，她們畫的是橫切面圖，精確清楚地呈現出花的雄蕊、花柱和子房。可是，當我注視的時候，Fiona 擦掉了她所畫的雄蕊，並且在她的筆記本上抄畫了教科書上花的圖形。

Jane 傾身對 Fiona 說：「為什麼妳把那個答案擦掉呢？」

Fiona 回答：「什麼？那個嗎？」她指著尤加利花的圖說。

「對啊！」，Jane 又說：「為什麼要擦掉它呢？」

「噢！因為『那些東西』太多了。」Fiona 指著教科書上雄蕊的圖片。

「為什麼？」Jane 說：「它應該要有幾個呢？」

「五個。」Fiona 回答。

「為什麼它要有五個呢？」Jane 問。

Fiona 指著教科書上的圖片得意的回答：「因為它有五個花瓣

啊！」。

　　兩個女生高興地繼續按照教科書上的圖片，把它畫在她們的筆記本上，完成了她們的工作。

　　我想這個故事只是冰山一角。對我而言，它點出我課堂上的侷限。明顯地，Jane 和 Fiona 並沒有重視自己在自然課中的發現，反而屈服在課本的權威之下。我沒有鼓勵她們成為一個獨立的知識建構者，而她們卻變成教科書中「重要」事實的反映者。Jane 和 Fiona 學習到她們在實驗課中所做的活動和從這些活動中所學到的唯一有價值的知識，就是來自教科書中的「知識」。教科書才是真正重要的。

解剖課後的檢討

Noel Gough, Deakin University

　　Catherine Milne 藉由白兔的比喻介紹了她的小品文「花的解剖」，而兔子總是讓我想起 Spike Milligan 的詩：「開放性的大學」（Open heart university）（1997, p. 46）。這首獻給英國廣播公司電視部（BBC-TV）的節目「空中大學」（Open University）的詩是這樣開始的：

　　　　我們走過漫長的路
　　　　抽著香菸的科學家說著
　　　　當他殺了一隻活生生的兔子
　　　　為了讓學生知道牠是如何運作

我了解 Milne 的故事主要不是想要利用花的解剖來探討倫理兩難問題（ethical dilemmas），雖然在她談到男生組對花的殘殺行為時可能有一些不安的暗示。但這故事暗示的力量。讓我看完那段文字後馬上陷入沈思之中，重新面對著學校解剖課程的倫理保衛問題：解剖是必要的嗎？為了教學生而殺害活的生物體是合理的嗎？只「為了讓學生知道牠是如何運作」！即便它可能只是一隻可憐的蟾蜍或是一朵花，我們能容忍學生殘害任何的活體嗎？Milne也暗示著一個關於性別相對於解剖熱衷程度差異的議題。在我擔任生物教師的生涯中，我發現女生多半不願意解剖動物；而男生則傾向於相當熱衷：像揮舞日本武士刀般地耍弄著手中的解剖刀，並且公然或偷偷地嘲笑女生的花容失色。後來，我變成師資的培訓者，在視察實習教師時，我發現許多教師（男性和女性兩者都有）鼓勵以模型和沒有情緒的醫學傾向去說服女生壓抑她們對解剖的厭惡感——例如，比起其他實驗課，在解剖課中通常會穿實驗衣。我經常懷疑這種策略是否合宜。甚至對「以教育之名摧毀有生命的東西」是絕對合理且健康的說法反感。為什麼會有人要刻意壓抑別人的這種感覺呢？

原則上，比起因為教育目的而來解剖而言，我對因為營養需求或口腹之慾而吃肉並沒有那麼反對；但是我也厭惡浪費，並且也認為我們不應輕率地殘殺另一個生命。我曾經在我的生物教室裡蓄養寵物鼠，那是一種愛乾淨和溫馴的動物，學生都喜歡照顧牠們，所以當那些學生選擇參與解剖活動，以滿足他們知其所以然的好奇經驗時，他們並不會太陌生於他們所殺死的動物。因此，輕微的憂鬱心情常會在後續的解剖課中渲染開來，暗示著學生必須嚴肅地面對老鼠的死亡。在給學生使用生物標本的課堂上，我看到所謂的「大屠殺」或隨意損毀之類的事情。這種標本，我相信，無可辯解的是浪費動物生命所換來的。使用這種標本，學生不僅隔離更深入探觸解剖倫理問題可得的倫理發

展機會，同時也剝奪了他們在看、觸摸和聞嗅剛死亡動物內部的感官經驗的內隱知識。學生從解剖冰冷的、僵硬的、沒有血液和乾枯且保存在惡臭福馬林中的老鼠所學到的，可能要比拆解標準模型或操作電腦模擬所學到的還少一些。但是，在殘酷的死亡僵硬出現之前，我寧願讓學生有機會感覺動物身體的餘溫、體液以及柔軟組織；讓他們看看閃著半透明光亮的細胞膜和膈膜；讓他們操刀剖開一團光滑的腹部器官和腸子；也許他們在剖開內臟時，對感到懷疑不安或難以形容的一切，及面對肉體生命複雜和無常能有些反思。

　　所有前面所談到的似乎與 Catherine Milne「花的解剖」故事毫不相干，要怪就怪她為剖花而做白兔之喻吧！到這裡還沒聽到兔子的結局，因為我活像個瑣碎鬼一樣；注意 Milne 引述在 Walt Disney 電影中的白兔的開場白，而不引述 Lewis Carroll（1939 [1865], pp. 13-14）原版著作中的文字。該段文字告訴我們當愛麗絲被打擾時她確實是在沈思中：

> 　　當一隻帶著粉紅眼睛的白色兔子突然跑近她時，她正陷入思考（她盡其所能地想著；炎熱的天氣使得她昏昏欲睡，並且變得鈍鈍的）：為了享受做一個雛菊花環的樂趣而大費周章摘取雛菊是否值得？愛麗絲也不認為聽到一隻兔子自言自語是非常不尋常的，「糟糕啦！糟糕啦！我應該是遲到了！」（後來她再仔細想想，突然發現她應該要懷疑才對，但是，當時一切似乎是那麼的自然）……

　　這段敘述以趣味的方式呼應著 Milne 故事中的觀點，因為愛麗絲意識清晰思索著的問題，正是該鼓勵教師和學生去注意的：解剖花朵的「樂趣」勝過摘取的「麻煩」嗎？我相信在我關於老鼠解剖的討論中已清楚說出。這不是一個誇張的問題：解剖的倫理兩難會──並且

可能應該──讓解剖的樂趣大打折扣，但卻還不至於使它消失。摘取花朵對植物並不是致命的，但我仍然寧可選擇不要浪費有生命的物質。Milne寫道：「我要學生從家裡帶一些花來學校，這樣我們才能做花的解剖活動。」如果我處於Milne當時的情境，我不太會對「一如往常，有些學生會記得帶，有些就是會忘記」這樣的結果感到失望，倒是會比較失望於學生沒有任何類似愛麗絲的反思──「後來她再仔細想想，突然發現她應該要懷疑才對。但是，當時一切似乎是那麼的自然。」

我們應該要懷疑，並且鼓勵我們的學生去懷疑在自然科教室中許多似乎「理所當然」的現象。例如，Milne的故事描述了在科學教育中我們已把「科學即表徵（science-as-representation）勝過科學即動手做（science-as-performance）」自然化到一個無限上綱的程度。Milne 在第一段對實際教學活動的評論挺眼熟的：我們教師通常都喜歡實驗活動，但也注意到實驗課比講授式教學需要花更多時間。換句話說，實驗活動有價值的結果不在於動手做的技能表現，而是那些用講授法也可以教的知識。Milne 的學生，Fiona，也內化了這樣的期望：花朵解剖的有價值結果不在於評鑑她使用特殊工具來幫助她仔細對真正花朵的觀察技能表現，而是對教科書中的表徵再重現（在這裡，指的是教科書的圖片）。我比較希望把植物或動物適當的部分和結構陳列完成後，就可讓解剖活動結束。如同 Fiona 畫的第二張圖所揭示的，一個能展現畫花橫切面圖能力的學生，並不能證明他真的做過觀察。Milne 的故事提醒我，我並不習慣於要求學生畫下他們解剖時所看到的影像，雖然不是（至少是有意識地）因為我現在要提出的理由，也就是因為我用我高中生物老師的教學法作為我的教學模式。例如，他會要求我們使用鈍探針小心地從老鼠的腹腔後壁抬起輸尿管，這樣我們得以從腎臟到膀胱一路追蹤它的路徑，而當他滿意於我們的表現時，他才會進行下一個階段的解剖。

　　假如實驗室教學活動強調以經驗為主——在前培根學派時期目標導向的「實驗」（experiments）〔如同拉丁文的經驗主義（experimentalis），植基於經驗而不是權威或猜測〕——那麼這樣的解剖活動也許就很有價值。我們所談的是，最初應將學生的注意力集中於他們與實驗對象互動的有關表現上，並且鼓勵他們去展示表徵，而不是去表徵一個較為抽象化的成就感。當然，如同我在其他地方所主張的（Gough,1998），實驗在學校科學教育中一向是「表徵劇場」；但教師過多的介入，使得呈現（形式）重於表現（實徵）。這種只利用教科書作為學生能力表現的做法，就如同鼓勵學生聽從抽象的語言和權威，且進而扼殺他們使用自己平凡的語言，來描述自我的經驗。

　　Jay Lemke（1990, p. 172）針對「反科學神秘教學」所做的建議在這裡是恰當的；亦即，藉由鼓勵學生在科學的和一般的陳述及問題之間來回轉譯，以填補一般語言和科學語言的間隙。如果學生過早被教導以教科書的語言作為呈現其經驗的優先選擇，這樣的轉譯就無法產生。所以，以 Milne 的報告中學生之間的對話為例，Jane 和 Fiona 從觀察和計算尤加利花朵上「那些東西」的步驟，似乎太急於從呈現自己的觀察階段，跳到以教科書中圖示所稱的「雄蕊」來呈現觀察結果。在實驗過程中，這裡所消失的步驟是「表現」——對彼此或對教師呈現和計數「那些東西」——一種不需要教科書或橫切面附圖來認可的能力展現。

花之力

Cathleen C. Loving, Texas A & M University

　　本週六我將擔任在我們大學舉辦的地區科學盃的裁判，來自這個地區各方的中學將要角逐國家科學盃的代表權。我享受著過程的樂趣，並且樂於和學生互動。地區訓練期間，在志願者中有一個學生能正確地回答所有的問題，例如：有關一般彗星直徑的問題、基因重組技術中質體角色的問題，或數學項目中「親和數」意義的問題；令我感到吃驚的是，他不清楚科學是如何來完成或者應該怎麼來完成（即科學本質）。當然，這些問題都是如 Duschl（1990）所指出的「科學最終形式」（p. 69）。在這個範疇中，導致目前對一切現象做出最佳解釋的兩股原動力（人文的及科學的），似乎從未出現在課堂討論或在這種科學競賽的問題中。我比較感興趣的是，想要具有測量彗星和鑑識質體角色的功力，需付出怎樣的努力？這也是我認為比較吸引學生的地方。很不幸地，大部分的學校在科學課程中很少有時間做這樣的探索。

　　正如在那些隱含於科學競賽解答背後的諸多解釋，教科書中普遍可見的花的圖片，代表對開花植物多年研究的結果。例如，認識花同時具有雄性和雌性特徵；或植物學家花了數年時間終於能夠分清楚開花植物有單子葉和雙子葉。出現在「花的解剖」一文中的問題是，普通教科書中花的部分圖示和我們對所有花朵的一般認知（概化）混淆不清。它們看起來就是不同的東西。這也提高了如何讓課本在課堂上達到最佳利用的挑戰。花的實驗用意在於，如何使用課本幫學生弄清楚一些專有名詞，並幫助學生畫圖；然而通用的圖片卻阻礙了學生的

探索與學習連結，也阻斷了學生經歷真實科學（雖然是學校科學）所需的自由思考。實驗活動真正鼓勵學生直接做花的實驗並強調解剖，畫圖和問題回答，卻立即降低了比較解剖學（comparative anatomy）課程的意圖──即以解剖花和所有其他植物門的概括性相比較。

　　假如我們願意認同以目標本位取向（objectives-based approach）來教科學，我們就應該檢視目標並且捫心自問：「該如何將這些日常物體和學習目標來連結？」我們的學習目標值得我們投注所有的時間和努力嗎？過度聚焦於目標卻又沒有前瞻性的眼光所導致的危機是：當個別看待時，各個目標可能都是立意良善的，但當整體來看，它們果真可實現並值得學習的目標嗎？

　　在「花的解剖」個案中，教師清楚強調學生應以動植物種類史方法入門學習植物。學生被引導逐門（phyla）學習──逐漸學習增加的複雜性，然後可能就成功了（雖然 Stephen J. Gould 質疑這樣的看法）。坦白說，我發現這樣教生物的方法非常無聊（我已教了好多年），而且對學生也很無聊；因為它鼓勵線性學習，用無脈絡的方式分級系統來介紹生物體，況且我們通常都是短時間內教得很多。從「花的解剖」文中可以看到這樣的描述：（因時間不足）教師不得不結束蕨類介紹，又要做開花植物實驗活動，還要保留十分鐘來做「兩件其他的事」──這些都是在一節課中所做的。我們期望在學生的基模（schema）中發展出對蕨類及開花植物中重要觀念的有意義連結究竟為何？我們對學生在接受今天課前的先備知識（prior conception），及其於課後可能造成的改變到底知道什麼？我們似乎沒有時間可以去發現。

　　我想起在美國國家科學院（US National Academy of Science）及其所屬的國家科學資源中心（National Science Resources Center）贊助下所製作的一系列單元中，有一個是讓二年級學生用八週的時間來認識蝴蝶生態（NSRC, 1990）。學生從討論蝴蝶開始，並根據他們目前的

概念來畫蝴蝶，在整個單元進行期間，這些圖畫都掛在教室的牆壁上，接下來在每個孩子桌上放一個有一隻苧胥蝶（Painted Lady Butterfly）的毛毛蟲的盒子，在整個單元過程中全程觀看它變成蛹和蝴蝶。在單元結束之前，他們已經學到很多關於蝴蝶的知識，學會餵食並讓它在外面自由飛舞。最後他們回顧先前的畫，並且以新形成的概念再畫一張蝴蝶圖。另外在三、四年級植物成長和發展單元中則同樣有一張花的圖片（NSRC, 1991），但那是一朵特別的花，有一張是十字花科植物家族中的 Brassica。這些學生栽種 Wisconsin Fast Plant 的種子，看著 Brassica 長大，蜜蜂授粉，然後看到花枯萎和種子莢出現。八年級學生（即「花的解剖」中一樣的年級）除了在解剖學和生理學上做植物門的對照外，還可以做些什麼更有意義、更好的目標連結呢？

　　建議八年級學生採用在《科學指引第八輯》（*Science Directions 8*）中的植物單元（Winter et al., 1991）。在這系列中，我們注意到針對植物所列的學習目標要不是相關於科學本質、科學過程，和科學相關科技，就是科學科技和社會的關聯。這個單元名為「植物成長管理」，包括可栽培植物的數種栽培方法活動、在植物成長中不同植物的器官有何差異、現代科技如何幫助這些自然過程、自古以來植物在醫藥和食物上應用的情形，以及我們經常被植物的病蟲害和疾病所挑戰。課本也有兩張花的圖片，其中之一是一般的橫斷面，此圖是在課文後面的摘要中都會有標示功能問題的圖（p. 271）。另一張是出現在前面有性器官部分的圖；那是漂亮的萱草圖案（p. 255）。

　　從「花的解剖」教室的描述裡似乎可以明顯看出 Milne 和她班上學生有很好的互動關係，教室中充滿誠實、舒適和和諧的氣氛。她要學生有責任感；當他們需要時，要去尋找額外的且有用的資訊。只要她有足夠的企圖心和時間空間，這個舞臺已經使她可以給她的學生有更多的參與，更多有意義的活動，而不必太過於改變現行的課程計畫。

接下來是我個人的經驗和建議。在我近二十年的生物教學中，我大幅改變了九或十年級學生對許多事物學習的方法。其中一個是如何介紹青蛙，我不用系統發生法和包含解剖保存完整青蛙的傳統實驗室教學法（在一系列的「低等動物」解剖之後），而以生物科學課程研究（BSCS）的「綠色」實驗代替（Biological Science Curriculum Study, 1963）。學生用一至二節課的時間回答相關問題，並檢視一種活的大青蛙；看著青蛙在實驗桌上跳躍，在水池中游泳，捕捉昆蟲，移動眼睛和呼吸。只有在徹底研究活生生的青蛙後，才讓學生做活體解剖觀察。那是我們在基礎生態學課程中唯一的動物解剖課。接下來的三天裡，我們觀察青蛙（青蛙已死）逐漸變慢的反射作用，最後才停止我們的探針和化學物品試驗。在此同時，我們所討論的問題都集中在這隻青蛙新鮮的外觀和內部器官，以及過去幾天裡所注意到的環境適應改變的特徵。

　　在某些方面，解剖一朵花和解剖一隻青蛙標本是相同的。看起來和這個世界的生命一點關係也沒有。我們只是將它們支解，並且在過程中記錄對牠們的對稱的感覺。我們對它們的分布範圍幾乎一無所知，並且少有機會比較不同開花植物在不同環境中有何不同；討論它們之間大小、顏色、器官安排的不同和它們生存的成功之道。

　　如果讓學生有充分的時間去比較真正花朵和圖片中的花朵，會有什麼結果呢？為什麼不讓他們自己發現尤加利樹（桉樹）、聖誕紅和玫瑰之間的某些差異？他們是否能從這些擺放在教室中不同的花朵中找出共通性？這樣可以作為觀察、假設建立和尋找共通性的活動。相反地，學生學習個別的植物會讓課本、圖片關閉學生想像和做決定的能力。問題就在時間是不允許教師和學生做這樣的活動。因為要教的東西太多了，沒有時間去談演化機制、談一個種族如何成功取代其他族類——一些在數百萬年前發生改變的深層問題。沒有時間去談到開

花植物的適應能力或為什麼它們在許多的環境中都能以種種不尋常的形態成功地存活下來。花朵和其他生命世界有什麼關係和連結呢？

在 2061 計畫（Project 2061）中科學素養標準（Benchmarks for science literacy）有一段陳述打動我心（American Association for the Advancement of Science, 1993）：鑑於中等學校學生需要有機會來擴充對地球生命多樣化的知識，「八年級結束時，學生應該知道……動物和植物具有相當多樣的軀體和內部結構，使得它們能夠製造或發現食物並繁殖」（p. 104）。多麼重要的學習目標啊！在同一頁又談到學生應該「開始將該知識和他們在地理所學到的做連結」。突然間，在解剖實驗中的花朵開始和真實的世界接軌而展現出全新的重要性。

這批在舊金山 Haight-Ashbury 地區的「花之力」年輕人，在混亂的一九六〇年代用花來代表愛與和平。科學教師可以設計和促進一種生物的「花之力」，一種來導致更有力量的連結。這也許是在這個個案研究中所學習到的。感謝給我評論的機會，祝你的「花之力」實驗成功。

主編總結

在「花的解剖」一文的結尾，Catherine Milne 確認了在故事中的兩難問題，也就是在教科書知識和觀察而來的知識之間的衝突。她說，Jane 和 Fiona 已察覺到，「所有在課堂上的實驗及她們在實驗中所領悟到東西的是沒有價值的」。雖然 Gough 和 Loving 評論了課本和實驗的兩難，但她們也挑戰解剖的必要性及合理性。

Gough 對正規的學校自然課的解剖實驗提出了倫理和教育的兩難。本文所稱的倫理兩難並非以理論來判定解剖理論是否正當，而是在教

室中的解剖課程是否能以尊重生命體的方式進行。他在倫理兩難上所採取的解決方式是引導學生和動物接觸，不論活的或死的。他主張學生不應該因白袍（實驗衣）、福馬林味道或電腦模擬而逃避「殺」的動作，反而應面對「閃著半透明光亮的薄膜和膈膜」和「生命體呈現的複雜性和短暫性」。相同地，Loving 對花的解剖的回應評論包含了青蛙解剖的倫理問題和教育的可能性；如同 Gough，她反對使用青蛙標本，那會導致活的世界和生態環境的隔離。她所偏愛的教室策略是去幫助學生，在他們準備解剖之前，理解青蛙是活生生、會呼吸、跳躍的有機體。不管實驗是一個關於兔子或花朵的課，兩位評論者都對將活生生的生物變成只是在教室中對學生展示，或只是為了「看看一個物體它是如何作用的」，是非常反對的。

在這些解剖的實驗分享之外，Gough 和 Loving 從「花的解剖」中擷取不同的機會。Gough 是聚焦在教科書的語言和結構會阻斷學生發展在實驗中動手做的技能的機會。對他而言，解剖不是學生或者在教科書中的表徵，而是如實際從腎臟到膀胱的輸尿管途徑追蹤，這樣的實驗表現。不幸地，教師和學生（如Fiona）已經自然而然地預期實驗的結果，就是做出一個符合教科書內容的表徵。造成這種以表徵取代表現的情況，關鍵就在時間。如Loving所指出的，當老師趕著上完所有課的時候，要學生建立有意義的學習連結是有困難的。如 Milne 敘述的，可能課程所涵蓋的內容太多了，或者急著把學生和老師從菌類推到蕨類、開花植物的課程安排根本就是不對的（wrong-headed）。以較慢的速度來教學，教師可能可以利用教室中隨手可得的花，讓Fiona和 Jane 對不同植物有能力去做一般化，而不是重製教科書中一般化的圖案。

儘管 Milne 個人偏好於透過實驗經驗去建立科學的意義，然而事實上，目標、測驗和教科書的專制卻壓迫著教師。急著要完成教學，

就像《愛麗絲夢遊仙境》中的白兔一樣，以「表徵的科學」來取代「實驗的科學」，時間仍然還是最主要的議題。

參考文獻

American Association for the Advancement of Science (1993). *Benchmarks for science literacy.* New York: Oxford University Press

Biological Sciences Curriculum Study (1963). *High school biology* (BSCS Green Version). Chicago: Rand McNally.

Carroll, Lewis [Charles Lutwidge Dodgson] (1939 [1865]). *Alice's Adventures in Wonderland.* London and Glasgow: Collins.

Duschl, R. A. (1990). *Restructuring science education.* New York: Teachers College Press.

Gough, Noel (1998). 'If this were played upon a stage': school laboratory work as a theatre of representation. In Jerry Wellington (ed.), *Practical work in school science: Which way now?* (pp. 69–89). London: Routledge.

Jegede, O. J. and Aikenhead, G. S. (1999). Transcending cultural borders: Implications for science teaching. *Research in Science and Technological Education,* 17 (1), 45–67.

Larson, J. O. (1995, April). Fatima's rules and other elements of an unintended chemistry curriculum. Paper presented at the American Educational Research Association annual meeting, San Francisco.

Lemke, Jay L. (1990). *Talking science: Language, learning, and values.* Norwood, NJ: Ablex Publishing Corporation.

Milligan, Spike (1979). *Open Heart University.* London: M. and J. Hobbs in association with Michael Joseph.

Munby, H. and Russell, T. (1994). The authority of experience in learning to teach. Messages from a physics methods class. *Journal of Teacher Education,* 45, 86–95.

National Science Resources Center (1990). *The life cycle of butterflies* (Teacher's guide, Field-test edition). Washington, DC: National Academy of Sciences.

—— (1991). *Plant growth and development* (Teacher's guide). Washington, DC: National Academy of Sciences.

Winter, M. K., Gore, G. R., Grace, E. S., Lang, H. M. and MacLean, W. (1991). *Science directions 8.* Toronto: John Wiley.

第九章

學生的報告

Catherine Milne, Clive R. Sutton and J. R. Martin

主編引言

　　在我們對於學校科學例行公事的了解中，沒有比實驗室中的「實驗」和「目標、儀器、方法、結果與結論」以及書本的公式還要熟知的事了。學生被期待儘量的從實驗活動中學習，同時也被期待能重製實驗報告的結構，能反映被動的聲音及客觀的第三者，以及能採用研究確認性的語調。學習這些的約定俗成的語言，長期以來已是學校科學的必要部分，但近年來，教師和研究者已對此傳統持有異議。就某方面而言，實驗室報告的客觀語言（objective language）混淆了科學中知識根本的詮釋性本質。就如 Sutton（1992）提出比喻的語言（figurative language）對科學理論化而言是重要的。科學的語言總是已經載滿了理論，所以去強調實驗室報告的語言客觀性是在認識論上不真實的。為此，關於學校科學是否應該使用更多個人語言和可能的的文本形式已備受爭議。

　　然而，對科學語言有興趣的語言學家已經提出另外一項觀點，這

觀點說明了科學有它自己的語言，它擁有自己特殊形式的組織和字彙。許多語言特徵直指科學的核心有如一個思考系統，包含了證據、立論和證明之特定標準的思考系統（Lemke, 1990）。要研究科學卻沒有學習精通這些語言將無法研究我們所了解的科學。無法精通科學教科書結構和語言的學生會被切斷重要的理解來源；無法重製這些本文形式的學生會冒著被誤解為非真正了解科學的危險（Martin, 1990）。甚至在小學，有些人們主張學習精通科學語言的形式對學生而言是必要的；沒有此語言，人們可能會說，科學的訓練在哪裡？

　　這章節開頭的故事「採指紋報告」，提供了一個機會來衡量有關於學生所精通的文章架構如實驗室報告之價值的相對競爭之觀點。Catherine Milne 關於九和十年級討論的法醫科學故事探索她對於學校實驗室報告之約定俗成語言的不滿意。她覺得必須教正式的科學的報告形式，但她擔心這高度結構化的方法可能去除了工作有趣部分的樂趣。在接下來的詮釋中，Clive Sutton 主張更多個人寫作形式的真實性；而Jim Martin 主張將科學類型的架構作為探究的客體能開放了解科學本質以及其改變中的方向的機會。

採指紋報告

Catherine Milne

　　在此故事中，我懷著一種不好意思的心情來描述我的一堂有關科學報告寫作的課。甚至當我呈現這堂課時，我對學校科學所要求學生寫實驗報告的正式方式有所保留。當我教這樣的課時，就是以一種有順序的方式來呈現報告的寫作，以加強學生對於科

學是非常結構化的學科印象；以特定的方式運作，而在其中絕對不會有令人興奮的事發生，因此我所考慮的事是相當清楚的。

在我當時任教的理化科教師之定期集會中，對實驗報告的結構和適合報告的語言有一致的共識。報告將以下列標題的結構來呈現：(1)目標；(2)器材；(3)方法；(4)結果和(5)結論。報告將以第三人稱（學生不在句子中使用我或我們）和被動式（在句子中，他們將強調活動結果而非他們在活動中的參與）來寫。報告的結構以及第三人稱及被動式和我們學校系統的要求一致。

就在下半學期，我剛開始教一個新單元，叫做「九年級和十年級生班級的犯罪偵測」。我們已經協商了這個單元的內容和評量，學生選擇以採指紋作為討論科學的最初領域來開始這個單元好讓我們調查。結果，當我們要從不同物體的表面以不同的方法去蒐集不同的指紋時，就陷入一片混亂了！

課程進行了一段時間之後，學生已經開始實驗各種不同粉末在不同表面上的效果，且被要求交這個實驗活動的實驗報告以便做評估。我替他們的報告改了分數，並以班上對這些報告特徵的修改開始這堂課；因為在閱讀他們的報告後，我對於他們的報告結構和語言有一些意見。我決定使用學生報告來向學生們強調他們所被期待使用的語言形式。

在一開始上課，我向全班說：「咱們來看看你們用粉末蒐集指紋所完成的實驗報告。我想要你們檢查並確定你們的方法是一系列的說明指引。這裡有任何人可以告訴我一個好的說明指引所需要的是什麼嗎？」我停頓一下並等待來自班上某位同學的回應，因為我希望確定學生已經完全了解一個好的說明指引的特徵。

Carole 自願回答：「是動詞！」

我開心的回答：「動詞，沒錯！Carole。」然後轉向班上，

「所以我們用動詞開始；所有的方法是一系列的說明指引。在學校科學中，你將注意到其他人所書寫的方法和你的方法有相同的特徵，所以說明指引必須包含動詞。說明指引還必須包含什麼呢？」

Karl 回答：「動詞所指的物體。」

「非常好！Karl。」我答道。

接著我藉由告訴全班一個好的說明指引也可能會以一個子句來使說明指引的特徵更精緻化。我將好的說明指引的特色寫在白板上，然後說：「所以當你們在描寫研究方法時，它必須要寫成像說明指引一樣。它不應該是詳述或對你所做事情的重複解釋故事。舉例來說，有些人寫，『我走到前面實驗桌拿粉末，再將我的指紋印在玻璃上。』當然，我們不認為那是好的說明，且科學上，我們期待人們寫下他們的方法作為一系列說明，因為他們的方法必須看起來像一系列可跟著做的步驟，是一種程序。」

教室裡關於「適當的說明指引」的討論接著發生。學生提出一系列使用不同粉末來蒐集指紋的說明指引，而我將它們寫在白板上。這些指引被班上其餘的同學做很仔細的批判，每一個學生都用自己的方法做比較，並且在可以改善自己的方法部分記下筆記。

我做總結說明，希望每個人養成能使用這堂課所教的寫作方法的習慣，因為每個人已有它們所給的程序了，這程序是別人也可以來使用並做出相同的實驗。我向他們解釋，「別人應該可以拿起你的書，閱讀你寫的說明，並正確地做出這個實驗。」

接著我開始向班上描述，我希望在他們實驗報告的結果部分能看到的。這不同於研究方法，因為在這裡學生們被期待去比較不同粉末的效果。我告訴班上，我喜歡 Michael 的結果，因為他

不但呈現詳細的描述，也包含了他從表面蒐集的指紋樣本，並且將使用在不同表面上的粉末拿來和已蒐集的指印品質做比較，因此他所分析的結果和他描述的一樣好。Michael也在此章節中儘量利用機會去呈現他實驗工作的樣本。我向全班指出，我希望看到他們像Michael在他的結果部分中努力的一樣，因為Michael所呈現的是一個完整分析資料的極佳範例。

　　我整堂課都在評論報告結論應呈現的語言形式。我告訴全班：「當你寫結論時，應該要寫成結果的摘要或解釋。在你的結論中，你應該將結果和目標連接在一起。班上每個人在學校科學課堂中已經有許多寫下科學實驗的經驗。你們知道當你們認為寫下結論時，你們其實是在寫解釋，而且你們不需要描述『我想這是……』，『我們認為那是……』，你的解釋應該將一系列結果連接到目標，而非提及自己牽涉於實驗活動中。」

　　像範例一樣，我向全班大聲讀出Daniel的結論，而且他是採用我所描述的傳統方式。這些傳統之一是他確定他用來寫結論的語言強調研究的目標。也就是，如實驗活動中的指紋而非個人的涉入。

　　這堂課的部分到此結束，我試著確定我已經在單元中呈現清楚的法則給學生，以適當的方式去寫作其他報告。姑且不論以詳細的方式去寫報告之盲目堅持；在一般過程中，我已經試著確定我的學生和其他學校比起來不會是處於劣勢的。他們知道如何寫報告！

動手做，思考與寫作

Clive R. Sutton, University of Leicester

　　沒人希望我去檢視 Catherine Milne 是否學到各段落的標題，以及適當的表達形式，我是多麼的高興呀！從她在教室中所感受到的部分壓力解脫後，我可以僅專注地試著傾聽我認為她所要說的話語，然而，這份傾聽的工作在學校卻是被另一件事完全的取代——那件事是：使學生以一種「適當的」方式做事。其他人對於「什麼是適當的事」的期待會出現，甚至有評量者的陰影存在，以及我們對「其他人被期待什麼」的想法。這正是當 Catherine 試著使用專業判斷，及給予學生一個好的理由解釋為何要求他們去做某件事時所發現的。也因此她以語言寫下個人的兩難困境。

　　當她讓我們了解她的想法時，我們可以聽到她的心聲——她的希望及疑惑，以及她在當下看到一件事而採取某行動的理由。她顯示給我們看到的，不僅是她做了什麼，也是為什麼她要這麼做，而那正是讓此篇故事有趣的原因。因為不論什麼主題，不正是這種帶有推理行動的混合特質讓讀者和寫作者皆投入其中嗎？我很希望學校的學習者至少用一些時間以這種方式寫作，去表達他們不確定的事，試驗他們所理解的，從他們所有的科學概念得到信心，且逐漸來解釋它們。在這裡我可以說，在科學中的概念與歷史或地理中的概念是一樣的，但我們的兩難困境是：鼓勵這樣的投入被視為是錯誤的想法，因這與此學科的一些特殊性產生衝突。為什麼我們之中有些人在被鼓勵「我想……」、「我們試著……」、「我所希望的是……」時會感到不自在呢？

簡短的回答就是，這分不自在來自一個半世紀以前發展自學校科學的錯誤信念，且早已被傳統所束縛了。這個兩難的困境不單單指寫作，它指涉了當我們在寫作時所支持我們寫作理由的當下科學概念。這些概念包含了：(1)實驗經驗是主要知識的來源，所以教師的主要工作是訓練學生「寫出來」（write it up）；(2)科學家寫作是「客觀無情的」（impersonally）。為了對引入科學於學校課程中的前輩以示寬容，我們必須要說有這種態度的信念是適合於那個時代，但因為它們已被視為「科學家如何工作」的解釋，因此，這些是非常容易讓人迷惑的。

「發生了什麼事」之實驗工作與報告中心地位的膨脹

　　在學校我們總是注意到：最重要的事是實驗上實行的工作。我們常說，科學家藉由做實驗來學習，「看到什麼事發生了」，並告訴這個世界他們的看見。我們說，孩童可以用這種方式學習。然而，科學家並不只是靠「做實驗」才能學習，他們以下列的方式來學習：有強烈的欲望去理解、懷疑、思考、討論與計畫，將觀察和實驗結合在一起的方式來學習。長期存在學校的謬見是：一個人可以僅靠著觀察和實驗直接得到新的，可信賴的知識。寫作在學校傾向「描述」及「報告」，多於「辯證」、「解釋」或「陳述接下來可能發生事情的心靈圖像」。另一方面，行動中的科學家之個案研究明顯顯示，對「設計研究」和「用來解釋可能會發生的事」的理論具有關鍵的重要性。科學家花了很多時間在心智導向及重新導向方面；而學校的科學卻放了過多重心於實驗本身，特別是將「動手做」的功能凌駕於「思考」之上，尤其是實驗後。

　　因此，寫作轉變成像「報告」一樣。它還可以是什麼？可以形成系統化想法？為了和你的老師一起檢視學生是否理解？懷疑和思索？爭辯一件事？向某些社會大眾解釋一個想法？上述這些用途已被傳統

的科學信念所遮蔽了，以至於認為寫作應該是「描述實驗中發生的事」。我要問的是：學校對於 Catherine Milne 所指的事：「如何讓學生寫出科學概念的重要圖像，而不只是做實驗的工作」有任何話要說嗎？

科學家的寫作「客觀」嗎？

不，並不是。然而，在學校中我們被一些理由所迷惑。產生這樣的迷惑，部分是因為當他們試著要區分從證據來的觀點時對科學家所做的事產生誤解。而且，主要是因為太少去探索科學家原始的寫作而看到太多「完成的」科學結果，這些結果不再是可議的，且其中亦沒有存在個人的聲音了。當概念是新的且不確定的時候，我們不會誤解作者的聲音，我們應該給學生看看由 Robert Boyle，或 Charles Darwin，或 Michael Faraday 等人的作品（Sutton, 1997），或者拿 Harry Kroto 最近的寫作給學生，從中可以看出他有關「碳 60」（fullerences）的努力寫作的過程。

在某些作品裡，個人的聲音是較其他作品中要強多了，而我們確實可從許多不同來源看到活躍的科學家，如：實驗室紀錄簿、學術會議的發表、電子郵件、期刊論文、最新研究回顧、研究經費申請等等。為了能更清楚了解科學是如何「運作」的，在學校當中我們應該看到更多展示形式的文本。我們對動手做，而不是對討論的強調，已導致對實驗紀錄簿的過度關注，以及為了發表的實驗報告固定形式的刻板印象。這兩者或兩者的混合體已含括了應該教給學校兒童什麼的部分。這種想法興起於一八六〇年代，當時科學即以一種前專業研究的姿態在優秀的私立學校裡占有一席之地。要作為一個實驗室的科學家，你必須學習去寫下你做了什麼的紀錄──「決定石蠟油的重力」，或者其他什麼的。你必須寫出一份有條理的實驗室紀錄，裡頭必須包含簡單的圖表。在化學科目裡，你必須被訓練如何在有標題的測試欄位裡、

觀察表及推論中記錄你的質性分析。這些技術性的規則確實形成了科學的一部分,但它們卻不是「科學進展過程」的全部。第二個例子遺漏了「思考」這個關鍵的部分,也就是:一開始選擇此試驗的理由。儘管如此,在學校中他們也漸漸被視為做事情的科學方法,且我在別處很多的研究中亦看過以規則做為標題的系統。其中一個例子即是Catherine Milne所提到的「目標─器材─方法─結果─結論」系統。它「在科學課程裡你應該做什麼」的概念,在學生心中發展出自己的生命,並從學校科學裡消除真正個人對溝通交流的部分。

另一方面,對於活躍的科學家而言,甚至是最客觀的研究文章亦是一種強烈的人際溝通。研究者發表這樣的文章不只是「報告一個事實」,雖然大部分看起來很像是如此。他們發表一個宣稱,希望被其他科學家都能接受,最終能進入「已被接受的科學體系中」,並以證據來支持這樣的宣稱。他們會費盡許多心力去解釋他們所呈現的「不只是我們自己的想法,看看實驗結果怎麼說……你自己也可以試試看」,然而讀者對於「誰做了這個宣稱」或「現階段在這個領域有著潛在的事實」毫不懷疑。Myers和其他人(Myers, 1990)指出,這種個人的聲音在今日的期刊文章上相當醒目,不論其中有多少次「我」和「我們」被使用或不被使用。作者以「計算毛毛蟲」或「表三顯示出測量到的捕食速率」來代替「我們計算到每天有多少隻毛毛蟲被吃掉」;但這並沒有拿掉個人的寫作原意,也不是作者在爭辯一件事以及被聽見的需要。

這種初始的科學文章形成一種區別的,為科學目的而發展的寫作類型。我們教導青少年任何有關於這方面的文章可以幫助他們理解文章的情境脈絡及目的,並不只是模擬此結構。在學校裡,他們自己所書寫的內容和目的是不同的,且內容在自身的情境脈絡是有功能的。它們也要和科學家的論文一樣,作者必須以證據來辯證及說服別人,

但要如何呈現是個人要做的選擇。

個人的聲音稍後減少了。成功的研究文章被其他人以一種重新報告與引證的方式所引述，這是一個科學過程中很重要的部分（Sutton, 1996），因此更多實驗上「去個人觀點」的情形發生，想法變得更加確定且為更多人所接受。開始時一組想法的辯論最後漸漸轉變成一組可接受的事實。「不知其名的人宣稱大陸會漂移」被廣傳為一組毫無疑問的事實陳述：「板塊會移動」，在其碰撞的點則會變成「隱沒帶」（subduction zones）。有創造力的人類與個人的貢獻被遺忘。如果教師沒有講述關於這方面的事與顯示形成這些概念的人們的參與，學生很容易誤解科學的成熟語言，並將之視為「平鋪直述」。這兩個種類——研究報告和教科書回顧——皆部分參與到建立「科學發現」之真實性。

各種科學寫作類型之形式與功能

科學史及語言學者能告訴我們很多關於科學家寫作的事，特別是當此兩種研究結合在一起進行時。例如，在 Charles Bazerman 所寫的「數十年來實驗文章如何發展的過程」，以及 Steven Shapin 分析早期在皇家學會裡，Robert Boyle 和其他人如何以某些方法發展出一套新的社群寫作「技術」（technology）（參見 Bazerman, 1988; Shapin and Schaffer, 1985）。科學的社群藉由發展新的寫作類型將實質工作精緻化了，也因此教師理解類型概念是非常重要的。也許它是最重要的，因為在澳洲一些地方的某些語言專家最近一直大力提倡，也許是過於提倡的關係，在學校當中特別重視體裁。他們將其視為現代社會中讓學生「增能」的方法，以作為提供年輕人了解在不同特性學科及專業領域裡對話的途徑（參見範例 Cope and Kalantzis, 1993; Halliday and Martin, 1993）。

我再重述一次，科學寫作的方式不只一種，而是包含整個科學體裁的範圍。這正像一本有關數據的書中某部分與其研究回顧的序言必定大不相同一樣，因為它們兩者的目的本就不同。我們在某種特定的情境脈絡中以某種特定的方式書寫，是為了要達到特定的目的。如果我們希望寫出一系列的溫度計使用說明，那將是一連串的指令語句；但如果我們要寫一封信給技師為摔破溫度計而道歉，那麼內容又將是不同的格式了。同樣的若技師要寫一封信給廠商要求更換溫度計，那麼又是另一種內容了。「建立蚯蚓住所的方法」與「蚯蚓生活史的一般性解釋」是不一樣的，因為這是在兩種不同的情境下所寫出的不同內容。我們應以呈現例子給學生的方式，在課堂上討論這些不同寫作方法的特徵，以提高學生對於內容之形式與功能之關係的認識。一般而言，正確評價該形式之後，將對其功能有所了解。反之，僅要求特定的標題將會使內容變得枯燥、機械化及令人避而遠之，將無法使學生產生意願去溝通。

　　我所提到的一些例子可被應用在學校課程中，可當作教導學生功能性的讀寫能力之工具，也能作為提升其發展科學理解之方法。其中有兩種皆涉及組合式說明指引，有趣的是，那也是 Catherine Milne 所採用的方法。學生需要對他們試著要去做的事情有個圖像；一旦學生了解整個目的，就可在評價可信的結構之下寫作。組合式說明指引有時就像條列的句子，提供一個相當簡單的架構以幫助他們去構思寫作溝通的邏輯。這也是他們能檢視自身的部分。接下來要寫什麼？這樣的表示清楚嗎？我是不是遺漏了什麼？在該情況下，組合式說明指引並不是唯一一種溝通方式，它是很多種可能方法之中的一種──另一種可能是以某種次序所做的流程圖。

　　若採指紋的工作是技術性的計畫，最為邏輯的結果將是一連串說明以告知你的研究助理 Watson 博士，什麼是他所要披露的，及記錄哪

些指紋，每一件事都會集中在最佳的方法上。然而，它是一個科學計畫，且在科學方法上的功能有點不同——基本上是去「說服」讀者超過一種以上的粉末測試。條列式的編號仍是一個好方法；而關於結果的次標題當然亦是一個很好的使人遵循的方式。至於結果的部分，其目的亦是去說服讀者——本研究使用了公正的測試，產生了可用的且可信賴的資訊。為達成這個目的，通常會使用比較表和指紋樣本資料。

在學生完成「結論」或「這用來做什麼？」、「那又怎麼樣呢？」的部分之前，應該強調更多讀者的討論。這篇文章是寫給當地警察局以獲得經費供進一步研究嗎？……或者對於慣用的策略表示懷疑？……或者別的什麼的？是寫給當地的「犯罪受害者」，好讓他們知道本地學校有人研究指紋？……或其他人？給某些閱聽大眾一個保證的方法將是適當的：「使用技術 x 並不容易發現指紋，但使用技術 y 有較佳的優勢。」其他人則疾呼要有更多作者的聲音：「現在我們，所想的是……」或者「基於我們的結果，我們建議……」

對於所有更為複雜的寫作體裁，我們需要藉由例子和提問，讓學生去欣賞它們。例如：「這種寫作方式是如何起頭的？為什麼作者開始要那麼寫？……接下來是什麼？……她處理得很好嗎？為什麼？」Catherine Milne 就是以這種方式向全班提問，而一旦學生理解這種形式的功能後，真正的寫作就變得可能了！

教或不教：為什麼要問這個問題？

J. R. Martin, University of Sydney

在詳細說明的張力中引起了我的好奇心——教師教導寫作類型（實

驗報告）以及其特徵，使她的學生在需要時知道如何做。但教師對此並不感到快樂，因為這樣一來使得科學看起來像是無趣之物。當然，對我而言是沒有張力存在的。教師與學生共同協商課程，採指紋工作聽起來令人感到興奮（但我喜歡犯罪小說）。當寫作這件事發生後，課程就走到一個點；老師讓學生有前進的動力並試著去關注寫作這件事發生（但我不在意其間有介入）。以尊重他們寫作的類型架構及語言特徵的方式，好的模式被呈現和討論（但我不在意使用關於語言的知識進行教學）。教師試著以文章功能性（它會達成什麼）和適合性（它的地位）的觀點去驅動架構和特徵──但之後我想實驗報告的架構和特徵確實是由功能來驅動的。就公開的考試而言，對閱卷者來說，那不僅是一個品味的問題而已。我可以理解教師的焦慮：那座連接兩端的橋在哪裡？

　　我會試著以兩種方法來達到它──第一，藉由連結語言到科學上；第二，藉由思考如何讓學生覺得科學有趣。在這兩種情況下，我會試著去論證語言是重要的，因為它是可以引發動機的。如果我們可以回復這樣的激勵，這種功能性，也許可以解決一些焦慮。

　　讓我們從語言特徵談起。教師指的是以第三人稱的方式，被動的聲音以及每一子句的開頭皆使用動詞。這裡這位教師使用傳統學校文法的一些術語，而她似乎比學生還更了解那些術語（她的學生結巴地說：一個動詞連接一個受詞，然而通常文法學家是不會這樣說的）。因著教師的身分，她確實試著去證明那些特徵，如條約似地指出：「有人應該能拾起你的書，讀你所寫的說明指引，並正確地做實驗。」而之後，「他確定用來寫結論的語言強調了研究目標，也就是說是指紋而非他參與實驗活動。」然而我不確定這樣的理由有何說服力或透明度。這位教師實驗上的位置似乎指出：這些特徵皆為一種形式……被自然科教師研究會所同意的一組規則，反映出在評分過程中的一種傳

統評價。所以她教他們的原因是因科學成規堅持如此（至少在學校的考試中），而且她不希望她的學生因為不知道這些而處於劣勢。

這個問題看起來似乎是特徵被描述得太形式化了，以至於無法連結到為什麼科學要如此操作。此處我們亦面臨到一般的問題：大多數的科學教師及學生在談論語言的時候，並沒有共同的語言。他們所共同分享的是將近沒用的學校文化。我們可能會注意的看著此類文法（從科學對話演進研究的功能語言學家所稱的文法），且特別是專注於這些功能語言學家所稱的「主題」（Halliday, 1994; Martin et al., 1997）。這裡最基本的論證是：這些子句可被詮釋為一種資訊波，且在英文裡子句的開頭能顯示此子句所要表達的重點。所以為何 Catherine Milne的實驗報告的實驗方法部分，所用的子句皆以動詞做開頭的原因是：在這個部分子句是和活動有關的，它們的目的是操作。而另一方面，在結論的部分，子句是有關採指紋的技巧，而不是學生所做的事；所以目前對於子句的觀點是針對目標而寫出的結果。

將子句視為資訊波的這分理解對於導引我們於解釋和科學有關的文法上是有用的。以文法上來說，它解釋了為什麼在方法部分，子句是以動詞做開頭，並在結論時以第三人稱書寫（當需要的時候用被動式）。以科學的角度來看，它允許我們回顧科學的歷史：去檢視科學家們在何時及為什麼開始以這種方式書寫。Halliday（參見 Halliday and Martin, 1993）和 Bazerman（1988）提供了有關牛頓的演講有趣的敘述，以及為了讓想法被接受所遇到的問題。牛頓是第一批以英文寫下他們研究的主要科學家當中的一位，非常有趣的是他用第一人稱以回述的方式寫下他研究的方法。然而，我們從 Bazerman 那兒知道：當其他人重做牛頓的實驗時卻得到不同的結果，牛頓面對令人苦惱的問題。牛頓了解到：他的實驗並沒被精確地重做，因此最後他非常努力的將其過程寫成更詳細的文件。以 Halliday 對於科學寫作的演化做分析後的

判斷來說，很明顯的，這種社會的壓力是一種工具，能型塑遺留至今天的科學語言。且在科學寫作上從一個任務到另一個任務，這種資訊揭露的方式，對於這個演化的過程是很重要的。

回到學校方面，我所主張的是，如果講述文法的語言更豐富一點，對於意義更為敏感，對話更加考慮，以科學的方式使用語言的動機將更容易解釋——並不只是以學生在學校要做什麼的觀點，也是以在過去四百年來，科學家對重新設計及擴展英文做了些什麼。用一些功能性的文法，我們開始可以去解釋為何科學是這種形式，且它與其他學科領域的不同在哪裡。與其他學科一樣，科學有他們自己的歷史，同樣的令人興奮，也同樣的令人煩惱。澳洲的語言學家及教育學者早在二十年以前就知道了（參見Christie, 1998; Halliday, 1994; 1998; Rose, 1998; Unsworth, 1998; Veel, 1998）。

所以我建議：如果我們使用一些功能性的語言，而不是學校的文法，我們可以做一些連結。什麼是令人興奮的？使用關於功能性文法及類型的想法會使科學變得太無趣嗎？無趣到遠超乎學生的想像，而令我們科學教師害怕嗎？

避免這種情形的一個方式可能是使用文法和寫作文體去探索科學改變和科學語言的方法。一個明顯的起始點可能是 Veel 所稱的中等學校科學「綠化」（greening），像是生態學和環境學對於教科書和課程的影響。Veel（1998）指出，當科學改變時，它的文體與文法隨之改變；所以我們發現一個新的「多元模式」的文本，將和影像（包括圖形，圖表，插圖及照片）有關的新語言融入文本。我們發現論證議題和推動改變的新文體，我們找到更新的文體——例如描述動物方面，對於瀕臨絕種物種的關懷，及我們可為這個情況做些什麼事等等。此外，所有這些改變包含了文法的新的使用（例如說服的語言和評量的語言），及新的圖表（如：格式、安排和顏色）。當這些發展發生時

去研究這些發展是很容易的，如同傳統的課本已被綠化的課本取代了；傳統主題被環境議題取代了；傳統的考試問題被置換成更具情境式的問題等等——當地球的將來需要這些改變時。我很難認為這種改變是不令人興奮的，而且我發現研究這些文體的影響及語言特徵相當有趣（但我喜歡分析課文，它們是生動有趣，從不枯燥的）。

這裡有個機會去指稱「重要的素養」（Walton, 1996; Morgan, 1997）。Martin 擔心：綠色的地理學意味著對環境有正確的態度，而不需要將拯救生物圈的生態理解融入（需要拯救的生態圈或者在其中的生物）。綠色的科學是加速朝這樣不幸的路前進嗎？若真如此，難道這是因為我們所重視的只是用人文（在自然教室中英文作文的文體和語言的特色）來局部取代科學嗎？如果是這樣的話，我們要將自然環境輕視到什麼程度？為了要回答這些問題，我們需要很仔細的觀察綠化時的科學語言——從教科書、在學校的課程裡，以及在過程中。我們必須檢視科學、它的文體及語言的特徵（但我想，科學是由文體和語言特徵所構造出來的——科學擁有自己獨特的文體和語言特徵）。

這裡有一個要跨越的橋樑。讓文法更豐富，則它能顯示為何科學論述呈現那樣的形式。然後使用文體和文法去分析改變……，例如學校科學的綠化，或者任何教師與學生共同協議的有趣的內容。

我認為老師的憂慮是不必要的。坦白說，我對此課程印象深刻（但我認為教師不應該有不好的感覺，特別是他們做了非常好的工作！）

主編總結

在「採指紋報告」中，Catherine Milne 寫出在她的實驗報告的寫作教學中幾個令她困窘的事。她懷疑，這種規則化的方式會加強學生感

覺科學是一件沈悶且過度結構化的學科？Clive Sutton回應了她的想法。
在他的回應裡，他強調現今傳統實驗報告文體結構的歷史偶然性。他
說，在學校科學所教的結構是建立在對科學實務的「錯誤信念」上，
「因傳統而陳腐」。他表明真正的科學並不是置實作於思考之上的，
而是比建議給學生的傳統實驗報告包含了更廣闊且更具個人特質的寫
作範圍。

　　雖然 Sutton 和 Martin 描述了一些共同的智能來源——Bazerman 報
告文體出現的歷史描述，以及 Halliday 的功能性語言學——他們亦對
於學生去學習使用科學文體架構的優點做了不同的結論。對 Martin 而
言，傳統科學文本的語言特徵帶來了學科的歷史，他認為文法的結構
帶來了文體的意義的一部分，實驗報告不必要成為一種為了考試和成
規而必須熟練的類型。例如，在研究方法的段落中，子句是以動詞做
開始的，因為「這些子句關係到活動」。同樣地，學校科學的改變是
課程綠化的結果，可透過教科書之文法和圖像的改變來追溯。

　　像採指紋報告這種好的課程比任何課堂或老師能提供更多教育的
機會。在故事當中，Martin 之有限的目標能確保學生理解並使用正確
的寫作文體架構。若給予這位老師更多的時間和後見之明的優勢，她
會解讀 Martin 的建議為：文體的特徵並不是專斷的，且對於文體架構
的理解會建立科學本質的理解。另外，更值得追求的是，Sutton 希望
介入對科學歷史文本形式視為理所當然的使用，而提供學生有機會嘗
試更多個人和說服力的寫作報告的方式。

參考文獻

Bazerman, C. (1988). *Shaping written knowledge: The genre and activity of the experimental article in science*. Madison, WI: University of Wisconsin Press.

Christie, F. (ed.) (1998). *Pedagogy and the shaping of consciousness: Linguistic and social processes*. London: Cassell.

Cope, W. and Kalantzis, M. (eds) (1993). *The powers of literacy: A genre approach to teaching literacy*. London: Falmer and Pittsburgh: University of Pittsburgh Press.

Halliday, M. A. K. (1994). *An introduction to functional grammar*. London: Edward Arnold.

──── (1998) Things and relations: Regrammaticising experience as scientific knowledge. In J. R. Martin and R. Veel (eds), *Reading science: Critical and functional perspectives on discourses of science* (pp. 185–235). London: Routledge.

Halliday, M. A. K. and Martin, J. R. (1993). *Writing science: Literacy and discursive power*. Lewes: Falmer Press and Pittsburgh: University of Pittsburgh Press.

Lemke, J. (1990). *Talking science: Language, learning and values*. Norwood, NY: Ablex.

Martin, J. R. (1990). Literacy in science: Learning to handle text as technology. In F. Christie (ed.), *Literacy for a changing world*. Melbourne: Australian Council for Educational Research.

──── (in press). From little things big things grow: Ecogenesis in school geography. In R. L. Coe, R. L. Lingard and T. Teslenko (eds), *The rhetoric and ideology of genre: Strategies for stability and change*. Cresskill, NJ: Hampton Press.

Martin, J. R. and Veel, R. (eds) (1998). *Reading science: Critical and functional perspectives on discourses of science*. London: Routledge.

Martin, J. R., Matthiessen, C. M. I. M. and Painter, C. (1997). *Working with functional grammar*. London: Edward Arnold.

Morgan, W. (1997). *Critical literacy in the classroom: The art of the possible*. London: Routledge.

Myers, G. (1990). *Writing biology*. Madison, WI: University of Wisconsin Press.

Rose, D. (1998). Science discourse and industrial hierarchy. In J. R. Martin and R. Veel (eds), *Reading science: Critical and functional perspectives on discourses of science* (pp. 236–265). London: Routledge.

Shapin, S. and Schaffer, S. (1985). *Leviathan and the air pump: Hobbes, Boyle and the experimental life*. Princeton, NJ: Princeton University Press.

Sutton, C. R. (1989). Writing and reading in science: The hidden messages. In R. Millar (ed.), *Doing science: Images of science in science education* (pp. 137–159). Lewes: Falmer Press.

──── (1992). *Words, science and learning*. Buckingham, UK: Open University Press.

—— (1996). Beliefs about science and beliefs about language. *International Journal of Science Education*, 18 (1), 1–18.

—— (1997). New perspectives on language in science. In B. J. Fraser and K. G. Tobin (eds), *International handbook of science education* (pp. 27–38). Dordrecht, The Netherlands: Kluwer Academic Publishers.

Unsworth, L. (1998). 'Sound' explanations in school science: a functional linguistics perspective on effective apprenticing texts. *Linguistics and Education*, 9 (2), 199–226.

Veel, R. (1998). The greening of school science: Ecogenesis in secondary classrooms. In J. R. Martin and R. Veel (eds), *Reading science: Critical and functional perspectives on discourses of science* (pp. 114–151). London: Routledge.

Walton, C. (1996). *Critical social literacies*. Darwin: Northern Territory University Press.

第十章

提問

Joan Gribble, Sue Briggs, Paul Black and Sandra K. Abell

主編引言

　　長久以來提問已是小學教室的顯著特徵，大約佔了課堂語言的 1/5 （Galton et al., 1980）。老師問問題有許多目的——控制行為、搜尋、測試、提示和揭露兒童的想法。對了解學生科學知識和提升學習，提問是一個強而有力的策略。然而，有許多提問策略的層面通常對促進理解的教與學產生反效果。當老師落入 Elstgeest（1985）所謂的「測驗的反射行為」（testing reflex），學生會去猜想和回應老師心中所要的答案。在對學生反應的迅速判斷下，老師也強化了自己身為知識權威者的角色。這樣的互動形成老師學生對話的三段式（triadic）的形態——通常是指引出（Elicitation）、反應（Response）和回饋（Feed-back），或者縮寫為 ERF（Cazden, 1986; Mehan, 1979）。老師和學生學到這種教與學遊戲中的不成文和根深柢固的規則（Lemke, 1990）。

　　Shapiro（1998）對於 ERF 這種提問形態有一些質疑。例如：學生在團體情境中不具有回答時所需的語言和社會技巧，對他們而言是不

利的。這種三段式的問答模式,一成不變地鼓勵兒童以單一字詞作答,反而限制學生使用科學語言來建構知識和實驗的機會。在這樣的對話當中,學生談話的對象是老師而非同儕。Shapiro(1998)建議,在 ERF 的制度下,只有最大膽的學生有勇氣向老師提問,或者是冒險提出無知的想法。學生缺乏信心來提出自己的想法或者判斷知識的價值,助長了一種智力依賴(Munby, 1982)。

改變提問和回答者的關係(Sarason, 1996)使得學生變得對自己的學習較為負責,對許多教育者來說這是個重要議題。例如:Elstgeest(1985)強調提出挑戰性問題的優點,是要鼓勵學生自己想出如何面對這種挑戰。Harlen(1992)認為最有效的提問形式為兼具開放的(而非封閉的)及以人(而非主題)為中心的。以人為中心的問題是問學生的想法,而不是「對的」答案。使用「兒童是理論建構者」的心象,Chaille 和 Britain(1991)論述兒童就像科學家一樣,關於物理和自然世界的問題,需要有機會去提出並產生解答。Harlen(1992)認為:預測性問題是有用的,因為需要學生使用自己的想法作為可能的解釋。根據 Baird(1998)的看法,這個目的是要學生自己去問具有評量性的問題(例如:我正在做什麼?以及我為何做它?)。

對在三段式形態訓練下的教師而言,要打破長期建立對教學的控制(在內容和行為方面)的機制是很困難的。改變提問的形態不僅做起來困難(它要經過練習),而且冒險(因為要放手給學生)。因此,老師對提問的使用會關係到對教室的控制,即是要緊緊掌握還是放手給學生——也就是伴隨著每一個行動而來的危機和收穫的兩難。在本章當中,我們以研究者 Joan Gribble 對一位老師 Sue Briggs 在幼稚園的經驗,來闡述這樣的兩難。這個案例稱之為「吸引學習者:它在問題中嗎?」並由 Sue Briggs、Paul Black 和 Sandra Abell 做評論。

吸引學習者：它在問題中嗎？

Joan Gribble

　　早晨的寧靜瀰漫在我所造訪的幼稚園中。老師和助手快速和有條理地組織一天的活動，以準備迎接二十七位五歲幼童的到達；也只有忙著準備的工作噪音會打破這份寧靜。除了如：積木角的積木活動、娃娃角的戲劇表演、工作台的藝術和工藝活動的主要室內活動外，一個特別的科學主題中心已計劃好要介紹磁鐵和磁鐵的性質給兒童。這課程的部分計畫是建立一個有展示長條狀、馬蹄形、圓形的磁鐵，及迴紋針和鐵屑的一張桌子的科學區。用繩子將馬蹄形磁鐵綁住使之能懸吊起來。同時將長條狀磁鐵夾在架子的頂端，並將迴紋針用棉繩綁住，懸掛在架子上；這個迴紋針可以升高接近磁鐵，但未碰觸到磁鐵，就好像懸在「半空中」。這個科學角簡捷地安排在展示著有關介紹磁鐵的新書的閱讀區旁邊。

　　很快地，晨間寧靜被陸續由家長帶到的兒童所打破。兒童們開始了一天的學習。兒童與大人之間互相打著招呼，兒童打開背包，展示為了團體討論所隨身帶來學校的寶藏，到處顯得生氣勃勃，充滿興奮。老師將兒童集合起來，坐在院子區，正式的打招呼並且介紹一天的課程。團體討論的時間到了，兒童將帶來的寶藏放在展示台上。接著當老師開始解釋可以選擇的探索活動時，平靜的氣氛散佈在這些充滿渴望和眼睛發光的群體中。除了進行玩積木活動、戲劇演出、藝術和手工藝活動外，兒童也能參與一些特殊的活動，包括在廚房烤餅乾、在數學角發現新的電腦活

動，或者是在科學區做實驗。

五個男生抄捷徑到科學區，並且高興地拿起儀器設備。男生們探究著設備，喋喋不休地討論他們接觸不同形狀磁鐵時所觀察到的。當老師靠近科學區並詢問這些男生在做什麼時，他們非常渴望展示儀器設備上的發現，例如：「我的磁鐵能夠吸起許多迴紋針。」「我的磁鐵吸起的比你的多。」「這些圓形磁鐵吸在一起了。」

當老師聽過每一個男生的報告後，讚賞他們的發現；老師決定進一步探究學生關於磁鐵和磁性的觀念。

她問說：「你們認為迴紋針為什麼被磁鐵吸引？」

「因為它們是磁鐵。」Mark 以一個對老師不知道這個原因的驚奇口吻來回答。

老師接著問：「你們認為是什麼東西使磁鐵吸住迴紋針？」

「我想有膠水在磁鐵裡面。」Anthony 志願回答；知道老師針對這裡將會再問其他問題，他希望自己是有幫助的。

「什麼東西使你相信這件事，Anthony？」

和 Mark 一樣，Anthony 現在認為老師真的需要幫忙。

「因為它們黏在一起，」他很有耐心地解釋。

「你認為磁鐵是由膠水或其他物質做成的嗎，Anthony？」

「嗯……」這問題帶給 Anthony 沈重的表情，畢竟他的老師可能真的知道一些吧！

「可能是其他的物質，但是我不知道它是什麼。」他退縮了。

「我知道了！我知道了！」Matthew 跳上跳下興奮地大叫，「讓我說！是金屬！」

「是的，Matthew，用它來稱呼磁鐵中的物質真的是一個好名字，你認為如何呢？Anthony？」

「我知道呀！」Anthony 防衛性地回答著，「但是我想不到這個字。」

「為什麼這些東西不會黏到磁鐵上呢？」老師問著，設法確認這些男生們知道些什麼。

「因為它們是塑膠，當然就不會啦！」Matthew以輕視的口吻回答，其他男生點頭表示贊同。

老師引導男生們注意鐵架並且發問說：「這個磁鐵能做什麼呢？」

男孩們感到困惑並談論可能發生的事，但是 Matthew 拿起迴紋針，移向磁鐵。男孩們以敬畏的方式注視著他，大家都納悶的屏息著。

「看吧！發生了什麼，迴紋針正在旋轉，它受到了磁性吸引，升到半空中了！」Matthew大叫，對著這些專注的男生施以一系列的命令。他抓住了所有人的注意力，而他們也緊盯著他的一舉一動和一言一行。他的表現就像魔術師一樣，有著來自小觀眾們的即刻歡呼。

老師看了一下教室四周，再次確認其他兒童的遊戲都井然有序，且她的助手也在廚房內應付一群年幼廚師烤餅乾所呈現的挑戰。在兒童藝術與手工藝活動上，當天的家長義工也是應付得頂好的。她的注意力再度轉回到科學桌旁工作的小男孩，她感到滿意，至少每個人都很安全。

「男生們，你們認為迴紋針為什麼會停留在空中？」老師問。一片死寂來自學生。然而，Matthew 對這個現象感到驚奇。

「我不知道……」Matthew 說話飄忽，他入神思考好一會兒。突然他的眼神閃爍，神情肯定。「是的……因為磁鐵拉著它，並且四周都有。」Matthew 心滿意足的回答。

「迴紋針四周發生了什麼事，Matthew？」老師質問著。

「迴紋針四周有磁性，它來自磁鐵。」Matthew 回應著。

「你的意思是磁力嗎？」老師探究著。

「是的，磁場就像這樣在迴紋針的四周，」Matthew 以手臂在空中畫圓來回答。「磁力一定非常強，才會將迴紋針吸在空中。」

「你如何知道磁鐵的磁力呢？」老師好奇地問著。

「因為我看過電視上的表演，」Matthew 以實例回答。此時，其他的學生都被老師和 Matthew 之間的對話吸引。並且顯現願意繼續懸吊迴紋針於磁鐵下的活動。老師了解到需要將男生們拉回，於是問到：

「你們認為迴紋針會像磁鐵一樣作用嗎？」

「我不知道，」學生一致回答。

「或許你們能夠用這個別針測試，」老師提出建議。

Matthew 大叫，「這個別針能黏在迴紋針上，真的是很令人驚奇！」

Matthew 再一次掌控活動。當老師持續追問 Matthew 以掌握他的學習，其他的人明顯地在討論中迷失，漫無目的做著不同的活動。

這時候，有三個女生在老師與 Matthew 對話時，參與了磁鐵的活動。老師突然跑到積木遊戲區，去幫助一個玩木頭積木的孩子。但是，Matthew 留在桌邊，開始向女孩們解釋他所做的。

「看這迴紋針，假如你把它拿到這裡，看看發生什麼事？你知道將發生什麼事嗎？好的，我告訴你……」

四十五分鐘的自由選擇活動即將結束，老師開始檢查誰做出了餅乾。除了 Matthew，每個人都有自己做的餅乾，在早上點心時間享用。謝天謝地！她的助手也做了一些額外的餅乾！上午的點心時間將是快樂的。

教師評論

Sue Briggs

　　我教育幼童的重要信念之一就是傾聽，並且對於他們嘗試告訴我的事不要有預設立場。我試著不要假定他們知道或不知道什麼。我以這樣的信念教學：如果我仔傾聽並敏銳解釋學生的身體語言，我將能更敏銳地確認學生的概念發展層次，在教室現場，這個信念是一個持續的挑戰。有些時候，當精心規劃的教學突然「凸槌」，或當某個孩子因遭受重大情緒挫折而需要老師全心關愛時，要三言兩語就將孩子打發過去並非易事。然而，有時在時間不夠用的情況下，投注精力於教案或對班上孩子的期望都會促使我一心一意只想要達成教學意圖，而將孩子的突發事件，孩子的感受和學習成就都暫時拋開。

　　在計畫和評量幼童的科學學習的複雜度是來自他們對語言的掌握，特別是兒童對理化科學中不可觀察的現象的經驗時。我的困境是發現任何發展概念的層次，及兒童的語言發展阻礙了或者是有助於他們的思考。要幼童定義概念的屬性常常是困難的，尤其是概念無法直接知覺，比如說磁力。更困難的是，我的任務是一開始便察覺到兒童所操作的層次，並且常常是自發性地依此形成問題；以掌握兒童的學習時刻。如何利用兒童對一個想法「理解」（cottons on）的時刻以建立其新知識是關鍵的。問題，就像有趣的支柱與教材，是進入學習無法抵抗的誘因。我總是思考著吸引兒童進入學習活動的方法，以及一旦掌握（hooked）孩童的思考以後，如何來發掘他們知道些什麼。我的問題不但是要去探究理解，同時也要啟蒙兒童感官的觀察與調查。更甚

者，偶爾以奇怪問題帶來這些互動中一些異想天開的想法，和觀察兒童對這些問題的反應，增加我定義兒童正在學習什麼，以及他們如何解釋所觀察的現象。

在我開始與科學桌的五個男生對話之前，我已經觀察過他們實驗的類型與層次（或我通常稱之為『遊戲』），以了解他們正在做什麼。所有的男生都在有形的層次試著決定磁鐵能做什麼，以及磁鐵將會吸引什麼樣的東西。沒有任何男生用鐵架做活動。在幾分鐘的觀察之後，我想是問這些男生正在做什麼的適當時間了。不出所料，我得到他們異口同聲的反應，他們詳細描述了所實驗的內容。接著，我的想法是進一步地問他們，以定義對於他們的調查有何想法。我一開始的提問就設法給予這些男生對他們的知識有信心；兒童在老師的這種角色下總感到自信。

當然，對我而言我很快的發現，某些男生如Anthony，對一些術語感到困難，雖然我相信他已經發展出對磁性的一些了解。在這同時，我瘋狂地找尋適當的，但不具威脅性的問題，以介紹新語言給兒童。對我來說，Anthony 之前似乎沒有聽出字裡行間的內容，但是，因為情境脈絡，他將會了解我的問題。當然，看到 Matthew 對這些訊息的反應是有趣的。我對於幼童們能接納老師的角色總是感到喜悅。

在引導男生們注意鐵架時，這使得 Matthew 得到相當的學習情境控制，這是我的另一個兩難。Matthew 是一個很棒的孩子，在他這樣的年齡，擁有這麼多超越他年齡的知識。我能了解 Matthew 的朋友樂於用很多的時間來觀察他的實驗。但是，當我開始更密切的詢問他有關其理解的深度時，我能感受到其他四位同學漸漸地失去興趣。我應該犧牲對一個孩子的教導，以免造成其他人的損害嗎？

提問技巧能夠衝擊幼童的情緒狀態。甚至在幼年，許多兒童就已經很社會化，能對於正確答案給予認同，並猜測大人心中在想什麼。

在他們調查和實驗時，冒險並大膽猜測，或者深思熟慮地想著過程中可能發生的事，而不害怕同儕或成人的責備，對於我班級中的許多學生來說，不是主要的問題。冒險和對問題的反應通常必須是逐漸培養。對於幼童的提問，必須能鼓勵他們具有思考上的獨立性，並使他們能夠冒著語言與想法上的可能錯誤來表達。當我進一步施壓 Matthew 有關他對鐵架上迴紋針的了解時，我相信群體中的其他男生會明白自己並不知道實情，且對自己知識的缺乏感到羞愧。更悲慘的是，他們對猜測迴紋針可能發生的事感到自己的不足，因此，他們退縮到更安全的立場。

　　從事幼童的工作鼓勵我反思。我正不斷地反思兒童所做所說的一切。我仔細地考慮計畫和評估，並且回想我對於兒童的觀察和我提出的問題。教學對我而言是一個有知覺的過程，雖然我知道我是直覺地進行許多教學的工作。

對話的困境

Paul Black, King's College, London

　　從結尾開始——他們學到了什麼？有三種面向可以討論：

第一：科學是有趣的、好玩的

　　Matthew當然學到了——但是其他的男生呢？他們一開始時是受到吸引的，但是當 Matthew 與老師的對話超越他們的理解時，他們就跑掉了。「一開始時是很有趣的，但是很快的老師和 Matthew 讓這堂課變得很無聊」這可能是他們學到的。而女生所學到的是，那是男生的

課嗎？吸引力本身可能是一個致命傷。讀者了解到：從吸引到思考的
轉變遇到了阻礙。

第二：觀察和實驗技巧

儘管預先準備好的教材會給予不可避免的提示和縮減，觀察事物、
嘗試事物、有機會表達等都必然包含在此。然而，在這情節當中，有
幾個特徵——懸吊馬蹄形磁鐵的可行性、幾種不同形式磁鐵的提供、
鐵屑、書籍的使用——並沒有被處理。

老師引導實驗到特定的方向——「磁鐵能做什麼？」「或許你能
夠以別針測試它？」——這些都是老師所做的明顯動作，以引導思考。
但是，少數幾個學生報告了觀察所得，例如：「我的磁鐵吸的迴紋針
比你多」，「這些圓形磁鐵黏在一起」老師讚賞這些回答，但並沒有
進一步的討論，因為這並不在老師的教學目標中。之後，對女生而言，
她們的磁鐵實驗被 Matthew 熱切追求他目標的渴望所掩蓋了。所有的
這些教給了兒童什麼樣的科學概念呢？

第三：磁性概念？

期待五歲大的孩童發展抽象的科學想法是一件愚蠢的事。但是，
適當的教學目標應該是要能夠達成，例如：

1. 磁鐵的影響力可以穿越空間，即使受到一些物質的阻隔。
2. 磁鐵能夠吸引或排斥物體。
3. 有些物體會受到磁鐵的影響，有些不會。當有磁鐵在旁邊時，會受
   到磁鐵影響的物體總是受到磁鐵吸引，並且自己也能夠變得有磁性。
   有些兒童可以將「某些東西」通則化成「由特定物質形成的所有東
   西」。

4. 磁鐵能夠彼此吸引或排斥——端視以何種方向讓它們靠近。

　　老師的問題反映了不同目標——「為什麼……？」Anthony大膽地試著找出理由，但是老師的反應卻不是要求他或其他人仔細思考（例如：我們該如何測試這樣的想法？），而是透過歸謬法（「你認為磁鐵是由膠水做成的嗎……？」）傳遞給Anthony，他這樣的想法是錯誤的。老師的反應也給出老師所期望答案的線索（「……或者是其他物質？」）。因此，「金屬」的回答被喚起，那是 Anthony 想不到的。Anthony 在這點上感受到什麼呢？在未來關於提出自己的想法上，他學到什麼教訓？

　　接著是關於非磁性物質進一步的「為什麼」問題。不管是這裡或之前的「為什麼」問題，很難知道可以給出什麼樣的答案，因為如此的答案像「因為它是（金屬）或（塑膠）」並不是真正的理由，它們僅是經驗通則化的初步嘗試。在這個層次上，沒有任何理由是可能的。如果兒童的反應能由他們自己追蹤與測試，一個「為什麼」問題可能是有價值的——但是 Anthony 在這裡學到，遊戲並不是這樣進行的。

　　這裡的遊戲可由上述 1 至 4 的方式來安排，也就是從有限的經驗資料通則化以達到綜合與簡化，使之能夠做成經驗的預測。假如設計問題以引導討論在這個方向上，早已可期待兒童能給出合理的答案，而這個答案可以讓他們擴展自己的觀察。

　　接下來的問題改變了教學目標。「磁鐵能做什麼？」是一個假性問題（pseudo-question）——它能夠做成千的事（像是固定門、打破窗戶等等）。但是 Matthew 是聰明的——他猜想老師要的。與 Matthew 的對話則變得有收穫的——「磁性的東西充滿四周」是嘗試對磁場觀念一種卓越並富想像力的表達。「你是指磁力嗎？」這樣的反應就差多了。場並不是一種力量：場的想法深度概念性是到處存在「某種東

西」，直到將實體放入特定的點才會感受到力的作用。Matthew 的兩種反應，他使用「場」在「力」之前與他揮動手臂，都意味著他了解這樣的觀念。但是如此的討論並沒有發展他的洞見——它往進一步的想法前進——迴紋針本身變得有磁性了。進一步的探究此觀念，使其他的學生迷失了，而這個討論只變成 Matthew 獨自的。他受到褒揚，並將所得的知識轉向三個女生，進行簡潔式的探究說明。

反思

上述的意見，以及將要討論的都是合理的。在簡短描述當中所呈現的證據是不完整的。我們並不知道該位老師與學生的過往關係——如果 Matthew 是一個難纏的小孩，而這一次是他第一次放開心胸；或者 Anthony 曾經表現傲慢，常常阻礙同學發言，那麼所呈現的情形就有不同的判斷。同時，我們也不知道之前進行了什麼，或者是在下一次老師將會怎麼做？被認為錯失的機會可能是下次的教學目標。

隔著距離反思和有時間閱讀、再閱讀及思考全都太簡單了。但是在現場老師只有瞬間去反應。因此，對任何呈現在兒童面前的事物要透過理論基礎的思考，這絕對是必要的。特別是任何老師應該預期存在於特定蒐集教材和器材的目的及可能發生的事。兒童能以它做些什麼？它可能會產生什麼問題？什麼樣的過程或內容／概念目標可以協助老師繼續教兒童？

我們得出事情的重點。在傳送教學的荒誕與所謂發現學習的潛在優點之間，老師被寄望以僅有可行的過程——引導的啟發式主義（guided heurism）。這個教學有很好的計畫——有趣的教材、對兒童的吸引性、讓兒童自由選擇，及老師的介入來精練、挑戰、引導思考。所欠缺的是兩個重要因素：第一要素是清楚的目標，也就是使用一個學習理論（這個理論可以指出幼童接觸思考的潛力，和找到自己對現象思

考的能力價值）來調和概念分析（挑出潛在的概念和可行的技巧，作為第一步來探索磁性的現象）。在所呈現的事件當中——他們能夠從手中的磁鐵想到什麼呢？

　　第二要素是有關問答對話行為的一般性策略。熟悉的陷阱像是這樣的問題：「猜猜看現在我正在想什麼？」這是個開放的陷阱，當所想要的回答不實際，因此老師只可以告訴兒童答案來達到目標。在這裡有一個簡單的選擇——放棄目的或告訴他們（其中並沒有罪惡感的，如果你教得太多的話，他們將不會學太多）。要避免的事情是使用假性問題，在這種狀況下老師可以試著避開這樣的選擇。學生因此感到困惑，老師給了重要的線索，而聰明的學生將據此猜測。這將是極大的諷刺。它教導了學生在科學學習當中，不需要有自己的看法，只要試著解讀老師的想法和取得線索；如果你不懂時，保持安靜，無論如何答案還是會出現的。

　　這個陷阱也會有另外一種形式，當一個幼童給了第一眼看來有一點愚蠢而沒有建設性的非預期的答案，並且偏離老師預先想好的對話，這時老師會想要去壓制這樣的對話，因為沒有時間去想到說這樣的對話將會導致什麼結果。限制別人理解的企圖越來越明顯，此時由此而生的恐懼也產生了，並且預定的目標就不會達成。我建議兩個指導原則——假定問題是深思過的，因此必須嚴肅的對待；第二個原則是必須勇敢接受你是不知道的；這些是嚴肅的處理原則——另一種選擇是你教導學生思考的科學是騙人的，以及在科學中，觀察和實驗的目標是要獲得正確的答案。可惜的是，大部分的兒童學得負面教訓，這樣負面教訓在他們求學生涯中一直伴隨著他們，甚至在他們進入社會後一直如此。

「為什麼」之前先用「如果……會發生什麼呢？」

Sandra K. Abell, University of Missouri-Columbia

　　幼童天生是好奇的，他們喜歡和東西玩在一起。煮飯、鎚打、寫作、鏟東西、製造音樂、畫圖和建築對他們而言是發自內在動機的活動。他們喜歡聽新的字。你多常聽到一個多音節的恐龍名字從學前孩童口中說出？有趣的事物會吸引他們。「你知道太陽水母是世界上最長的動物嗎？」一個五歲大的小孩興奮地問著。他們注意到在他們世界中的形態。我四歲的兒子自信地說著：「月亮每天愈來愈大！」甚至於他們做預測和發明解釋以說明他們的觀察。「玩具會下沉，因為它太重了！」它顯示出學齡前孩子是每一個老師理想的科學學習者——對事感興趣的、熱忱的、好奇的、富有思考的。為什麼這些特質隨孩子在學校中逐年遞減，到中學前，我們看到許多學生對科學感到無趣與討厭呢？

　　前幾天在我們家有一場晚宴。有七個四到十五歲的小孩，連同他們的雙親一起參加。大部分的時間都是相近年齡群的孩子進行互動，並與大人分開，從事他們感興趣的事物。但是在晚上快結束時，有些十分驚奇的事情發生。有個人注意到在書架的高處上有一個老舊的物理示範裝置，並且問道「那是什麼？」該裝置由四個不同容積和外型（直型、Z 字型、沙漏型和曲型）的開口玻璃管組成，每一個底部都互相連通，並且在金屬棍後藏著連通的水平管子。該裝置是用來證明水平面高度是由大氣壓力決定，而非管子的外型或體積。因為在每一個管子的大氣壓力都相同，當將其中的一個管子加滿水時，水會向下

流到底部連接處，同時向上分別流到其他玻璃管中，使得各管子水位高度相同。

　　我覺得這是一個教學時刻，便從書架拿起這儀器，並解釋管子在底部都是相連的，而水能倒入任何一個管子。在我有機會問第一個問題時，所有七個小孩，更別提大人們，都聚集在一起，對該儀器感到好奇。在當時我做了一個決定。我該加水實際示範這儀器，然後問這一成不變的「為什麼」問題嗎？或者是我該問預測性的問題，並看看將從哪裡開始著手？我選擇第二種方法。「想一想，當我把水倒入管子時會發生什麼事？」我指著一端的直型玻璃管發問。從四到十五歲的每個孩童都有預測，有些預測滿合理的。有人說：「在較窄的管子當中，水上升得很快，因為它需要較少的水。」另一個人預測著：「會一次上升一個，靠近直管的將會先滿，因為它最接近倒入的水。」第三個人發表意見：「我認為將不會有任何的不同。」我將水加入，並且注視這些孩子的表情：眉毛升起、嘴巴張開、手高舉在空中。在我還有機會問另外一個問題前，一個旁觀的大人插話進來，他問道：「若我將其中的一個管子封起來，會發生什麼事呢？」更多的預測接踵而來。在將水倒入管子前，我將手指封住另一個管子末端，以測試之。其他的「如果……會發生什麼呢？」問題和測試接著來到。「若倒入不同的管子，會發生什麼事呢？」「若持續倒水進去，直到水溢出來，會怎麼樣呢？」最後，有一個女孩問自己「為什麼？」的問題。她質疑：「這到底怎麼一回事？」沒有特別對某個人講。那晚，我們沒有解決管子和水的問題；雖然當孩子們回到自己的玩樂中，大人提供理論解釋所看到的現象。我猜想兒童們對所看到的，雖然當下並沒有明確的表達，但是一定也有發明一些解釋。

　　我留下疑問，如果我選擇第一種方法，並以問「為什麼」問題開始，活動會如何改變呢？我了解到選擇預測的方法，打開了每個觀察

者的發言權,不僅僅對較年長或老練的兒童。更進一步而言,這種預測方法已打開兒童新的「如果⋯⋯會發生什麼呢?」的發言權。在所有的問題、預測和測試之後,我們還是回到了「為什麼」的問題,如一個女孩所問的「到底怎麼一回事?」的問題形式。我相信我選擇了最有生產性的提問方法。

這又將我帶回到我先前「關於為什麼學生並沒有保持天生的好奇心和動機來學習科學」的問題。部分的答案關係到老師的提問方法嗎?提問的方法將帶來什麼呢?關於選擇哪一種方法,老師如何做決定?

過去三十年來,科學教育家一直堅持,老師的問題真的會造成差異。我身處在好的工作夥伴當中,因此,我堅信老師所選擇提問的方法將導致學生特定的結果。提問的方法不僅關係到所問的問題形式,同時也關係到發問的序列以及由誰問。例如,在管子和水的例子當中,先使用「如果⋯⋯會發生什麼呢?」的問題,之後再使用「為什麼」的問題。進而兒童本身將致力於產生疑問與回答問題。

假如我們重新檢視 Gribble 所寫的有關學齡前教室,我們會發現到老師問學生的第一個問題是「為什麼」,「想想迴紋針為什麼黏到磁鐵上?」為什麼她會認為有必要以「為什麼」問題開始呢?以她所設計的磁鐵中心的探索式本質,她的問題並不相符。而且為什麼她堅持遵循「為什麼」的問題方法,而排除「如果⋯⋯會發生什麼呢?」的問法,或者是其他問題形式的提問;這些提問都有助於學生將注意力放在他們對實驗物體的動作上,且幫助他們自己產生新問題?首先,讓我們別對老師太嚴苛。她針對兒童所設計的探索式中心提供了適當年齡的活動之豐富的可能性。學生有機會觀察他們的行動在實驗物體上的結果,並且以不同的行動產生不同的結果。受試對象的反應是即時的、可觀察的。且當兒童與受試對象互動時,同時有機會促進社會互動。所有的這些對學齡前科學都是重要的判準(Harlen, 1985)。然

而，老師與兒童的互動似乎立刻阻止了他們的行動與思考。

假如這位老師如同幼童的許多老師一樣，合理地預料自己擁有的科學背景是有限的；此外，預料自己所經驗過的正式科學教育，如同多數人般只狹隘地專注於科學產品（事實和資訊），而非注意到更廣泛的探究般之科學見解，這樣的預料是合理的。在有關老師對科學教與學的信念的研究中，我發現教導幼童的老師的信念中常常面臨兩難（Abell et al., 1998）。他們認為他們自己透過科學現象和科學討論的經驗，使科學變成對所有小孩而言是可接觸的。他們設計的教學活動一開始像這個教室中磁鐵探索的教學活動。然而，他們學校的科學學習經驗，也引導他們相信確認所有兒童從單元中學得科學結果是老師的責任。因此，他們常常藉由期待或呈現科學解釋以結束科學活動。我認為在我們的科學教室中，科學產物的觀點影響以「為什麼」的問題作為開始與強調的提問方式之增加。事實上，「如果……會發生什麼呢？」的路徑比較冒險，因為老師不易預測路徑將引導至何處。

我們對這種情形能做些什麼呢？老師提問的主題，在大部分用來教導未來的科學老師的教科書當中都有著墨。問題的形態過於簡單化嗎？相反地，或許我們需要發展適合於不同科學教與學情境中的多樣化提問方法，而不是教導老師哪一種方法配合哪一種情境使用；以一種應用規則的取向從事科學教學，這絕對不行。更甚者，我們要學習科學的學生能夠掌控自己的科學學習，如同 Matthew 在磁鐵故事的結尾一般，我們同時也應期望老師掌控自己在科學教學上的學習。如果老師分析他們從事的提問方法，和課堂教學產生的結果，他們能夠發展更符合教學目標的教學策略。伴隨而來地，透過分析，在思考當中他們會發現在科學教學和學習的矛盾，如此導致他們教學的改變。

主編總結

　　Abell看完這故事後認為：幼童的老師在選擇科學解釋活動展開與終止之間面臨兩難。老師設計活動來開始科學現象的探索和鼓勵科學的對話；但他們通常會感到壓力，而以一個科學性的解釋來作為科學活動的結束。故事中的老師 Briggs，說出她通常經驗到這樣的壓力：「如壓迫性的內在渴望來達到（她的）教學期待」。以 Abell 的話來講，就是「科學結果的觀點，影響到科學教室中會以提問『為什麼』來開始並且強調這樣提問的方式之增加。」Abell的解讀提供了有趣的方法，用以檢視提問的兩難困境和了解 Briggs 行動的理由。

　　在故事當中老師和她的學生 Matthew 之間的互動，這樣的兩難困境是一個很好的舉例。Black的分析指出老師的問題由為什麼的問題（why questions）（該問題當中，老師要求Matthew猜想答案）、謬誤的問題（absurd questions）（該問題當中，老師的建議是錯的）和假性問題（pseudo-questions）（該問題當中，問題的意義是含糊的）三種組合所構成。三位評論者都認為從幾個觀點來看互動是不足的。第一，它強化老師身為磁學知識來源的權威；第二，它將 Matthew 視為同儕當中能在科學事件上與老師對話的人，但重要的是，它未能增進Matthew對現象或他自己學習責任上的了解。

　　Briggs描述問題是「進入學習所無法抗拒的誘惑」（the irresistible lures into learning）的一部分。三位評論者都建議，有效的提問需要對活動的目的與提問的內容有清楚的了解。根據 Abell 所述，老師所選擇的提問路徑導致學生特定的結果。例如，「如果……會發生什麼呢？」的問題會幫助學生將他們行動的焦點放在物體上，並且幫助他

們自己產生新問題。「為什麼」的問題可以是有幫助的，但是通常導致老師落入 Black 所說的陷阱當中──當學生突然出現非真實的與非參與性的反應時，老師決定該做些什麼。Black給老師的忠告是很簡單的──告訴學生答案或者承認自己不知道，這兩種方法中的任一個，老師必須假定學生的反應是經過深思熟慮而且需認真看待。套用 Briggs 的話，學生的反應需要被「逐漸培養」（gently fostered）。

在事情發生之後，特定行動過程的智慧反思是相當容易的；而在瞬間做出互動當中該說什麼的決定就困難多了。如同 Briggs 在她的評論中所指出的，決定說什麼是極端複雜的。語言的層次、概念的發展和學習的準備度，在學生之間差異相當大。在個別學生需求之間尋求平衡更增添一層困難度。透過 Black 所稱的「引導的啟發式主義」策略，這位老師在採用她的方法時，面臨了一個永遠存在的兩難問題：何時允許學生自己發現事物和何時提供指導。決定如何做及何時做，是一個得小心計畫和機敏的專業判斷的問題。

參考文獻

Abell, S. K., Bryan, L. A. and Anderson, M. A. (1998). Investigating preservice elementary science teacher reflective thinking using integrated media case-based instruction in elementary science teacher preparation. *Science Education*, 82 (4), 491–510.

Baird, J. R. (1998). A view of quality in teaching. In B. J. Fraser and K. G. Tobin (eds), *International handbook of science education* (pp. 153–167). Dordrecht, The Netherlands: Kluwer.

Cazden, C. (1986). Classroom discourse. In M. Whittrock (ed.), *Handbook of research on teaching* (pp. 432–463). New York: Macmillan.

Chaille, C. and Britain, L. (1991). The child as theory builder. In C. Chaille and L. Britain (eds), *The young child as scientist: A constructivist approach to early childhood science education* (pp. 3–17). New York: HarperCollins.

Elstgeest, J. (1985). The right question at the right time. In W. Harlen (ed.), *Primary science: Taking the plunge*. London: Heinemann.

Galton, M. J., Simon, B. and Croll, P. (1980). *Inside the primary classroom*. London: Routledge & Kegan Paul.

Harlen, W. (1985). *Teaching and learning primary science*. New York: Teachers College Press.

—— (1992). *The teaching of science*. London: David Fulton Publishers.

Lemke, J. (1990). *Talking science: Language, learning and values*. Norwood, NJ: Ablex Publishing.

Mehan, H. (1979). *Learning lessons: Social organisation in the classroom*. Cambridge, MA: Harvard University Press.

Munby, H. (1982). *What is scientific thinking?* Ottawa: Science Council of Canada.

Sarason, S. B. (1996). *Revisiting the culture of the school and the problem of change*. New York: Teachers College Press.

Shapiro, B. (1998). Reading the furniture: The semiotic interpretation of science learning environments. In B. J. Fraser and K. G. Tobin (eds), *International handbook of science education* (pp. 609–621). Dordrecht, The Netherlands: Kluwer.

第十一章

類比

Grady Venville, Lyn Bryer, Brent Kilbourn and John K. Gilbert

主編引言

　　類比是創造性思考的成員之一（包括明喻、隱喻和模式），並且被科學家和教師用來傳達科學的解釋、爭論和問題。類比的基礎是利用熟悉的事物來理解不熟悉的觀念；這個特色使類比成為科學的理解和科學中的理解之重要部分。就如同 Robert Oppenheimer（1956）觀察到的：

> 　　類比對於科學進步是真正不可或缺的、非常重要的工具……。我們會以現有的工具來面對科學中所遇到的新事物，那個工具就是我們已經學習到的「如何思考」。更重要的是我們已經學會如何思考事物的相關性。當我們面對新事物時，必然是在熟悉的和舊有模式的基礎上與之周旋。
>
> （Oppenheimer, 1956, p. 129）

近年來，科學教育社群已挹注相當多的努力在於了解如何在科學

教室中應用類比來傳達意義。有不少的心力是投注在尋求更好的方法，讓類比和科學真實或科學目標得以契合。Gentner（Gentner and Gentner, 1983）認為教師有義務選擇一種最適合達成教學目標的類比方法。如果選用類比法符合教學目標，教師就應提出類比和目標之間相似與不同之處（Glynn, 1991; Treagust, 1995）。其他研究者（Gentner, 1983, 1988; Thagard, 1992; Zook, 1991）指出，雖然類比教學的過程很費時，但學生用他們自己發展的類比來描述和解釋科學現象有許多優點。Gentner（1983）認為只有深入並有系統的類比分析才能促進理解。

　　儘管有許多研究強調類比在科學教學上的重要性，但是對於類比和科學之間關係的理解仍乏善可陳。Gilbert 和他的同事認為（Association for Science Education, 1994），科學利用類比模式來解釋理論發展，而類比的目的也就是在傳達特定的意義，並且將理論簡化到使類比的支持者可以理解。之後，這個簡化在語言中已和事實同義（Sutton, 1993），而當初的類比起源也就隨之隱沒於歷史中。這樣的結果，造成老師和學生們通常都相信，類比就是事實的簡化版（Grosslight et al., 1991）。

　　此現象顯示以類比來理解科學乃一似是而非的觀念；一方面，我們必須了解類比不是事實，類比只是表徵和虛構的事物，這兩種陳述就定義上來說是有瑕疵的。但從另一方面來看，類比是我們表徵科學的唯一方法；類比提供一個語言和理解的共同基礎以便於學習能夠發展。如 Sutton（1993, p. 1,223）所述：「一個學習者必須知道正確的標記。」Von Glasersfeld（1983）使用相同性質的論述：「似是而非是為了要證實我們的理解是否真實。在理解之前，我們必須清楚知道我們到底想要理解什麼。」（von Glasersfeld, 1983, in Solomon, 1994, p. 14）。

　　在這一章中，我們藉由一個研究者（Grady Venville）和一位老師（Lyn Bryer）試圖使用城市類比來教導細胞結構概念的個案研究來說明類比的「矛盾」。Venville 和 Bryer 一起合作以 Bryer 的方式記錄

下這些事件。這個個案研究被稱為「一個公共衛生的問題」，而Grady Venville 和 Lyn Bryer、Kilbourn 和 John Gilbert 則共同對此研究提出評論。

一個公共衛生的問題

Grady Venville and Lyn Bryer

　　我發現教八年級學生關於細胞組織的種種真的很困難，在使用顯微鏡時還有些樂趣，但是當談論到細胞組織時，它總是如此的抽象。為了班上的學生，我要做的就是讓它更具體；今年我沒有足夠的時間可用來規劃教學模式，同事建議我試著用活動：讓學生在城市和細胞之間做類比。細胞功能的運作方式是由個別子單元表現出不同功能的整合，我們可以將它和城市功能的運作方式做一個比較。控制細胞中所有活動的細胞核，它的功能好比市政府；製造蛋白質的核醣體，好比建築工地；而粒腺體好比發電廠，因為細胞的能量從這裡產生。其他的相似點還很多，而且在學生能力和創造力條件許可下，類比可以被延伸。這個活動聽起來還滿有趣的，而我又是個喜歡嘗試新事物的人，所以就決定做做看。

　　在一個上午的課堂上，學生很有活力而且很配合昨天我們剛完成的顯微鏡課程，學生也做了預習，並列出一個細胞組織和功能的明細表。我以討論Fremantle城市開始了這個課程；我以學校所在的城市為對象，這樣可以方便學生思考關於這個城市所展現出來的各種功能。我們談論包括公路和鐵路的運輸系統、市政府

如何控制城市中所有的建築物、發電廠及城市中各個不同的部分。我試著強調這個觀念：城市的功能是一個整合的單位，它的每一個部分都有它個別的工作要進行。學生被激勵而且興趣盎然地參與討論。

在集體討論之後我要求學生分組討論城市和細胞之間各部分功能的相似性。每一小組給一大張的紙，在紙的左邊繪製出細胞組織表，把他們認為相似於城市的各部分畫在右邊，並且在中間空白的地方寫下他們的理由。我在班上巡視，分組討論在這個主題上看起來運作得很好——學生時而討論、意見不一時就列出所有的建議，有時傳來笑聲，然後很快地取得共識並完成細胞組織表。在這個活動進行結論時，每一組派一位成員站起來展示他們完成的細胞組織表，並向班上其他同學說明他們在比較的背後所做的推理歷程。從我的觀點來看，某些組別的成果是相當有創意的，而且大部分都很合理。

在下一節課之前我有一段休息時間，因此我能夠和他們談談剛完成的教學活動。和我談的第一個學生是Pia，她似乎對細胞組織功能有相當不錯的理解，例如她知道粒腺體就像發電廠，因為它們提供細胞活動所需的能量；她也知道細胞核的控制功能就像市政府一樣。我問她，「妳覺得這個活動有幫妳學習到細胞組織嗎？」

Pia這樣回答：「嗯，我想是有好一些，因為和城市比較後我能夠記得更多的事。但我覺得有點困惑，因為當我把它們放在一起比較時，我會忘記細胞部分的真正功能。我喜歡談論真正的科學。對我而言，記住細胞各部位的功能比拿它和城市相比較要簡單些。」一開始她想類比能幫助她記得細胞的部位和它們的功能，再想想則覺得類比會產生困惑而且使她忘記「真正的科學」。

　　從她的回答中我不能很確定她的意思，所以我問她：「城市中各個部門的功能和細胞組織內各部分的功能有何不同呢？」

　　「好，發電廠為這個城市產生電力；粒腺體為細胞產生能量，但那不是電流。我寧可直接想粒腺體也不要先把它想成發電廠，因為太傷腦筋了！」Pia 這樣認為。

　　「但只要妳可以記住粒腺體，就不用再去想發電廠啊！那只是一個幫助妳在開始學習時把狀況具象化的活動啊！」我這樣辯解著。

　　Pia這樣說：「對，我了解！所以我說我認為它在開始時幫了我，但我並不確定我們是否應該每一次想細胞時都得想著城市。」

　　Joe，另一個我晤談的學生，看起來像已經發現這個活動很有幫助。他對細胞組織的術語仍然有許多問題，但這對八年級學生來說是不足為奇的。我請他告訴我一些今天他所學到關於細胞的點點滴滴。

　　「好，在所有細胞中都有一個部位負責提供能量，我們把它比喻成發電廠。我不記得它叫什麼，好像是粒腺體或是什麼來著。細胞的某一部位能夠幫助它建立結構，就好像城市中的建築工地；而細胞核控制細胞中所有的活動。」Joe 解釋著。

　　我問Joe：「你覺得以城市來作比擬，對你了解細胞是有幫助的嗎？」

　　Joe 說：「嗯，它變得很簡單。我知道市政府在城市中扮演什麼角色。以前我不知道細胞中有些什麼，但現在因為我了解城市中的一切事物，這也幫助我了解細胞如何運作。」

　　Lara 是我所晤談的第三個學生，只是我不知道怎麼來推估她所說的。她對公共衛生似乎有先入為主的觀念！她說類比對她真的是有幫助，因為「我住在城市一段時間，但是我並不懂細胞。」

當我問她關於組織的功能時，Lara 讓我很驚訝，她很有自信地說細胞核將細胞其他部分的垃圾清除掉；粒腺體製造垃圾而內質網是污水處理系統。我無法理解為什麼她會把細胞所做的每一件事都想成和公共衛生有關係。於是我要求她告訴我她們那一組把細胞核比喻成什麼，她說是市政府；所以我要求她想想看市政府在這個城市中所扮演的角色。

「它帶走家裡面的垃圾。」她這樣回答。

「OK，妳能夠解釋一下嗎？」我進一步試探著。

「嗯，它只是將許多地方整理乾淨；有不同的地方需要清理，像是道路、公園和其他東西。」Lara 這樣解釋。

「Lara，那妳認為市政府還有什麼該做的呢？」我問了最後一個問題。

「喔，每個月有一天大掃除的日子。」

晤談結果，我猜想雖然我在一開始上課時已經和他們討論過市政府的控制功能，但在 Lara 的經驗中，市政府要做的事卻只是清除垃圾。

類比對前兩個學生相當有幫助，但卻誤導了 Lara。明年是否再用這個活動我尚未決定，也有可能就這麼終止；對我過去在自然科學課程中許多的類比和小組活動而言，這個經驗給了我很深遠的影響。

評論

Grady Venville and Lyn Bryer

　　在這次經驗後有兩件事困擾著我：一個是這個類比對學生個人學習和小組工作造成的反效果；另一個則是小組如何運作以及避免讓小組的努力掩蓋了個人的進步。

　　明顯的，Joe 從使用類比得到好處。一開始他對細胞功能並不了解；在這個課程結束時他似乎對細胞由個別部位發揮不同功能而組成一個整合單位有很清楚的概念。即便 Joe 對專有名詞不確定，他倒是成功地將他的城市概念適當地轉化到細胞概念上。這是我預期這個課程能夠帶給學生的。Pia也發現類比是有幫助的，但她對課程的目的產生困惑；她並不確定是否該記住類比以及科學的內容，這樣的事實清楚顯現出她對類比作為教學或學習策略是沒有經驗和不熟悉的。一旦她對細胞的概念有較良好的理解時，當然她就不需要再記住類比。畫圖只是一個方法，或者也可以提供學生一個先進的架構圖，以促進學生發展對細胞的概念。也許我應該更清楚地說明教學過程中所使用的類比，然後讓學生更清楚知道，類比只是一個方法，用來幫助理解較難理解的事物。要學生能夠適切使用類比，也要知道老師為什麼要使用類比──這樣可能就太強人所難了。

　　對 Lara 而言，類比簡直就是一個災難。Lara 對市政府的先備知識相當有限──市政府只負責倒垃圾，明顯主宰著她後來對細胞組織的想法。即便在早先的課堂中我謹慎地討論過城市不同部分的不同角色，但收集垃圾的印象已固化了 Lara 的思考，因此在使用類比時，她就在

一個不恰當的立足點上做意念轉換。結果，我的教學策略反讓 Lara 產生了一個迷思概念。

　　類比教學策略確實像是一把雙刃刀；對一個學生而言是向前刺，對另外一個學生卻是背後被捅了一刀。不管我曾經使用過什麼教學策略，這種情形是不是也曾發生過呢？不論你怎麼做，就是會有一部分學生比另一部分學得少。Lara 並不是一個特別差的學生，但類比真的誤導了她，這一點讓我感到相當憂心；另一方面，類比對 Joe 倒是很有用。我仍未決定明年是否再使用類比，如果有時間的話，或許我應該在這個課程結束時和所有學生談談才對。

　　另一件令我擔心的事是之前我認為課程進行得很順利，團隊也一起運作得相當不錯，小組長也都有上台報告城市結構和細胞組織之間的合理相似性。事實顯現學生看起來已清楚地理解細胞的功能；但直到我坐下來一個接著一個晤談到 Lara 時，我才驚然發現這個問題對她已經造成困擾。小組活動掩蓋了她固著的迷思概念；即便小組已經達成不同的結論，但小組活動卻無法豐富 Lara 的經驗並幫她發展出對細胞的想法。

聚焦於平行遷移（學習遷移）

Brent Kilbourn, Ontario Institute for Studies in Education/University of Toronto

　　這是一個有趣且引人深思的故事。其內容言簡意賅，簡略沈悶的細節，使讀者能切中要點，並引領讀者來到令人愉悅的結局。但簡潔是有代價的，關於這一點在後文中將會詳述。

　　富有教育意義的類比（pedagogical analogies），從一個觀點來看是

半真實的。它們凸顯出一部分現象，但也遮掩掉另一部分；類比的教育力量來自於對類比的熟悉度和對探究現象的回應度。正常情況下，類比會比所要凸顯的現象更容易被了解。類比的效益來自簡化（simplicity）——有用的類比傾向於比描述的現象較為單純而簡單。工筆畫（careful painting）和速寫（quick sketching）代表兩種使用類比的教育方法。有時類比的效益需經由如工筆畫般的嚴謹過程而生，亦即在類比和現象之間展現出組織和它的精細面——學習來自細膩有序的比較。在其他時候，類比的效益則來自快速運用專用術語來理解現象——速寫，即非必要處不加以著墨。類比展現效益的程度端視學習情況的需求及類比是工筆式或速寫式而定；其關鍵在於引導方式不同。因人而異的目的設定也會左右類比效益；在傳統教室中，同一個類比對某些學生是有幫助的，但也可能造成其他學生的困惑。

　　或許城市和細胞一樣複雜，反之亦然；對某些學生而言，利用詳細描述城市和細胞之間的對應來幫助他們學習關於細胞的組織功能，可能不見得總是有效。雖然大部分八年級的學生對城市的熟悉度大過於細胞，但他們對城市功能的理解不見得優於對細胞功能的認知，除非他們像 Joe 一樣對城市各部分的結構和功能有所研究。換句話說，對某些學生而言，這活動的持續性和挑戰性更大於它的教學目的。有些學生能理解更多細胞組織，只因他們花更多的時間注意它們；類比本身也許只扮演觸媒的角色。這類觀察的延伸性是否真實，可能會因學生個案而異；而這個延伸性也包含了學生以個人生活經驗所做的探究過程——一個老師已經開始的歷程。

　　Pia 發現類比一開始是有幫助的，隨之而來有一些困惑，而她也不清楚是否要同時努力地理解城市和理解細胞。對 Pia 而言，這個活動的本質和持續性與類比所設定的教育效益可能不成比例。Joe 對細胞有多少認識是不清楚的，但他所了解到的一切似乎都來自對城市的精細

理解。Joe 認為類比是有幫助的，但總的來說，如果對細胞組織的認知混淆不清，我懷疑他對城市的理解是否已被引發。Lara 是一個有趣的個案，從某觀點來看，類比對她是沒有用的，因為她對細胞特定部位功能的理解被誤植迷思。從另一個觀點來看，Lara 自己認為類比是有用的，但她對城市衛生不完整的理解卻能推著她逐漸往前邁進，就值得討論。她現在了解細胞核對細胞的重要性就像市政府對一個城市一樣。當 Lara 說：「我已經在城市住一陣子了」，我猜想她們一定剛從鄉下搬到城市中一個全新的、尚未完工的小區域不久，而她父母總是打電話談污水及垃圾清運的問題。對於這個現象的詮釋讓我們更深信，學生不論處理任何題材，都會從中建構出一套自我意義系統。但如同此案例所披露的事實：對周遭環境的解讀就是學生用以進行生活經驗探究的素材。

教師對 Pia、Joe 和 Lara 所做有關類比學習的追蹤是極具意義的。它給了我很大的衝擊；身為老師，我們極少只針對某一個教學行為詢問學生受益的情況，當我們真的做了，那個經驗真是震撼無比。這也提醒了我，如何將注意的重心，從觀察學生的課堂活動轉移到學生學習及理解的情況；因為任何教學主題在一段時間之後就會逐漸被淡忘。Lara 的老師並沒有忘記她的教學主題。教師所做的觀察（對誰有效，對誰無效）及教師所提出的質疑（這個類比在教學上對學生有助益嗎？學生該以小組的方式來使用這個類比嗎？）是很重要的。這些問題會衍生出教師增加專業理解的專業探究等問題；這些問題包括：「什麼情況下類比教學有其優點？」、「該提供學生什麼樣的情境脈絡？」、「該促成何種討論？」、「該進行何種後續追蹤？」及「該做何種自我監控？」等。針對這些問題的探討可以是正式的或非正式的，而它的重要性就來自教師對教學和學習的自我監控態度。

什麼樣的教室資料會和這個本質探究有關？該如何蒐集？該如何

設計？該問學生什麼樣的問題？關於問題的整體模式，細節是很重要的，因為學習過程中造成理解與誤解的因素潛藏於教師授課時，言談舉止間的所有細節及形式，就如同人類的其他互動模式。在這個個案中，有三個層面似乎相當具有關鍵性：(1)課程細節和教師在小組活動前對全班學生所說的話是有關聯的。Pia 說：「我不確定我們是否應該一直想到城市。」她的困惑透露出讓學生了解老師指導活動時說什麼和做什麼有多重要。教師如何精確地教導城市類比？（注意，不是一般地，而是精確地！）教師到底說了什麼？用什麼樣的術語？是否告知學生城市類比是一種學習方法？是否給予學生提問的機會？(2)如教師所建議的，掌控各小組活動進行的情況是很重要的。誰說了什麼？誰參與了活動，誰沒有？誰主導了活動？各小組建立了什麼樣的活動類型？Joe 有帶領組員，並對發電廠進行反覆說明嗎？Joe 的組員從活動中所理解到的只是城市如何運作而已嗎？(3)取得學生如何結束活動（得出結論）的資料是很重要的。小組活動結束時，誰用了什麼方法（在城市部門與細胞組織間）做出何種類比連結？針對上述各類問題所做的嘗試性解答，雖不必永久遵循，但卻也能提供教師多種教學活動，使類比教學對學生學習有幫助。至於活動設計，在課程細節中定位出活動類型是重要的；特別是那些與教學言行衍生出的意義及觀念延伸有關的細節，以及學生在活動中就編派的任務所說所做的一切細節尤顯重要。此外，定位出何種活動形式對學習具有助益性也是不容忽視的課題。

　　對於是否及如何使用城市類比法或其他具有教育性的類比法等問題，我們幾乎得不到明確的答案。依照類比型態和教學細節所繪製的圖，並不會使人心領神會箇中道理；因為類比探究的過程最終都會涉及教師對教學的專業判斷。無可避免地，當教師要做出「該如何做」的決定時，就會包括教學的藝術，也就是平衡和比例的問題。例如，

從目前案例的眾多可能中，經由師生對話，利用類比探究所揭露的類型及細節，可能指出如果教師清楚類比的功能，並促使學生討論「類比的本質是一種學習工具」時，類比是有用的。但如前述，這樣的操作涉及教師的專業判斷；因此，假設類比教學的目的僅止於讓學生學會細胞組織的功能，而非讓學生理解類比的功能時，那麼，學生針對類比本質所做的討論有哪些是有用的就值得深思了。立意良善的小組討論可以產生更大的價值；Pia 在晤談中就表示，她感受到最多的是與同學親密的互動（情意領域）。由此可知，教師的課題及難處就在於做出判斷：學生在何種情境中能從類比中獲益？使用類比法時，何時可以輕描淡寫？何時該鉅細靡遺詳細解說？以及教師與學生間應該有什麼樣的對話？

　　讓我們再回到最初的觀察。像這樣的教學案例，其實帶有幾分諷刺的意味，不過還好在故事的最後，至少我們還針對教師如何提問的相關問題做了說明。利用說故事來啟發探究，和在故事中探究故事內容是兩回事。探究需歷經一個探索的階段；在此階段中，過多的細節描述可能會導致不成熟的想法，而一個簡短的故事則可以巧妙地開啟探索之路。「言簡意賅」就探索本身而言是不利的，但假如故事的用意是為了引起注意並啟發探究的話，故事中太多的細節就該被省略。

科學模式和教學模式

John K. Gilbert, University of Reading

　　如何藉由提供學生一個教學模式（一個特別設計的模式），來嘗試幫助學生了解科學模式（一個已被科學社群接受的模式），其問題

在於如何適切運作，以便學生未來對於該科目的理解不會受到抑制
（Gilbert et al., 1998）。優質的教學模式必須符合下列幾項標準：(1)因
為科學模式難以理解，所以必須談到實際需求；(2)它必須基於學生熟
悉的來源，其來源需包含與科學模式有數個特徵相符；(3)必須與科學
模式具有高度的相似性（Treagust et al., 1992）。將這些標準應用到一
個特定的教學個案較為困難！一個被選定的來源的成分可以被區隔為：
物件（或稱為要素，假如將要素視為一個物件）及其相互間的結構關
係（暫時的、空間的、因果的）。對學生而言，高度擁有（一個可以
真正使用的）的教學模式可以聚焦在類比，然而一個具有高推理性（能
提供因果解釋）的教學法，則將強化學生對結構關係的類比能力（Gen-
tner, 1988）。這個平衡點取決於教學模式使用的目的以及學生的學習
成就及自我期許（Holyoak and Thagard, 1995）。

　　要發展出一套有關真核細胞的教學模式，對教師而言是一項大挑
戰。首先，這個教學模式必須和假設的一般細胞的一致模式有關；如
此，未來專業的細胞思維才不會受阻。再者，細胞構成物件的知識層
次及對於各物件間相互關係的認知，必須仔細進行調整，以使課程內
容的規劃能符合學生的需求。例如，對八年級學生而言，細胞的有絲
分裂及控制細胞分裂時程的因素，明顯是不需要的。因為在學生畢業
前（十二年級），「細胞」單元會反覆出現在生物課程中。因此，應
避免過早貿然教授高階自然科學知識。表 11.1 所列即為以「細胞如城
市」為基礎所構思的教學模式，此模式係以「類比的正向面貌（positive
aspects of the analogy）」（無限推演論）（Hesse, 1966）為基礎。

表 11.1 「細胞如城市」的教學模式

細胞組織	細胞組織的功能	與城市的類比
細胞壁及細胞膜	保護邊界、與外界環境做交換的地方	市界
細胞核	內結構的套模，內含染色體（總管）、核醣體（蛋白質綜合體）、核質（組織）	市政府、建築工地、市政管理
內質網	蛋白質、液體、類固醇的合成	製造業
粒腺體	產生適當的能量形式（ATP）	發電廠
葉綠體	將光能儲存於碳水化合物中	？
高基氏體	蛋白質分配及限制	服務業
溶體	消化、清除廢物	污水管線
液泡	廢物、水、鹽類和醣類的儲存	污水處理廠、貯水池、食物倉庫
維管	物質傳輸	公路、鐵路

　　八年級學生應該已經能夠了解溶體、液泡、維管、核醣體及粒腺體的類比。我們可以合理地預期他們了解類比源物件是什麼、功能為何，以及如何關聯到城市中的生活。假如學生修過一些經濟地理課程，則內質網及高基氏體的類比也能被接受。然而，有關染色體及核質的類比，本質上過於抽象，學生幾乎很少有機會去觀察這些組織，更不用說理解其結構及功能上的相互依賴性。就像在都市裡，幾乎沒人知

道自己所在城市的市界！我認為教師在以城市為基礎的教學模式中無法釐清有關葉綠體的功能（假定它被包含在普通的科學模式中）。這種說法是否表示著城市像動物而不像植物？

　　當然，有些類比物（在此為細胞組織物）的概念無法與目標概念（在此為城市組織）相吻合（例如：城市中不同的人民團體、公園等）。這些也就是Hesse（1966）稱之為「類比的負向面貌」的例子。此外，Hesse並將類比物的特徵無法清楚顯現類比源觀念的情況稱為「類比的中性面貌」。例如，一個城市所歷經的天氣或市界外的環境，其本質到底有多大的類比意義？

　　關鍵性的問題在於：教師在使用此一模式時，其教學目的為何？毫無疑問地，我們期待學生知道細胞組織的名稱。這項學習從使用教科書時就已開始，在教科書中包括細胞的素描和照片，此部分的學習一直到學生親眼從顯微鏡中看到與書中所描述相符合的組織。後者所述及的學習形態就較像Hodson（1993）所稱的「學習科學」（獲得理論性的知識），是「關於科學的學習」（了解科學方法及其本質）或「做科學」（發展科學探究中專家能力的一小部分）。重點在於教師必須提供學生一個具有意圖性的說明，而在此說明中，教師必須將「細胞」的現象，從原來所屬的本質延續性中抽離出來，並依特定目的重新命名。而在給予解釋性說明的同時，細胞中所含的物件即被辨識出來，而細胞中的空間分布也就同時被發現（Gilbert et al., 1998）。

　　在「細胞如城市」的類比探究中，採用小組活動可以提供學生發展因果解釋的機會。採用分組活動，在一般教學（Jacques, 1984）及科學教學（Bentley and Watts, 1989）中都能使學生獲致良好的練習機會是眾所皆知的。細胞中各種組織的結構及功能關聯性，即藉由班級中每個學生對該模式的類比源的個別理解加以討論後，而得以辨識。在分組討論結束時，教師通常會以綜合活動的方式，將討論結果彙集，並

對學生的整體理解加以評量。分組活動的整體成就端賴下列幾項因素
而定：(1)教師在課程開始時的指引解釋是否明確；(2)學生是否具備足
夠的類比源本質的先備經驗；(3)團隊合作的技巧是否熟練；(4)教師在
活動結束時，詢問學生技巧的良劣。

　　分組活動後與學生的晤談，顯示教師研究能為教育過程增添價值。
在這個案例中，問題的層面明顯地涵蓋了：(1)學生對類比源（城市）
中各部門的本質及其結構關係的理解程度；(2)學生對目標概念（細胞）
中各組織的本質及其結構關係的理解程度；(3)學生對於類比源及目標
概念之間，類比模式的可能範圍及其限制的理解程度。Pia展現出對城
市中各部門間的關係有良好的理解。她能夠以類比方式將城市中的部
分組織功能轉移到對細胞組織的認知。看起來如果有幫助，她得以發
展出最後的關鍵步驟。Joe對城市中各部門及其結構關係的理解也很不
錯，但他無法將它們完整的轉移到細胞的組織上，因此他無法像 Pia
一樣了解細胞組織結構關係。Lara 對城市部門結構關係的理解相當不
完整。對細胞組織的認知轉移也極其支離破碎，以致她對細胞組織結
構關係的理解付之闕如。簡而言之，她只是原地踏步，毫無進展。這
三個學習個案顯現出，假如要使用延伸式的類比教學法，一定要遵守
兩項判準：(1)學生必須完全熟悉類比源中各物件的本質及其相互結構
關係；單獨撥出時間講解此部分是值得的。(2)清楚告知學生繪製類比
圖的規則。

　　然而，請永遠記得，教學模式只是用來幫助學生理解科學模式。
能交互使用幾種不同的教學模式來討論目標概念所需的特定觀念是有
益的。如果學生終究只記得教學模式，卻一輩子不使用認知科學模式
來學習，那就是教師的惡夢了。

主編總結

　　「細胞如城市」的類比教學策略——Venville 和 Bryer 稱之為雙面刃；而 Kilbourn 稱之為「並非完全真實」——把教師推入一個進退維谷的兩難情境。她該堅守這個對部分學生不利或不足的教學策略，抑或尋求較貼近學生先備經驗的解釋方式來教學？如同 Kilbourn 所指，發展類比（他將之比喻為「工筆畫」）的缺點在於類比的細節不太可能與細胞的細部結構相吻合。但從另一方面來看，要找到與所有學生的經驗吻合的類比也非全然不可能。如本案所示，學生對城市本質的認知存在著極大的落差（教師如將類比源改為工廠或購物中心，情況依然相同）。

　　Gilbert 的說明為這個兩難情況增添幾分複雜性，他指出現象本身（此個案中為細胞）是以不同的外貌、大小呈現。如此一來，教師試圖以一種單一（靜止的）類比模式將兩群變異的現象（城市與細胞）加以配對，無疑給自己招來額外的挑戰。Gilbert建議，利用兩個策略，就可讓學生及教師在挑戰中更容易獲致成就。第一個策略，更深入了解學生的先備經驗，並強化他們對類比的認知；第二個策略，協助學生了解，類比在學習中所居的地位是一種將變異、複雜的現象求出一致性的工具，這種類比定位是為同理心（like-minded）科學家社群所接受的。最新的取向具有呈現科學事業的有效性，如同一個暫時性、意義化的經驗，而非單一及最終的真實。因此，類比教學策略就在於為學生在理解過程中提供鷹架或搭橋，使學生的理解能更趨近於科學社群的科學模式。

　　當教師遇到新的年級，則需要做判斷，用以決定類比的選擇和決

定如何連結學生的經驗。雖然找尋較佳的類比是迷人的，但情境脈絡
和類比的品質則將決定教師選擇類比的可行性。

參考文獻

Association for Science Education (1994). *Models and modelling in science education.* Hatfield, UK: ASE.

Bentley, D. and Watts, D. M. (1989). *Learning and teaching in school science: Practical alternatives.* Milton Keynes: Open University Press.

Gentner, D. (1983). Structure mapping: A theoretical framework. *Cognitive Science,* 7, 155–170.

—— (1988). Analogical interference and analogical access. In A. Prienditis (ed.), *Analogia* (pp. 63–88). Los Altos, CA: Morgan Kaufman.

Gentner, D. and Gentner, D. (1983). Flowing waters or teaming crowds: Mental models of electricity. In D. Gentner and A. Stevens, *Mental models* (pp. 99–130). Hillsdale, NJ: Erlbaum.

Gilbert, J., Boulter, C. and Rutherford, M. (1998). Models in explanations, Part 1: Horses for courses? *International Journal of Science Education,* 20 (1), 83–97.

Glynn, S. (1991). Explaining science concepts: A teaching-with-analysis model. In S. Glynn, R. Yeany and B. Britton (eds), *The psychology of learning science* (pp. 219–240). Hillsdale, NJ: Erlbaum.

Grosslight, L., Unger, C. and Jay, E. (1991). Understanding models and their use in science: Conceptions of middle and high school students and experts. *Journal of Research in Science Teaching,* 28 (9), 799–822.

Hesse, M. (1966). *Models and analogies in science.* London: Sheed & Ward.

Hodson, D. (1993). Towards a more critical approach to practical work in school science. *Studies in Science Education,* 22, 85–142.

Holyoak, K. and Thagard, P. (1995). *Mental leaps.* Cambridge, MA: MIT Press.

Jacques, D. (1984). *Learning in groups.* London: Kogan Page.

Oppenheimer, R. (1956). Analogy in science. *American Psychologist,* 11 (6), 127–135.

Solomon, J. (1994). The rise and fall of constructivism. *Studies in Science Education,* 23, 1–19.

Sutton, C. (1993). Figuring out a scientific understanding. *Journal of Research in Science Teaching,* 30 (10), 1,215–1,227.

Thagard, P. (1992). Analogy, explanation and education. *Journal of Research in Science Teaching,* 29 (6), 537–544.

Treagust, D. (1995). Enhancing students' understanding of science using analogies. In B. Hand and V. Prain (eds), *Teaching and learning science* (pp. 44–61). Sydney: Harcourt Brace.

Treagust, D., Duit, R., Joslin, P. and Lindauer, I. (1992). Science teachers' use of analogies: Observations from classroom practice. *International Journal of Science Education*, 14, 413–422.

Zook, K. B. (1991). Effect of analogical processes on learning and misrepresentation. *Educational Psychology Review*, 3 (1), 41–72.

第四部分

有關教學與學習的兩難

第十二章

倫理的教導

Vaille Dawson, Roger Lock, Nancy W. Brickhouse and Jan Crosthwaite

主編引言

　　Michael Matthews認為，在任何科學教室中，哲學離表面並不遠（1998, p. 995）。即使是教室中最普通的科學方法，也可能浮現複雜的認識論問題。在一個特定的課程中，有什麼可以當作上述觀點的證據呢？學生被期待在考試中所重現的模型和類比的認識論的狀態是什麼呢？同樣地，形而上的問題造成西方科學和原住民知識所宣稱的事實的不同，或演化論和創造論的不同。另外，許多學生在學習科學課中的醫學和環境議題時，已有很強烈的個人觀點；當科學和社會政策交錯時，倫理的問題就產生了。如同史上英國狂牛症（Bovine Spongiform Encephalopathy）顯示，倫理和科學的議題是不能分開的（United Kingdom, 2000）；當疾病對人們造成危險時，科學的一致性會多快產生呢？人們會多快懷疑它呢？如果高估這個危險而太快宣布，並且不必要的撲殺牛隻，則會產生什麼樣的社會評斷呢？在一個由危險所支配的社會（Giddens, 1999），科學家永遠是被夾在引起恐慌的可能和

牽扯在掩蓋事實的恐懼中。

一些在科學上的成功技術所產生的結果，變成是我們現代最迫切的倫理兩難。在這些爭論的兩難中，像是非傳統家庭的使用複製科技；清楚區分癌症末期病患的安樂死和沒有希望的撤離治療；以及關於極少器官移植的資源分配判定。在本章，Vaille Dawson 描述了她要學生去探討在器官移植中的倫理兩難問題的課程；雖然她想激起學生對醫學科學中的兩難問題產生反應，但很快地，她發現自己陷入自己的倫理權威的兩難。在 Dawson 的故事之後，Roger Lock、Nancy Brickhouse 和 Jan Crosthwaite 有一些評論。

扮演上帝

Vaille Dawson

當我正在等待十年級的學生來教室的時候，我心中預演著下節課的教案。我們已經上了一半移植科技的單元，在這個新的單元中，是要幫助學生了解一個複雜的科學主題，並且提出一系列沒有對錯的倫理兩難。雖然有些學生對於改變例行的課程感到不高興，但是，大部分的學生還是喜歡參與倫理議題的熱烈討論。

當學生進入教室並坐定之後，我先複習一下前一堂課的內容。學生已完成一個衝突圖（conflict map），這個衝突圖是用來幫學生確認在器官移植中有關人的權利、需要和責任（引自 Hildebrand, 1989）。我提醒他們一些已經確認的衝突，如捐贈的家庭是否有義務順從受贈者的希望嗎？同樣的，當接受者如果沒有

移植就會死亡的話，捐贈的家庭可否有權利拒絕捐贈他們親屬的器官呢？

「同學們！你們都注意到了在他們能得到器官移植之前，三個接受者之一已經死亡。在有限的捐贈數量中，我們要如何決定誰該接受移植？」

我停頓了一下。Caitlin 和 Sophie 舉起手了。「Caitlin？」

「嗯，我想人死掉之後應該有義務捐出他的器官。」

「Caitlin，我們上週已討論過，並且我認為我們大部分同意捐贈者和他們的家庭有權去決定該怎麼做。Sophie 妳呢？」

「為什麼他們不用抽籤的呢？如果抽到的就可以得到移植。」

「Sophie，為什麼呢？」我回答。「這是一個有趣的想法，事實上，在美國某些州也是如此做的。有哪一位同學能說說這個方式有哪些優缺點呢？」

「假如有一個人真的病得很嚴重，並且在移植器官之後就死掉了呢？像這樣，器官不就浪費了。」Caitlin 說。

「或者，如果這個人是關在監獄裡面的罪犯呢？」Emma 說。

「又怎樣呢？」Sophie 回應了：「這個罪犯病人也和其他人一樣有相同權利啊！」

「OK，」我插嘴說：「待會兒如果有時間我們再回頭來談這個問題，我希望你們對於誰應優先接受移植能做一些選擇。三到四個人一組，並且從表列的十個病人中選出四位。所有這些病人除非在十二個月內接受肝臟移植，否則他們將死掉。在澳洲的大醫院通常只以有限的經費來完成有限數目的移植手術；這家醫院這一年將只能完成四個移植手術。你們有二十分鐘的時間來選擇你的病人。我建議你們先看看名冊，裡面有一些病人的年齡、性別、種族和家庭狀況的資料，然後再進行小組討論，決定你們的

選擇。有任何問題嗎？好，Maree 妳說。」

「我認為我不能做這件事。」Maree 說。

「為什麼不能呢？」我質問。

「因為那樣有點像是在扮演上帝，決定誰將生或死……。」她的聲音變弱。

我向前走去並坐在她的身邊，「Maree，我知道這個抉擇很難，但這只是角色扮演，我了解你的感受，儘可能去做吧！讀一讀這個名冊，然後再和妳的朋友討論。」

幾分鐘後，我再回到 Maree 那一組，並且聽到她們在討論 A 病人，是一個四歲的越南孤兒，假如他的移植手術能成功的話，將被一對澳洲的夫妻領養。

同儕的討論

「我選擇 A，因為他還年輕，並且他可以獲得未來所有的生命時光。」Maree 說。

「但也許他的生命未必那麼美好。」Caitlin 說。

「但是有一個家庭將會收養他。」Maree 說。

「他年紀太小，不能體會任何美好的事。」Caitlin 說。

「不能以他的年紀小來否定他。」Maree 說。

「不，Maree，妳不知道，Caitlin 正是那樣做。」Sophie 說：「事實上，A 病人是相當好的人選，正因為他年紀小，並且他即將來到澳洲，所以，他會有一個美好的生活。」

「所以說，」Maree 說：「妳可以只考慮準備收養他的家庭；在澳洲，他可以因為這些機會開始過一個全新的生活。」

「我們並不能真正知道他的生活會是怎樣。」Caitlin 說。

「他仍然有機會去創造任何他想要的生活。」Maree 說：「他

只有四歲，他甚至不曾有過機會。」

聽到有人在笑，我轉過身來。Emma、Candy、Janine 和 Josie 正在討論一個 Dolly 雜誌的內容。「妳們做得怎麼樣？」我問。

「我們已經結束了。」Candy 回答。

我問她們是如何這麼快就達到共識，然後 Candy 說她們是讓 Emma（一個受歡迎而且直率的學生）來決定。我停留在這組並且透過提問來幫助她們去考慮每個病人。

檢討

小組討論結束後，學生把他們小組所選擇的病人名字寫在白板上。我要求每一組大概描述一下，為什麼他們會選擇或拒絕特定的病人。我們從病人 A 開始，這是一半的組別所選的。Maree 說他應該接受移植，因為「他還沒有擁有生命的大部分」以及「應該獲得一個機會」。

「不。」Emma 斷然地說：「我不同意，誰會想到他呢？他沒有家庭，不會有很大的遺憾。」

「我同意。」Candy（Emma 最好的朋友）說：「我們不應該選擇他，我們應該先照顧我們的同胞。」

我質問：「妳們認為我們有那個義務去照顧那些來自比較不幸的國家的人嗎？」

「不用。」Candy 說。

「確實不必，」Emma 說：「如果他死了也無關緊要。」

Marre 插嘴說：「我真的認為每一個人都有他生存的權利。」

「哇，好耶！」Candy 挖苦的說。

「不，他們沒有！」Emma 說。

「如果每一個人都可以得到移植那是最好的了，但是他並沒

有在我們國家繳稅，他有什麼權利享用我們的技術呢？」Candy
質問。

此時我的心裡正在考慮下一個步驟要做什麼，我認為我的角
色是幫助學生透過他們同儕之間的討論來對他們的觀點做反思和
批判。而將我的倫理價值觀加諸於學生，則不是我的角色也不是
我的權利。我寧願他們對自己的價值觀做批判思考，而不是直接
採用我的。雖然，在去年，當學生表達相同觀點時，我保持沈
默，但我馬上後悔讓這樣的評論進行下去，難道我的沈默是被解
釋為默認嗎？不，這次不會。

「所以，Emma，妳想那些觀點有可能會被詮釋為種族論
嗎？」

「我不是一個種族論者。」Emma 反駁說。

「我並沒有說妳是種族論者啊，Emma！但是，我想有些人
可能會認為這樣的意見是種族論。我同意 Maree 部分的看法，所
有的生命都是重要的。對於這堂課，其他的人還有什麼想法嗎？」

我現在回想起來，我仍然質疑我是否該說話。我或 Emma 的
意見會引起其他學生對自己價值觀的反思嗎？班上那三位東南亞
的學生，他們的想法又是如何呢？我的倫理價值觀會比 Emma 的
更合適嗎？我的確沒有權利去強加我的觀點。我的倫理平台是相
當不穩固和不一致的，它大部分來自直覺。至少，如果我從宗
教的觀點去教倫理，我可能會回到神學的觀點：「我們都是上帝
的子民。」

我問一位教十年級社會科的同事，學生的觀點和她完全不同
時，她如何處理。「問他們問題，讓他們捍衛自己的觀點，而且
絕對不要說出你的意見。」她建議。「那你自己的觀點的依據
呢？」我問。「誠實、真實和公平。」她很快的回答。我想這很

好，但是誰的觀點是誠實的呢？最後我必須自我抉擇，我還是去質問我覺得不適當的觀點。

另一位同事相信，學生的觀點只是青少年天真的一部分，他們有一天會長大，並且脫離這些想法。無論如何，當我打開報紙，並且看到要求政府恢復死刑並禁止亞洲人移民的讀者投書，我感到懷疑了。

倫理和證據

Roger Lock, University of Birmingham

在第一段敘述中，Vaille Dawson 以她的觀察推斷她的某些學生對於「改變他們例行的科學課」會感到不高興。這不只是學生會反彈這樣的改變；很多科學教師對於在他們的課中要加入生物倫理學也有相同的感覺。為什麼學生和教師認為生物倫理議題的教和學不能成為正式科學課程的一部分呢？

我認為，關鍵之處就是宗教學、英語、公民與道德的教師和科學教師的學科文化不同的關係，雖然他們在教科學方面的知識比較不足，但對於這樣的議題包含在他們的教學是毫無困難的。在後續的文章中我會試著去確認科學學科中導致排斥倫理議題的文化特徵。

科學是一種被認為具有濃厚認知的學科；受到知識的支配和包含廣泛的課程內容。科學的評量通常是以紙筆測驗方式，那是一種強調學生反覆練習的文化，通常是「鸚鵡式」的模仿，一種消化不良的事實的累積，而沒有和他們心智內「龐大的基模」有任何的連結，測驗的重點很少是放在理解上。結果，教師習慣於以發展回憶的技能來教

學，並且學生變成在上課時習慣於特定的教與學方式，使得他們自己變成大量資訊的傳送。而和資訊交互作用、去詮釋和理解它，質問它，並發展良好的概念圖的機會是很少的，和倫理有關的課程也一樣很少。當不符合他們對課程期望時，他們會產生排斥。

在科學課中主要的活動，除了資訊獲得之外，另外就是實驗了。這也是由認知所支配的文化，尤其是回憶的能力所導致的。實驗通常只是用來印證前面所教的理論，是一種產生的單一結果的封閉式活動，這個結果會加強理論的觀點。實驗活動通常以問題解決方式來呈現，讓學生去發現問題的答案，對這個問題只有單一的實驗方法，最後也只會得到一個特定的答案。這種「假的」開放式的方法是不足以拓展學生對科學的本質或科學家如何工作的觀點。

除了實驗，許多科學課程變成以教師中心，以及被有限的教與學策略所支配。科學教師大多不習慣於辯論、角色扮演和模擬，而對板書、示範和問答上課比較有信心。英語和宗教學的教師則比較常使用以學生為中心的策略。

然而，科學學科文化比內容為主的課程更多結合封閉實驗和有限的教與學策略；可能是這些結果，科學教師變得更習慣於教導學生發現新知識，而不是讓學生去思考科學的兩難，或者和朋友在課餘時可以討論新議題。科學教師對於教學生如何思考比較感到不自在，他們比較習慣於告訴學生該知道的和想什麼；如在故事中所述，對於給學生機會去思考，和使用不同策略來獲得如目標、權利和責任分析，教師感到沒信心。

為什麼科學教師會有這樣的行為，這部分是和科學課程的本質有關。比起其他學科的課程，科學課程有更嚴密地描述的；當課程大綱本身是內容負載的，科學教師讓他們的學生沈浸於學科相關的倫理議題的時間和機會便減少了。更甚於此的，一九八三年在英國和威爾斯

教育部長排除了包括科學知識應用所引起的社會和經濟議題的科學課程綱要。為了要這樣做，他建議學生不應該接觸許多科學家在他們工作中面臨的價值觀和倫理的有趣問題；導致後來的課程發展沒有多大的改善。雖然倫理議題的考慮包含在一九九一年國家課程法的制訂之中，這個道德議題的考慮，被「這種議題只適合最優秀的學生研究」的立場所忽視。在我的意見中，這樣的忽視也在一九九五年課程的改革中持續著。

另外的因素是和倫理的議題無關的測驗問題。在一個以考試為主的和以考試優劣作為學校辦學成績依據的系統中，教師將倫理議題視為低優先。

不是全都毫無希望的。無論如何，像 Vaille Dawson 這種的教師慢慢地愈來愈多了。通常他們是認知到科學教師要去扮演一個重要的角色和去做一種獨特貢獻。在某種程度上，這是因為他們擁有在主題中所包含的科學的知識和理解，同時他們也熟悉的以客觀、科學的方法來處理，這意味著能導致中性、平衡的課程，而這課程得以幫助學生去分辨事實和意見，對證據有所尊重，和對這些議題保持開放的態度。

藉由這樣的方法，學生不只是學習科學和科學實驗技能，同時也學習什麼是科學和科學家工作的方式。經由這種後來的觀點，學生可以從不同的角度去看科學家，不再是冰冷的、生硬的、沒有人情味、冷漠的和古怪禿頭的男人；而是溫暖、體諒的、會考慮到其工作所產生的倫理的兩難。科學家並不是引起社會病態和問題的人，而是試圖去減輕它們的人。如此的取向是緊緊的繫在目前所關注的科學家更廣大的責任，以及一般公眾所認知的他們與他們的工作方式；高道德不是一般民眾所專有的。

學生是公眾的關鍵向度之一，因為他們可能是未來的科學家。在英國和威爾斯面臨一種情況，十六到十九歲的人口中只有少數在義務

教育後選擇學習科學；在 Vaille Dawson 的教室中，都是女生在討論生
物倫理的議題，這個現象值得注意；科學的人性面顯示對女生有吸引
力，因此，更可以激勵她們去選擇科學。

　　拒絕小說的現象，對科學教師而言並不是一件新鮮事。我記得在
一九七○年早期，「跨課程語言」是當時流行的話語，並且我們鼓勵
更多學生在科學課中以詩的形式來寫作。我天真的要我的學生去寫生
物的詩來當作家庭作業，這樣的嘗試以如下開始：

　　　　「寫一首生物的詩，」他微笑的說著
　　　　我們都做不到
　　　　包括我！

如同故事中描述的，以排斥作為結束如下：

　　　　我要如何去寫一首詩？
　　　　我不要成為一個詩人。
　　　　我只要成為一個護士。

　　故事的最後凸顯教師在教導倫理議題時必須呈現一個平衡的方式。
它可能在呈現各種不同的觀點而不會顯示出自己的觀點嗎？然而，不
管教師如何嘗試去做平衡，幾乎可確定的是對學生的觀點一定會有某
些的影響。無論如何，如果可以用科學的方式來呈現平衡課程，學生
在不同情境脈絡中知道如何去處理有爭議的議題。讓學生在相對平衡
的觀點中，並且激勵和同儕討論他們的觀點，學生應被允許來形成自
己的主張。透過對證據的批判評量來支持他們，而不是反對他們的意
見，會使這些重要的元素達到這些觀點。學生意見的本質不是那麼重

要，但是經過批判反思和重視證據所得到的事實才是重要的。然而，如果我發現我的學生有種族歧視或性別歧視，則我會和 Vaille Dawson 一樣來「扮演上帝」的角色。

科學教學的規範和權威

Nancy W. Brickhouse, University of Delaware

當我們要求學生說話或者寫一些事情；當我們說服他們要知道他們自己在想什麼而不是「正確」觀點的回想，則我們必須有所準備，有一些他們所寫的或所說的將會對我們有倫理上的冒犯。有許多的方式去思考這樣的反應：如教學上有所偏差，或者學生特別缺乏倫理價值。我認為他們有如高壓文化中的工藝品（Lensmire, 1993），這些工藝品好像是我們在社會中壓迫關係的證據。

學校，當然是傳授價值觀。義務教育的真正事實是認為知識有益於個人，因而將價值觀強加於學生。此外，教師擁有社會和制度上的權威，會強加一些價值觀於他人身上。不管教師可能是多麼不願意釋出這樣的權威，但是她沒辦法。有些會主張不應該釋出，因為她負有教育學生的責任，她要有能力成為一個改變壓迫的社會的人（Counts, 1932）。這裡所談到的例子，一個自由放任的方法，會更加強在教室和社會中種族歧視的觀點。真正的問題是教師如何以權威在道德上和政治上的做清楚的宣示，和發展學生對於社會正義的關心，來回應這些觀點。

Lensmire（1993）在一個三年級的作文課中面臨到相同的問題，在課堂中他幫助學生發展個人相關的文章，這些文章將在課堂中發表來

和其他同學分享。當 Maya 寫下：「適切的吻痕：學校中的情侶」，是一篇貶低另一個社經地位較低的同學的文章。他發現他無法忍受這個同學的作文，而作文課的教師手冊，就好像是在做價值觀澄清的教師手冊，主張教師的角色僅僅是支持學生，不管學生有什麼價值觀都要尊重，這個方法是嘗試要價值中立。然而，如 Lensmire 的敘述，價值中立是不可能也不受歡迎的，弄清楚價值觀的結果只是弄清楚種族歧視的價值觀。在 Lensmire 和 Maya 的討論中，他無法說服她不要將這篇文章和班上分享，因為這樣會導致傷害，她聲稱她的文章「只是一個故事」──不必看得這麼嚴重。在最後，他動用了他的權威來禁止她將文章和班上分享，而這樣是違反他經營一個參與和多元教室社群的目標。

　　同樣地，這個例子中的科學教師若要讓學生去質問政策和自我興趣之間的關係，她必須想到設定教室討論的規範，公開的表達她希望能照顧相對的弱勢者的權利，但不必然是辯論，因為我不會讓班上有機會來決定種族歧視。如同制訂科學的想法是基於證據，我們也可以設定這樣的規範，政策必須和我們照顧彼此的承諾是一致的，尤其是對那些無法照顧自己的人。這意味著教師要堅持學生評估她的方案，對所有人的照顧是一致的，特別是相對弱勢者。然而，為了防止教室中學生說出她的意見去影響到其他同學，教師打斷這樣的行為是有必要的。拒絕去認可以及將教室的討論引導到一個較有收獲的方向是重要的。當我們想要幫助我們的學生發展自己的聲音而不只是模仿教師的說話方式，我們能夠並且也應該拒絕在道德上負面聲音的發展。假如那樣讓教師要去動用身為教師的權威，並且不讓教室討論進入一種道德上負面的方向上，那麼就做吧！

　　我認為對教師比較好的方式是讓學生可以批判評估自己的信念，而不只是直接顯示教師的權威和不允許負面的道德觀點被公開的呈現。

但我相信這是不太可能發生的，因為如果在教師和學生之間的關係是一種挑戰但又是關懷；以及在教室中的環境是允許改變你的心意，並且認可一個無私的決定的話。

　　我認為在這個例子中很重要的是教師是女性，我懷疑這是一個巧合。我只是不相信許多男性的教師會有這種在權威底下的議題上的困難。男性教師把自己看作是權威，並且認為自己是科學世界、較有倫理哲學等等的代表人物（Pagano, 1988）。然而，對於女性，權威是比較有問題的，女性曾經有被當作科學研究的目標（而且時常被拿來和男性比較，顯示女性的不足），但是很少是科學知識的生產者。當女性教科學（或倫理哲學）的時候，她們自己的聲音能夠到達什麼範圍呢？如 Pagano（1988）不斷地問：「有什麼樣的生活會比作為女性教師充滿更多的自我懷疑呢？」Pagano（1988）寫下：

　　　權威的意義被視為是一種權利，當教學被認為是一個說故事的演出，權威可視為一種表徵事實、表明，和要求遵守一個人言辭的規定……女性使用權利只是以男性的代理人來表徵事實。只有藉著代理權，我們才有權去要求、去強迫順從父權的法則。至今我們仍被懷疑是否曾做好，部分的理由是女性沒有在父權的法則中被表徵，或者是有缺點被表徵。

　　　　　　　　　　　　　　　　　　　　　　　　　　　（p. 322）

　　至少部分是因為女性和知識的公共世界的模糊關係，權威似乎不是一種天賦的權利。然而，我們要有在教室中發展道德聲音的權利和責任來行動。

倫理的權威

Jan Crosthwaite, The University of Auckland

這個有趣的教學小故事產生了一個重要問題，那就是是誰在教倫理或倫理議題，以及在這樣的教學中教師自己倫理觀的角色問題。

所有的教師都會知覺到學生容易受到影響的性質（或者學生更普遍），會從他們的老師去獲得信念。大部分關於倫理重要議題的教學都會注意到像 Dawson 女士鼓勵倫理的反思和辯論的方式，而不是反覆灌輸倫理的真理。但很少對倫理有興趣，並在這個領域的教學，在他們所要教的議題上，大都嚴肅的考慮以及有自己的觀點。所以問題是：一個教師當學生有道德錯誤時是否應該要讓學生繼續，或者應該介入去修正他們觀點呢？

在我們看到的情節中，Dawson 女士面臨是否阻止某些學生明顯種族歧視觀點的問題。在一種倫理教師的角色的特別概念脈絡之中，她框架自己的問題，就是「透過和同儕的討論，幫助學生去反思和批判評估他們的觀點」；而她把這個解釋為和「將教師自己的道德價值觀強加在學生身上」是不相容的。在這個例子中，她的價值觀不允許種族歧視未受到挑戰。

對一個教師，特別是教倫理的教師，專業角色對發現和解決問題的理解是很重要的。雖然將自己定位為建構主義方法論奉行者的教師，勢必面對是否該糾正學生錯誤觀點的問題，但在別的教學領域中，其實這不太具有爭議性。

在一般人的倫理觀點中普遍形成的相對主義，既單純又複雜，和

重要倫理議題討論顯示的多元觀點，讓很多人相信倫理立場是沒有對和錯的。理性的、有充分知識的和誠實的人對倫理的議題可以不同意，雖然這種的不同意不足以排除倫理真實的存在，對這個可能的認知，倫理學家和倫理教學的教師不得已採用倫理權威，或者將他們自己的觀點「加諸」他人身上。

　　在不得已之下會有以倫理權威加諸任何人身上，和很難發現共同認可應該教的倫理內容情況下，許多人認為在倫理這個領域中教的內容不應該是一套的倫理事實，而是有能力在倫理上做反思，並且對倫理議題或議題的倫理敏感度。但是促進倫理的反思不能很容易的從倫理的本質概念和有關的特定價值觀來分離。在Dawson女士所描述的情節中，她介入了某個討論小組的過程（Emma、Candy、Janine和Josie）來確定她們確實謹慎的考慮關於移植的接受者議題。這四位學生已經將她們的選擇交給其中一位同學來做決定。Dawson女士毫不猶豫的拒絕這樣的進行。她對選擇過程調整的介入和她的教學目標是一致的，她也不認為是將自己的倫理價值觀強加於學生身上。但我不是那麼的肯定。將選擇的責任委交給一個受尊敬的個人或團體，就好像用樂透方式來決定極少資源分配問題的解決方案一樣。有人這樣做過，而這種做法也是可受公評的。

　　在Dawson女士介入的這個時間點上，可能是從教學上的觀點而不是從倫理上的觀點。身為教師她應該要確定，任何決定的過程是一種對理解問題的回應，而不是一種失敗的參與（看起來似乎在這個特定的例子上是如此）。但我認為這是很重要的，去體認到對一種倫理的主張和處理倫理問題特定方法合適性的堅持，可能不只是一個教學的立場，也是一個倫理的立場。

　　大部分教倫理和倫理議題的人，會接受在教學時學生倫理反思過程的重要性。假如我們教內容而沒有深思的技能，則學生不能夠處理

新的倫理議題。他們也可能容易受到其他觀點的動搖，因為他們無法知覺到並且無法清楚的表達他們自己的立場。從一種更程序化的角度，有些可能提倡反思過程的教學超過了內容，在倫理判斷中的正確的決定因素（或者較不強烈的因素），藉由這個過程會達到的。

在關於倫理的教學，我們必須要給學生一個基礎，從這個基礎使倫理的立場受到批判的評價，包括的不只他們自己的觀點，同時是那些由權威人士所持有的觀點或社會所認定的觀點。鼓勵同儕的辯論是這個過程中很重要的部分，但並不一定是必要的。教師的觀點在辯論中的呈現也是很重要的，不要老是沒有或抑制。在挑戰中老師的觀點會受到保護，而學生的觀點不會。當教師的觀點不能主導時，它可以提供一個範例給學生，如何在辯論中開放心胸和仔細觀察他人。但是我必須說，我的經驗是教大學生，而不是教十年級的學生。

我同時也主張有一定的基本價值觀，以某些形式普遍地被接受，可以在倫理教學上提倡的，那就是，尊重和關心他人。這些如何在特定的情境來應用，明顯地是有問題和可討論的，但它們顯示出有助於消弭種族歧視。因此，我認為提出和探討種族歧視議題的機會應該不要放棄，我也不認為提出這樣的議題就被認為是在課堂上將教師自己的觀點強加於學生身上，雖然對這種議題表達意見的特定方式是比較接近於將老師的觀點強加於學生身上。簡單的將 Emma 或 Candy 的觀點認為是種族歧視，那是不對的。也可能變成反效果的；一種種族歧視的指控，即使溫和的說：「妳認為那些觀點有可能會被解釋為種族歧視嗎？」可能會有直接的否認和排斥進一步的反思。教師不需要提出她自己的意見，也許能誘導出其他的學生，對種族歧視的議題有所回應。但這也能夠產生種族歧視的直接指控，所以在教學上最好是利用問題來引導討論。

由於 Candy 提出的意見讓 Dawson 女士認為是種族歧視的，Candy

所提出的回應顯示她（和 Emma）可能是種族主義者，但是她們對不選擇越南孤兒的意見不必然是如此。在這個情境中 Candy 說了（也得自 Emma 的支持）兩件不同的事，第一，即「我們應該先照顧自己的同胞」，和我們沒有義務去照顧那些來自不幸國家的人。第二是她建議獲得技術的權利是基於一個人繳稅的貢獻。這兩者可以進一步來探討，將會讓任何種族歧視元素變得明顯，也會讓獲得稀少資源的種族平等判準可進一步的被探討。有些人會主張關心自己是一種倫理上很重要的事；例如，父母犧牲自己子女來提供給他人是會被大多數人譴責的。而為什麼提供健康照護責任的人應該要更全面性呢？這馬上會產生一個問題「誰是我們的同胞」，如此很容易凸顯種族歧視。

　　Candy 認為稅賦貢獻的觀點是和獲得一個國家的醫療資源有關；同時有很多人也有同樣的觀點，不必然是種族歧視。在這裡可以問一個有趣的問題：是否沒有繳稅的兒童也應該受到健康的照顧？如果這種權利是基於父母的繳稅，那麼孤兒是否就不該享有這種權利？（如果不是，那麼為什麼我們要去思考第一個問題的答案呢？）獲得資源的多寡應該是和繳稅的多寡有關嗎？而因為收入不足導致沒有繳稅的人也應該排除在外嗎？如果有一個人在接受移植手術以後可能可以繳納更多的稅金給國家，這樣會導致不同的選擇嗎？移民的議題將被提出，並且也可以進行誰是「我們自己人」的探討。在此將應該開始揭露出排除 A 病人的原因是非繳稅者、孤兒，或「外國人」。

　　引導對種族歧視的討論想法，是不能避免有關教師價值觀角色的基本問題；促進這樣的討論可能來自於教師自己的倫理觀，即種族歧視需要被質疑。但那不是表示教師將自己的價值觀強加於學生身上，學生可以決定是否接受這樣的觀點是種族歧視，或是以這種基礎去接受或排除這樣的觀點，這就不能稱之為將教師的觀點強加於學生身上了。

引導討論確實在倫理的教學上會產生更進一步的問題,換言之,即以操弄教學情境來呈現特定價值觀或立場來做為可能性的考慮。根本上教學包含情境的操弄(或者比較委婉地是採取有利情境),去提供學習的機會。假如某人正面臨重大的倫理議題,那麼,他所認定的倫理重要性和他認為什麼是一個人可能要學的,勢將左右這種操作模式。這整個流程最終不能和個人的自我倫理觀脫鉤。這個操作模式不會將倫理教學變成沒有倫理,但我們的確需要審慎檢視我們設定的目標和作法,而這也正是我們從 Vaille Dawson 的故事中所得到的鼓勵。

主編總結

　　許多學校科學,如Lock談到,明顯的忽視倫理問題。教師以高度的認知建構這種學科,並且上課充滿了課程內容,當教師從講授中轉變成活動時,實驗課主要聚焦於複製已經在他們講授中或科學教科書中所呈現的結果,他認為這樣的結果,是科學教師不適應「教學策略是設計來讓學生產生思考」。Lock歡迎像 Vaille Dawson 提供給學生的生物倫理課程,不只是因為這樣的課程揭露了科學家在實際科學中某些的不確定性。在教室中處理這種倫理的兩難提供給學生機會去衡量證據,雖然在這個例子中他把教師的角色看作應是「沒有偏見的」,他承認他會被誘導去表達他自己的意見,假使他發現學生採用種族歧視或性別歧視的立場。

　　對 Brickhouse 而言,在面對種族歧視時,沒有偏見是一種不太恰當的選擇。如 Emma 和 Candy 對種族歧視的相對寬容,會加強在教室中和在社會中的種族歧視。雖然 Brickhouse 和 Lock 分享這個觀點,即教師鼓勵學生去批判評估證據是占有一個重要的角色,但她建議證據

的評估是要依據一套的倫理規範。這種規範，是一種照顧他人的承諾
──是和種族歧視的政策選擇不一致的。在種族歧視的言論中，教師
的角色是去「中斷這樣的活動，拒絕認可它，並且將教室的討論引導
到更有收獲的方向」。在拒絕種族歧視和引導討論到另一個方向上，
Brickhouse 承認許多女性教師將會有權威問題的困擾。對女性而言，她
說，權威的執行是有問題的，但那是必要的，像 Vaille Dawson 這樣的
教師有責任在她們的教室中發展倫理的聲音。

　　Crosthwaite 討論在相對論者的世界中倫理權威的議題，「理性的、
有充分知識的和誠實的人們不能同意關於倫理的議題」她說，並且這
種不同意讓倫理論者不願意將自己的觀點強加於他人的身上。在倫理
教學上的一個解決辦法是去聚焦在倫理反思的過程，她主張這種倫理
推理的過程，可能是倫理判斷上正確性的表示。然而，倫理推理的技
能不能在沒有倫理問題的內容之下來進行教學。Crosthwaite 主張教師
有一些責任去提供學生獲得多元的觀點。教師應該鼓勵同儕辯論；不
應該讓他們自己的觀點去支配，但也不應該抑制自己的觀點。雖然
Dawson 注意不能將她的倫理價值觀強加到學生身上，除非教師的觀點
是分享，並且這些觀點是有獨特尊貴地位的。除此之外，處理重要的
倫理議題，如肝臟移植，是一種教師自己倫理立場的反射。Crosthwaite
的結論是教師自己的倫理立場不能從他們教學的決定中被分離。

　　在 Vaille Dawson 這個故事中，激發學生對於器官移植中的倫理兩
難做反應，她成功的──讓學生參與關於移植的倫理深思過程──但
是這個討論也激起一個教育上的兩難。她應該如何回應她認為是種族
歧視的言論呢？Lock 建議是對證據的議題要沒有偏見和留心。Brickhouse
建議對於在教室中發展倫理聲音要有責任。Crosthwaite 則說，幫助學
生去參與倫理的推理，但是不要期望你的教學活動會和自己的倫理觀
點來分離。所有這些讓 Dawson 這樣的老師和開始所說的不會相差太

遠：也就是忠於教室中揭露和探討倫理問題的過程，和在一種相對主義者的世界中的道德角色不會感到不自在。

參考文獻

Counts, G. S. (1932). *Dare the school build a new social order?* New York: John Day.

Giddens, A. (1999). *Runaway world: How globalisation is shaping our lives.* London: Profile Books.

Hildebrand, G. (1989). The liver transplant committee. *Australian Science Teachers Journal*, 35 (3), 70–73.

Lensmire, T. J. (1993). Following the child, socioanalysis, and threats to community: Teacher response to children's texts. *Curriculum Inquiry*, 23, 265–299.

Matthews, M. R. (1998). The nature of science and science teaching. In B. J. Fraser and K. G. Tobin (eds), *International handbook of science education* (pp. 981–999). Dordrecht, The Netherlands: Kluwer.

Pagano, J. A. (1988). Teaching women. *Educational Theory*, 39, 321–340.

United Kingdom (2000). *The BSE inquiry report.* London: Her Majesty's Stationery Office.

第十三章

建構主義

Barry Krueger, J. John Loughran and Reinders Duit

主編引言

　　近三十年來，科學教育者對於科學知識的觀點有重大的改變。許多科學哲學家的研究成果鼓舞了這樣的改變，如Lakatos（1970），Popper（1972）與Feyerabend（1975）等，這些學者認為知識不是被發現的，而是由想法相同的人所組成的社群所建構而成的。因此，特定科學家社群對知識的支持與事實的判準建構了科學知識。

　　當哲學家懷疑科學的準則時，認知科學家觀察到學生對於物理現象的實用常識不一定和正規的科學知識有所牴觸。一九八〇年代，科學教育的研究聚焦於學童在課室裡所展現之科學理解（Champagne et al., 1985; Osborne and Freyberg, 1985），並造成有關學生投入、學生迷思概念與概念改變的不同理論（Pines and West, 1985）。「建構主義」基於認同學習者是自己知識的建構者之觀點，使其理論更精緻化了。從建構主義者的觀點，知識是屬於個人且不能以「從教師的頭腦到學生的頭腦」的方式完整轉移（Lorsbach and Tobin, 1992, p. 9）。這個理論的

核心是在個人的層次,也在社會的層次上做「意義的協商」(Tobin, 1990)。

認知科學家和科學哲學家有一些相同的地方,但是他們對科學教育的看法有重要的差異。認知科學家認為學生知識是不完美的(且常需要完美化);而科學哲學家則認為科學本身是不完美且無法達到完美的地步。這些在科學知識上的不同觀點引起有關科學本質(nature of science)的重要議題論辯;有關學生知識的狀態以及如何達到可理解的教學。例如 Solomon(1994)強調學生試圖理解教科書中所使用的正式科學語言時所面對的困難。Solomon(1994, p. 16)說,「當閉上眼睛,他們沒有自己記得的知識」,可以用來幫助他們在理解不熟悉的作業時,能掌握科學原則。

對教師而言,這些議題製造出許多問題與兩難的狀況。例如,應該如何看待學生的實際知識?教科書中正規科學的地位是什麼?當人們要求教師「為達到理解而教學」時,科學理解真正指的是什麼?以及最後,一個教師應該告訴學生多少(以及應該說什麼)?在這一章,許多令人緊張的問題在 Barry Krueger 的故事「說或不說?」中上演。接續在 Barry Krueger 故事之後的是 John Loughran 和 Reinders Duit 的評論。

說或不說?

Barry Krueger

「正電流和負電流從電池中流出,在電燈泡中相遇且一起反應產生光。」Janet 看著 Nicki 和 Cheryl,徵詢他們的同意。我隔

著一張桌子觀察他們交換意見。Nicki 開始記錄 Janet 的解釋，然而，Cheryl 較不確定，她正努力去回憶在九年級時學到的事物。

「但……嗯……不是電流……嗯……電子流？」Cheryl 試探性地問。「這不是 Daniels 先生去年告訴我們的嗎？」

Nicki 停下寫的動作，我輕鬆地嘆了一口氣。Janet 應該記得學過的有關電流的知識。畢竟，她是在這個班級中較好的學生之一，且她去年得到「A」。Janet 不加思索地指向電池，「這是正電極，黑色的是負電極，」她以敘述事實的方式回答，「電流從電極流出。它們都聯結到電燈泡。假如你拿走其中一個，會造成電路不能運作。只有正電流和負電流在電燈泡中一起反應時才會產生光。」

Cheryl 沒有被說服，但她不知道如何來反駁 Janet 的邏輯。我感到困窘，我不認為 Nicki 有任何想法，我的計畫看來好像錯誤連連。我將這個班級分成小組，讓他們去建構一個理論來解釋為何當電燈泡連接到電路時會發光。我決定避免直接告訴學生答案。我想這應該是一件容易的工作，畢竟，這是他們去年已經學過的概念。然而，我失敗了。Janet 擁有如此奇怪的想法且如此執著，令我感到困擾。

我移到 Ian 的小組。在他們的桌上有一本打開的衝浪雜誌。Ian 和 Nick 沒有在做實驗。Nick 先回答我的問題。

「電池推動電流過金屬線直到它到達燈泡，」Nick 朗讀著。「在燈泡中間有一個作為電阻的較薄的金屬線，這個電阻會造成熱，而後產生光能。」

這聽起來像是 Ian 的敘述。和 Janet 的小組相比是多麼明顯的對照！然而，我對他們的解釋感到擔心，我懷疑他們是否真的了解他們寫的東西。對他們理解的測試將馬上到來。

移到教室的前面，我要求學生集合到實驗室的中間。向著充滿批判力的同學，他們一個接一個發表有關電燈泡發光的理論。

Janet 的小組是第四組，當 Janet 向班上解釋的時候，Nicki 在白板上寫下她們的理論，班上同學聚精會神地聽著。Janet 的論證為她的理論建立了一個好的實例，麻煩在於它的正確性，同學會贊成她的理論嗎？假如他們贊成，我該做什麼？我應該直接告訴學生正確的答案？

Stafford 舉起手，並向 Janet 表達他的問題。Cheryl 因為自己不必回答這個問題，輕鬆地嘆了一口氣。

「你可以告訴我什麼是正電流嗎？」他問。

班級安靜下來。

沒有任何猶豫，Janet 回答，「它是從電池的正電極出來的電流。」

「是的，但是，」Stafford 皺著眉，「你可以告訴我它是什麼嗎？它不可能是質子，因為它們在原子核中，且它們不能移動。」

Cheryl 看向 Janet 去聽她的答案。這是那個她沒辦法清楚表達的問題。Janet 臉紅了，她沈默了一會兒。

「我不知道它是什麼，」她回答。「它只是正電流，它從電池中流出來。」

Stafford 那天贏了，全班的共同看法是不可能有正電流這樣的一個東西，且負電流是由電子組成的。當下一組到前面來時，Janet 理論的正、負觀點被總結並寫到白板上，Janet 快速回到她的座位，她感到尷尬，但不是因為她缺乏知識，而是因為她沒有能力回答這個問題。

「不然他們以為熱從哪裡來？」她向 Cheryl 發表意見。

當最後一組結束發表他們的理論時，還剩下幾分鐘，我謝謝

學生的合作，並且要他們將注意力轉向白板。我要求他們獨自思
考討論過的內容並用剩餘的時間寫他們最後的理論。大部分的學
生拿起他們的筆，並開始寫。Janet舉起她的手。

「你不告訴我們嗎？」她問。「假如你不告訴我們答案，我
們將不知道我們是對還是錯。」

Janet的問題點出了我在這堂課中所面對的困境。我如何知道
學生是否會寫出正確的答案？他們在電流方面仍然有迷思概念
嗎？有一會兒我感到疑惑，是否我應該停止課程並告訴他們答
案。或者也許我可能停止課程並強調先前討論的基本觀點，那麼
他們可以串起一個可接受的答案。

我對她的問題笑而不答。我知道她的問題從何而來，這加強
我不告訴他們答案的決心，於是我回覆：

「只管寫下你現在理解的。看白板上的所有想法，選那些不
會互相矛盾，以及你知道關於科學的東西。」

Janet盯著她的紀錄，而我移到教室的前面。幾分鐘後鐘聲響
了。我想知道她寫了什麼。Janet仍然堅持她有關正電流和負電流
的想法嗎？我應該跟班上說答案，或至少強調他們理論的特別觀
念？我想去看Janet的作業，但她已經收好她的書並且正要離開。
她匆匆看我一眼，而且看穿我的想法。

「噢，沒有問題的，Krueger老師，晚上回到家，我會去查資
料。明天見。」

教師評論

Barry Krueger

「說或不說」，教或不教，承續引述自 Hamlet 的言論，「這是問題所在」。說能使學生理解嗎？我不禁回想起 Lawson 與 Renner 對傳統教學方法的批評（1975）：⑴教學就是講述；⑵記憶就是學習；⑶能夠在考試中重複一些事情就是理解的證據（p. 343）。這些批評在我形成教學觀念的過程中有著很深的影響。我認為 Lawson 與 Renner 所批評的教學無法促進學生的理解。我描述的故事呈現了在「講述」和「為了理解而教」之間的兩難。

每年在我的班上都有像 Janet 這樣的學生，他們對科學有興趣，且在學習上很努力，他們所缺乏的能力是無法靠他們的堅持來彌補。當他們進入高中時，就不那麼容易成功，問題出在這些學生過於依賴事實和資訊。教科書、電視節目、百科全書和特定的教學所傳達的資訊都太容易影響他們，並成功地在缺乏建構的考試中持續作用。

在這個故事中，我們讀到 Janet 只想獲得正確事實，她只想知道正確的答案，且她不再願意參與她的理論建構。Janet 的缺席似乎不是她的性格，她通常在班上是個熱心的參與者。最終，Janet 準備去查閱她的百科全書，她的事實與資訊的來源。Janet 有足夠的能力來完成這個練習，我只能猜為何她沒有這麼做的原因。也許 Janet 了解她在評量中的答案需要與教科書的觀點一致，且她的推理將只是結果的一小部分。也許，在課堂中她被自助餐形式呈現的想法給擾亂了；Stafford 的反證明可能困擾她，她需要求助於一個權威的來源以穩定她的不確定感。

或者也許在我們的意識形態上有錯誤配對。Janet不想根據我的規則來玩這個學習遊戲嗎？她可能決定等，看看我是否最終會提供正確的答案。我不知道，我只能猜。

　　我想我多少可以理解Janet的不情願。當我是學生時，我也是如此藉著事實和學到的理論來生存。先前，我以小心用湯匙餵食知識的方式來「教」我的學生。像一個廚師準備食物一樣，我會好好準備我的課程，並以美味和容易消化的方式來呈現知識。現在回頭看，我知道我給學生太少的東西去自己消化。這個意識形態的遺蹟呈現在這個故事裡。我的想法也被學生想要得到正確答案的想法所占據了。我被Janet對班上說話時所具有的說服性，與她的想法有一定的確實性感到困擾，我害怕她會誤導班上的同學。假如那一天沒有Stafford，我不確定我應該做些什麼。即使如此，我仍然在想我是否應該告訴學生「正確」的答案。然而，從我的經驗得知，如果我告訴他們答案，如Janet的學生將會記憶我的話，並在考試中複製給我，有時也會將答案套用在錯誤的題目上！折衷的辦法，我考慮選擇重要的觀念並強調它們，因此學生會串起一個實際上是正確的答案。是的，我選擇不去做，因為講述不能產生理解。我認為理解的發展需要學生自己將想法做連結，所以我不去干預。就像在一個自助餐中，他選擇蘋果醬來配烤豬肉而不選蛋黃醬。所以我有一個期望，就是我的學生可以做正確的結合和融合知識成連貫的理論。這就是我稱為理解的發展。

有關電學的教學

J. John Loughran, Monash University

電實際上如何作用？物理學家知道電；我們都在日常生活中經驗到電，有太多隨手可得有關電的資訊，因此應該不難解釋電。科學教師應該「知道」這些資訊並且可以用一種有意義、對學生是明顯且可理解的方式解釋它。我當然記得在科學課室中是用一種簡單的方式論談像電學一樣複雜的概念。所以為何我需要努力去理解？教電學的科學概念應該是簡單的。教師只需要讓科學概念清楚，呈現出不能反駁的證據，展現給學生他們所應該知道的，如此，他們當然全部會理解。

有一點奇怪的是，科學教學常被想成是資訊的傳送；科學看起來像是事情如何進行的知識本體。對父母、學生和（悲哀地）很多教師而言，教學是從教科書得到知識並轉移到學生的頭腦中。Barry Krueger的小故事呈現了一個科學教學的兩難，一個不容易解決的兩難，一個科學教師在許多他們的課室中面對的兩難。然而，面對兩難是一件事；認清它且企圖去面對它是另一件事。

作為一個有經驗的科學教師，Barry呈現出「只是傳遞資訊」是不足以確定學生將真正地學習到被探索的概念。對他而言，問題存在於當他試著去鼓勵學生建構自己的理解時，他對學生學習到什麼的不確定感仍持續存在著。從 Barry 的經驗中，他清楚地認知到學生在他們的課本中寫正確的字，但是並不保證那些字的意義將轉變到理解此概念。他認知到並企圖去回應兩個同時發生的議題／關心的事。簡化科學不會使科學變簡單；而理解的學習則不僅僅是靠回憶。

富有思想的教師會企圖鼓勵學習者建構自己的理解。但這在教學中不是一個簡單的任務。學生需要對自己的學習負責，並且要跳脫依賴教師得到正確答案的學習方式。對教師而言，需要用適當的教學法來創造學生接受她自己或同儕所建構的挑戰機會。但在這個情形之下仍然存著「說或不說」的兩難。也許這個兩難的重要延伸是「何時說或何時不說」。

　　在學習中，知道正確答案是否已經形成了，是很重要的。更進一步說，犯錯在學習中和正確是相同重要的。在某些階段上，需要做各種的觀察，形成想法和推理，而假設則需要進一步被驗證。有時，先備知識是理解的先備條件。科學教師在他們的教室中需要很努力地去創造這些條件。學校是一個有組織的場所，教師和學生會在規定的時間與日期短暫相遇。學校的組織特點，是讓想法和活動由一個課程連結到另一個較困難且深入的課程。從另外一個觀點來看，簡單地將訊息傳遞給學生，並且知道他們能夠簡單地把它複製到他們的筆記簿中，是比較容易的一件事。這個概念可以被視為傳遞和完成，從教師和學生兩者的觀點來看，這個方法可以使上學變得更容易。這是一個可以很清楚，容易測量和達成的一個方法，對像 Barry 這樣的科學教師而言，問題是基於他們對有品質的學習理解，他們無法忍受這樣的教學。傳遞資訊不等同於教學，抄筆記也不等於學習。

　　我和同事最近花了相當多的時間晤談九年級的學生有關他們對電學的理解，他們的教師也使用了類似 Barry 所使用的教學法。聽學生解釋他們如何去想，如何形成一個有效的迴路是很有趣的。藉由操作挑戰他們思考的一些活動，建構了他們的理解，他們並沒有被告知什麼是對的什麼是錯的，但他們被告知如何去評判自己的想法和如何挑戰其他人的想法（包括他們的教師）。

　　在發展理解電學的過程中，教師使用了一個類比來回應有關電子

流動的問題，他說迴路就像一條有一些卡車繞行的道路，此外在高速公路上有一個大倉庫（電池），在那裡卡車載起他們的貨物（能），沿著他們的旅程帶走它。在經過這條高速公路上的某些特定點（電阻）時，能量會被卸下，這樣它們回到倉庫時可以再進行裝載。這個類比是有趣的，因為它提起了很多關於「思考」卡車「知道」何時會卸下它們的貨物和何時再裝載的問題。學生認知到這個也提出問題，這位教師的回應是類比提供了解迴路中電流的一個方法，它只是一個類比，所以它會有不適合的地方。因為科學家雖然知道電是什麼，不過要真正知道它是如何發生是非常困難的，因此有時需要類比。學生領會他們正在做的是一個複雜且困難的概念，而且有些「事情」可以被解釋，而有一些則是很多觀察的結果所做出的合理主張。他們正在學習建構一個理解，以建立自己的知識背景並超越「僅是提取定義與事實」。

如果在努力完成工作之後，由學生說出他們已經學到了什麼，所有的這些將會多麼快速地改變呀！假如再告訴他們已經學到了什麼，那麼他們將可以正確地對教學方法的目的做提問。

因此，在很多的科學課室中，存在著 Barry 的兩難；存在的原因是因為它牽涉到其他的問題，「學習的責任歸屬在哪裡？」假如學生學習的責任完全是教師該負責的，那麼教師是否該傳送正確訊息的想法就不是問題了；特別是當科學看起來是那麼容易被傳送的時候。假如學習是教師的責任，則學習只是知道知識而不是理解知識。換個方式說，假如學生為自己的學習負責任，那麼教師的角色應該是非常地不同。對很多人來說，教師的角色不再是如此重要，只有學生的觀點才是重要。很清楚地，這是一個中間立場，一個能達到我們需求的教育方法應該是能同時協調這兩個極端的情形。一方面是回應學習的需求，同時也兼顧個案之間的差異。不是一味的傳授知識，而是需要持續的發展。

這就是我們在 Barry 的兩難中所看到的。在這個時間，在這個情境，在這個班級，他發展他的教學方法。透過經驗，無疑地他會學習到有關於教學的事務。在不同的班級、年級和授課內容下，對這樣的經驗他將會有很多的反思。他渴望幫助他的學生了解電的科學，為了達到這樣的目的，他需要讓學生們看到它是什麼，它如何被了解以及被建構，和學生們如何以有用的和有意義的方法使用這個知識。

　　假如學習比獲得資訊還要來得更多，那麼說或不說是在科學教學中一定會出現的問題；學生需要被他們所學的內容挑戰，且當他們融入到學習當中，他們需要靠科學教師給予切合他們學習的挑戰以幫忙發展他們的理解。

　　說或不說包含了豐富的教育理解和推理；當學生需要知道時，適時地告知是非常重要的，不告知會妨礙學習，正像一開始就告知會遏阻一開始想要知的需求。說或不說，這真的是兩難。

　　對我來說，嘗試面對兩難是好的教學的一個重要成分。忽視它是較簡單的一件事，但是如此，將使學習者和教學者缺乏挑戰和參與。當我在班級教電學時，我不確定這樣的兩難是否曾發生。然而，我覺得 Barry 的學生沒有在「做」電學，我認為他們正在學習電學，我認為這也是學習科學的一個好方法。

學生對你所說的會有自我的理解

Reinders Duit, IPN at the University of Kiel

　　簡單的電的迴路絕不會是簡單的。

不要認為學生會儲存你所說的內容。

是的，我完全了解Krueger先生的失望，他的確盡全力讓這些學生學習到他所謂的電子迴路中電流的正確觀點。Janet是班上優秀的學生之一，但她所呈現的觀點和她被教的觀點完全相反，而且最讓教師擔心的是，Janet對她自己的想法相當固執，甚至能用她的觀點去說服她的同儕。

從許多研究[1]中可以知道在一個單元教學結束時，儘管教師盡力將科學觀點引介給學生，學生卻時常呈現令教師驚訝的想法。科學教學往往無法改變學生在教學前就擁有的概念，更糟的是，有很多Krueger先生所謂的迷思概念在科學教學中產生或被支持。在學生的簡單電子迴路概念的研究中清楚顯示出，當主題在科學教室中第一次出現時，學生已經有了另有概念，例如，電流如何在迴路中流動。Driver 和Easley（1978）稱這些概念為另有概念而不是迷思概念，因為它們雖然和科學概念不完全相符，但對學生而言它們可以促成較好的理解，正如同科學概念對我們一樣。在這樣的情境下僅僅訴說正確的科學觀點是沒有幫助的。當然，有些學生只是用心學，並在之後如鸚鵡學說話一樣的重複出來，但是有這樣另有觀點的學生真的能夠了解教師所講的嗎？答案是不行的。此時，就應該被帶入學習的建構觀點了（Treagust et al., 1996）。理解，也就是意義的形成，可能只能在學生所持有的詮釋架構內存在，因此學生進教室前之先備概念，提供了一個框架去理解教師所說的。我們從很多研究中知道，學生和教師之間的討論可能是一個無止盡錯誤理解的循環。一方面，當學生缺乏教師連結主題的「背景知識」時，學生無法了解教師所說的；另一方面，當教師嘗試從科學的觀點去感受學生的回應時，教師也是無法了解學生的回應。

讓我們仔細地看Janet的電流的想法。從學生的電子迴路的概念研究中，她的想法是常見的。例如，年輕的學生爭論電燈泡中「正」或「負」的電流會流到燈泡，在那兒撞擊──產生火花，然後燈泡發亮。[2]有些學生則認為會產生一些化學反應而產生光。有些學生認為電流跑進電燈泡後用盡，然後再跑回電池。有時候會出現學生用汽油流進馬達，耗盡後流出馬達的類比。這些想法是瘋狂還是幼稚呢？從正確的科學觀點來看它的確是如此。但是從學生的觀點來看，他們不全然是愚笨或幼稚的；相反的，這想法是聰穎且有創意的，學生真的去思考他們所看到的，並試著用他們熟悉的事務來描繪他們所觀察到的現象，且去理解現象背後的是什麼。

　　假如我們試著用學生的角度來看簡單的電子迴路，我們會有以下的情形。使用電線將電池（或是其他來源）上面兩個不同的電極（＋和－），接在燈泡正確的地方，燈泡就會發亮，這是學生所能觀察到的裝置和現象。學生看不到電子，教師也沒有，然而，他或她可能想到電子。假如我們注意學生之前的想法，那麼用這些想法解釋他們的觀察會非常清楚：電池和電燈泡的接頭之間有兩個連接，電池的兩個接頭稱為＋和－，這樣一來，去想電流分成兩個不同種類就變得有道理了。最後他們的觀點解釋了電燈泡為什麼會亮，所觀察的事物也支持Janet的想法。更進一步說，她清楚地表達並解釋電燈泡為何會亮的必要條件。Stafford「贏得那一天」後，Janet感到尷尬，並問：「不然他們認為熱從哪裡來？」事實上，Janet 問了一個非常有思考性的問題，由 Stafford 提供的解釋並未談到這個問題。

　　假如教師在這樣的情形下告訴學生正確的觀點：電流是由電池的負極經過電燈泡後到達正極。要學生了解這樣的解釋是不會成功的。他必須展示他的觀點或是科學觀點給學生看，而這是比學生的另有觀點更有價值的。[3]換句話說，他一定要說服學生科學觀點是較有道理

的。應該更清楚地對學生說明，教師只是忠實呈現電流的模式，而不是絕對的真實。Krueger先生並沒有試著對他的班級解釋他的電流觀點只是一個模式而已。

在此班級所討論的電流觀點是正確的嗎（如Krueger先生提過好幾次）？此觀點只能在某些特定的情況下被證明，事實上裡頭還涉及了一些隱藏的假設。例如，導體是金屬做的假設（或者至少是由電子形成電流的材料）。一個些微的差異會造成什麼呢？假如迴路包含半導體或電解質，或是假如電燈泡被發光二極體（現在已成為家喻戶曉的「電燈泡」）所取代，在這個例子中電流是什麼呢？的確，事情變得更複雜，且現在可能真有正電流（Janet 這樣稱呼它）（如正離子）了。當我們告訴他們電子離開負極且在迴路內流動時，我們引發了學生心中何種的觀點？這個觀點是否包括電子如同互有相關粒子的鏈子（像腳踏車鏈子）移動的概念化過程嗎？從文獻中顯示電子時常被視為如粒子在金屬線中個別移動一樣，但是事實不是如此。所以，當電池驅動它們時，這些電子是來自哪裡？且它們又會到哪裡？可以確信的是，它們不是從電池的負極出來，而且也不是回到電池的正極，很清楚的，在電池中離子移動的迴路是封閉的。

現在應該停止讓事情愈來愈複雜，且回到現實和Janet、Stafford以及 Krueger 先生。簡單的電子迴路，對於年輕的學生，或對科學觀點的理解感到困難的大學生而言，都是不容易的。從物理學的觀點來看，簡單的迴路也不是簡單的；無疑地，事情經常不是如課室中所呈現的那樣簡單。當然，我們時常讓事情簡單是為了給予學習的機會，但是我們必須察覺到使科學觀點變得平凡瑣碎的方法。從這個觀點來看，Stafford是否真的擁有正確的科學觀點是很難說的。當然，他討論的方法是有說服力的，在金屬線中的確沒有可能會移動的正電荷，但是他的觀點會超越這個想法嗎？他能夠在其他更複雜的例子中應用這個想

法嗎？

　　說或不說呢？Krueger先生擔心在最後他是否要對學生說正確的觀點，他在這堂課的想法是學生被要求發展他們自己關於電子迴路中電流的理論。假如學生會運用他們有關電子迴路的先備知識，並能鼓勵學生主動地思考有關他們知道什麼和記得什麼，這當然是一個有價值的策略。換句話說，他們有機會主動重新建構他們所學的內容。當然，使用這個策略有一定的風險存在。假如學生像Janet一樣，使用深植在日常生活經驗中的另有想法，那麼教師必須提供支持科學觀點的討論；即使如此，僅僅告訴正確答案，將會和Janet的例子一樣失敗。

　　Kruege先生非常擔心Janet所持有的「錯誤」觀點，且擔心她拒絕放棄這個對她來說清楚而且具有說服力的想法。或許他應該要更擔心那些在班上跟著意見領袖或是僅是呈現記憶中的東西，然後說得好像他們已擁有這個科學觀點的學生。Janet顯然在她自己的看法和班上其他同學的共識之矛盾中艱苦奮戰，但在她的努力結束後，她可能會比她的同儕還要更了解電子迴路中的電流。

主編總結

　　Barry Krueger 的課堂提供了大多數科學教師熟悉的場景：學生操作著教師提供的材料，而教師也仔細挑選了有組織的經驗，以幫助學生建構對世界的科學觀。當學生的理解低於教師所預期（和教科書的主張）時，教師也認知到課程的關鍵點，此時（經常在課程快結束時），科學教師會面臨一個兩難——說或是不說？

　　Krueger的故事和伴隨的評論提供了我們對這個兩難的複雜性有更深的了解，有一些議題可由這個分析中表達出來。第一個議題是關心

科學知識的地位。一方面，作者承認科學的暫時性和複雜的本質，例如，Loughran 解釋說卡車的類比提供了解電的不同方法；Duit 提醒我們簡單的迴路不是簡單的，電子流動解釋了電流的一些條件但不是全部，它是一個模型但不是最終的真實。從另一個角度來看，三位評論者都認為驅動學生朝向「正確」或「對」的答案或「科學觀點」是重要的；很清楚地，是什麼構成科學的正確觀點，以及如何評定這個觀點的問題仍然是為了了解教學的核心議題（Louden and Wallace, 1995）。

第二個相關的議題提及「達到了解」過程的重要性。Loughran 與 Duit 都稱讚 Krueger 在他的班上鼓勵學生自己理解及建立理論的嘗試。確實，每位評論者都認為了解不只是得到「正確」的觀點，還包括為了理解所做的努力。Duit 宣稱 Janet（儘管她的不完美知識）將會比她的同儕更了解電流是什麼，然而，就像 Krueger 在 Janet 的經驗中所闡述，學生在沒有任何準備下不可能會正面回應這個教學方法。就如 Loughran 所說的，學生需要習慣去「證明他們的思考和挑戰他人的思考（包括他們的教師）」。

第三個議題論及學校的結構（學校的課表、課程綱要的要求、教科書和評量的程序）在科學的教學和學習上有力的影響。奠基在建構主義或是其他想法上的改革，在面對學校強迫教師採用「教學和測驗」的強力制度下，是不可能成功的。學生也很了解 Krueger 所稱的這個「學習遊戲」的規則，經驗告訴他們，在適當的時候，教師會提供他們正確的答案。即使是教學技法最創新的老師在面對學生的期待時也會承受極大的壓力。

最後，是有關學習（和教學）責任的議題。為了超脫學生對教師給予正確答案的依賴，有必要要求學生接受一些學習的責任。對 Loughran 來說，學習責任的議題是「說或不說」這個兩難的中心。好的教師會站在這個議題上的中間立場，在說（因而承擔一些責任）和不

說（鼓勵學生去承擔更多的責任）這兩個極端之間調節他的教學。依照 Loughran 的說法，不同的情境需要不同的回應——決定要做什麼和何時做，包含「豐富的教學理解」。

註解

1. 參考文獻中，在學生電子迴路概念和他們朝向物理觀點的學習過程中，有數以百計的研究是由 Pfundt 和 Duit（1998）所進行的。
2. 「不調和電流」是 Osborne（1981）對此概念的名詞。
3. Posner 等（1982）提出的概念改變模型，認為說服學生科學概念是比他們自己所持有的概念還要更有價值（也可以看那個模型的最近解釋之摘要，Duit 和 Treagust, 1998）。

參考文獻

Champagne, A. B., Gunstone, R. F. and Klopfer, L. E. (1985). Effecting changes in cognitive structures among physics students. In L. West and L. Pines (eds), *Cognitive structure and conceptual change* (pp. 163–186). Orlando, FL: Academic Press.

Driver, R. and Easley, J. A. (1978). Pupils and paradigms: A review of literature related to concept development in adolescent science students. *Studies in Science Education*, 5, 61–84.

Duit, R. and Treagust, D. (1998). Learning in science – From behaviourism towards social constructivism and beyond. In B. J. Fraser and K. G. Tobin (eds), *International handbook of science education* (pp. 3–25). Dordrecht, The Netherlands: Kluwer.

Feyerabend, P. K. (1975). *Against method: Outline of an anarchistic theory of knowledge.* London: Verso.

Lakatos, I. (1970). Falsification and the methodology of scientific research programs. In I. Lakatos and A. Musgrave (eds), *Criticism and the growth of knowledge* (pp. 91–181). Cambridge, UK: Cambridge University Press.

Lawson, A. E. and Renner, J. W. (1975). Piagetian theory and biology teaching. *The American Biology Teacher*, 37, 336–343.

Lorsbach, A. and Tobin, K. (1992). Constructivism as a referent for science teaching. *NARST News*, 30, 9–11.

Louden, W. and Wallace, J. (1995). What we don't understand about teaching for understanding. Paper presented at the annual meeting of the National Association for Research in Science Teaching, San Francisco, CA.

Osborne, R. (1981). Children's ideas about electric current. *New Zealand Science Teacher*, 29, 12 ff.

Osborne, R. and Freyberg, P. (1985). *Learning in science: The implications of children's science*. Auckland, New Zealand: Heinemann.

Pfundt, H. and Duit, R. (1998). *Bibliography – Students' alternative frameworks and science education*. Kiel, Germany: Institute for Science Education (IPN).

Pines, A. L. and West, L. H. T. (1985). Conceptual understanding and science learning: An interpretation of research within a sources-of-knowledge framework. *Science Education*, 70, 583–604.

Popper, K. R. (1972). *Conjectures and refutations: The growth of scientific knowledge*. London: Routledge & Kegan Paul.

Posner, G. J., Strike, K. A., Hewson, P. W. and Gertzog, W. A. (1982). Accommodation of a scientific conception: Toward a theory of conceptual change. *Science Education*, 66, 2, 211–227.

Solomon, J. (1994). The rise and fall of constructivism. *Studies in Science Education*, 23, 1–19.

Tobin, K. (1990). Social constructivist perspectives on the reform of science education. *Australian Science Teachers Journal*, 36 (4), 29–35.

Treagust, D., Duit, R. and Fraser, B. (eds) (1996). *Improving teaching and learning in science and mathematics*. New York: Teachers College Press.

第十四章

全民科學

Anna Blahey, Ann Campbell, Peter J. Fensham and Gaalen L. Erickson

主編引言

自從一九八○年代中葉，全民科學是科學教育中一個很重要的議題（Fensham, 1985, 2000）。全民科學和它相關的運動，科學素養，基於以下的立場：每一個人，不論背景、國籍、語言、性別、文化的起源且（或）社會經濟環境，皆有受科學教育的基礎權利。這樣的立場也就是科學素養對於個人的、智能的、社會的及經濟的福祉和所有學生的未來是必要的。雖然全民科學的渴望有共同原則上的同意，但因為焦點在目標或過程的不同，導致對這個議題有不同的導向。

全民科學的目標導向對於學校科學強調一套廣泛的目標或結果，通常以獲得和使用科學知識和科學程序來組織。在科學素養的許多出版品中，可以發現目標的清單（Bybee and Ben-Zvi, 1998; Bybee and De-Boer, 1994; DeBoer, 2000; Fensham, 1985; Roberts, 1988）。當評論者討論到需要達成這些目標的過程，暗示了注意到學生差異的重要性，基本的前提是科學素養應該廣泛適用於學校所有人的概念。舉例來說，

根據 Stinner 和 Williams（1998, p.1,028），針對每一個人的科學是「對多數學生而言，科學是可理解的，學生認為有意義且有趣的，並與多數學生每天的生活和經驗有關」。

　　這個議題上的另一個觀點聚焦於教授學校科學的過程，特別是術語的文化結果，如全民科學（Aikenhead, 1996; Lee & Fradd, 1998; Tobin, 1998）。評論家指出使用術語如「可理解的」、「多數的學生」、「有意義的」和「每天的生活」的困難。當使用術語去描述來自被邊緣化社群學生的特徵及學習是有問題的。對於一個社群而言是可理解的和有意義的事情，可能對另一個社群並不是如此。更進一步來說，對於來自被邊緣化社群的學生，其思考和活動的具體實行與傾向〔Bourdieu（1977）稱之為習性〕，通常與設計及傳遞課程者的生活和經驗差距甚遠。根據過程的觀點，只有經由對主導文化的識別才有辦法達成，特別是教師部分，將這個主導文化帶到所有學生的科學學習，尤其是來自被邊緣化社群的學生（Tobin, 1998）。

　　這兩個（同樣可以辯護的）觀點，一個關於結果，一個關於方法，提供了現實中科學教師教學時的兩難。對於科學教師而言，心中沒有內容、技能和應用目標是不可能的。同樣地，一方面必須考量班級是由具有不同經驗的不同學生及學生團體所組成（所以適合這一群學生的目標可能不適合其他群學生）。在為了達到特殊目標的探索中，教師可能將某些學生的習性當作是缺陷需要被克服，而不是當作一種資源來使用。如 Gallard 和同事（1998, p.951）的警告，一個更大的危險是：「這個課程對於少數族群學生的要求比較少，或是提供寬鬆懶散的環境」。任何方式，如果目標距離學生或科學規範太遠，學生可能消極的參與且（或）積極的抵抗所制訂的課程。

　　以下這故事情境脈絡中就存在這種兩難，「僅有工作沒有遊戲而使學校變成地獄」的故事中，Anna Blahey 描述她在一個星期的研究時

間中，教導來自低社經環境的十年級學生科學的經驗。Anna解釋，學生在學校擁有一段低學習、曠課及破壞行為的歷史。Anna描述她不斷改變以自我生存的經驗，提供一個有意義的學校科學經驗的競爭需求的嘗試。這故事由 Ann Campbell，以及 Peter Fensham 和 Gaalen Erickson 進行評論。

僅有工作沒有遊戲而使學校變成地獄

Anna Blahey

　　星期五，十年級科學的第六節課，Township 高級中學中最粗暴的一些學生在這堂課中。大致而言，這些學生出現了一些行為問題，像是低自尊、低能力、其中一些學生幾乎是文盲、有時好鬥以致長期曠課、常使用粗暴的言語，以及對教師或教育非常不尊重。在每週都有一個「研究時段」，我都會面對這樣的學生。我必須承認，並非所有的學生皆是如此。至少有二到三個是相當好的孩子，但大致來說我並不誇張。毋需贅言，我並不期盼可以和這個班級「打鬥」與傳授一點點的知識。

　　我並非他們正規的教師，因此我們沒有發展出互相尊重的關係。同時我們亦被放置於實驗室六，那是一間示範實驗室，設備不足並且相當狹小（並非他們平常的教室，所以他們是在不熟悉的環境而且是混亂的）。即使這個課程，我每週只來一次，但這仍令我想了很多且相當擔心，我已經認知到這不像其他的教學課程一樣，我無法掌握這個課程。

　　我第一個想到的是讓這群學生在這個有限的設備和空間中被

實驗工作占據。本學期的第一個課程將測量正常學生的肺活量
（他們正規的教師，曾帶領這個班級從事循環和呼吸系統的主
題，所以這樣的活動是非常適合的）。這樣的課程比我所預期的
好，學生是熱衷並且完全合作的。我設立了競賽般的測量，順著
這個方式，我提出一些問題，如較高的人比較矮的人具有更大的
肺活量嗎？男人比女人呢？骨架大的人比骨架小的人呢？依據這
個問題來選擇下個被實驗的人。

在我們測驗完每一個學生之後，將個人的肺活量和高度的測
量值記錄於黑板上及學生的書本（假如他們有帶書）或紙上。我
介紹「相關」給這個班級，而且在結果中尋找任何顯著的類型。
這個班級喜歡測量方面的競賽，並且想在第一個嘗試中勝過別
人。我很高興這個結果，並且想繼續維持這種競爭狀態。我要求
教室中每一個成員為下一週課程做準備，也就是他們必須將第一
週的結果繪製成圖表（同儕壓力可能是一個很好的工具）。他們
對要將結果繪製成圖沒有抱怨，甚至繪圖快的學生會幫助繪圖慢
的學生。我檢查所有學生的書本及執行我最終的協議；進行肺活
量期末考。我知道我們不能一整年都學肺活量的知識，但針對十
年 R 班的科學課，我了解自己已經找到關鍵的方法。

在緊接著的下一週中，我介紹十年 R 班一個 Fictionary 的遊
戲。給學生一個不認識的字，並要求以小組的方式在紙上寫下這
個字的定義。我蒐集了這些定義，並在錯誤的定義中增加正確的
定義，然後我對全班宣讀全部的定義。每一隊獲得分數的方式有
兩種，一種是選擇正確的定義，或讓另外一個隊伍接受不正確的
定義。這些低能力將近文盲的學生寫下的有些定義，讓我感到吃
驚；雖然拼字很差，但他們在定義中所使用的想像力令人驚訝。
學生非常喜愛這個遊戲，甚至在下一週中，他們仍記得一些字及

正確的定義。

　　十年R班的學生和我都從科學課中找到一些快樂。在每一週中，我們會進行一些小實驗，他們從中學習基本技能和科學概念、談到出現在新聞中的科學議題或者討論有趣的科學現象。我通常會在活動的最後測驗他們，如果他們專心且在課程的最後十分鐘左右能夠回答問題，我們將玩一場Fictionary遊戲，或看一支影片。然而，他們總是必須先做一些事。

　　到目前為止，進行這樣的方法對十年R班是非常好的，在班級上我已經沒有遭遇到行為上的問題（允許他們偶爾吵鬧一下，但那是實務進行時的噪音，這是我可以接受的），且這節課沒有人曠課。星期五的第六節課不再像過去受到關注及擔心，它現在已經相當地有趣，同時證明是可以接受不間斷的挑戰。

同事評論

Ann Campbell

　　我非常地喜愛閱讀十年R班科學課的故事。這個個案研究說明了教師必須再檢視情境和決定適當策略去處理特殊的問題，以獲得學生的信任，並且可以進行平穩的教學。如果教師在一個困難的班級無法得到立即成功，教師必須冒險，採用非傳統的方式並且要創新。我相信Blahey女士對這個班級採取的方式是很成功的。

　　Blahey女士無疑的面對一個兩難的問題。分配到能力混雜的團體，且每週只有一節課，及差強人意的教室等問題；她以一個有趣的方式解決這個問題。她檢視了情境，並決定了學生及教師都喜愛的策略。

她成功的在教室建立一個有益於以友善的方式來學習的氣氛。以鼓勵學生為自己和要成功來發展出這樣的氣氛。學生增加了自尊並且有更大的動機去參與。

　　學生的主要問題是他們有根深柢固的失敗經驗，同時採取不服從的行為模式來面對這種失敗。Blahey 女士的方式開始讓學生察覺到，科學並非被限制於只有教室範圍的事實。科學是我們日常生活中重要且有意義的部分，並且設計較少壓力及相關的課程可以改變學生對科學的知覺。未來的課程可以建立在最初的興趣和提供動機的刺激。

　　對於之後採取課程的建議是，可以讓小組學生準備關於科學趣味方面的簡短討論，這些是他們在校外已經閱讀或聽到的內容，而將它呈現給全班。另一個可能是，可以組織辯論活動或是在學生中進行角色扮演。必然地，當有興趣後行為的問題就比較不是問題，可能性是無窮的。

　　對這個包含了特定冒險的創新方式要予以恭喜。教師面對許多的學生時，不能僅依賴傳統的方式，而是要採用非傳統形式的方式，使學生對於學校，特別是在科學上，感到具有關聯性，較有意義並且快樂。無疑地，當學生熱愛學習，教師就會存在於「無壓力」的環境。

現存的科學課程並非全民科學

Peter J. Fensham, Monash University

　　當我閱讀這個故事，我想到在我參觀墨爾本郊外的一所初級技藝學校（全校只有男孩）時，我告訴十年級科學教師的話。我記得當前面辦公室的人指引我去教室時，教室內沒有任何一個人；其他老師告

訴我，我必須先找到John和十年級學生，他們在學校主建築物後面的儲藏庫中或附近。十年級果然在那裡，拼命工作地製作玻璃纖維的獨木舟，以便來得及在學期末最後一星期的河水競賽前完成。

　　現在小鎮高級中學的科學老師在科學研究中，解決與十年R班交戰的問題，亦是藉由相同的策略競賽來引起動機的。你可以用一學期建造玻璃纖維的獨木舟，但你不能「整年都進行肺活量的活動」。如果相同的學生總是贏家或輸家，則競賽可能失去它引發動機的優勢（十年R班知道課程是很好的，他們是過去幾年較努力學習的一群）。再者，如果你必須比較和補充傳統的科學課程綱要（對本個案而言，就是循環和呼吸系統），去提供一系列具有相同競爭力與吸引力的實踐活動方面，是不容易的。

　　那麼，在小鎮高級中學的例子中，教師需要額外附加引發動機的獎賞。十年R班輕易接受，她過去明顯使用的策略，簡短的Fictionary遊戲，這使她驚訝及欣喜。因此，他們完成較少強制性科學的任務是因為動作迅速的學生幫助了其他人（一個可能是合作學習或至少是分享任務完成的極好和自動自發的例子）。恭喜Anna如此巧妙地處理困難的情境，而她表達很好的是「所進行的教學方向適合十年R班的學生」、「沒有行為問題」、「沒有曠課」和「星期五的第六節課不再像過去受到關注」。

　　無疑地，本例是一個熟練的教師在指派的科學研究課程中存活的個案。由此個案中，我們還能看見更多的主張嗎？它是一個包含性別的科學教學和學習的例子嗎？它是一個科學素養教學的例子嗎？過去十五年全民科學這口號，已經挑戰科學教育者並進入教室；而這個例子具備了口號中的哪些特性？當我們在科學教學中融入情境敘述的近代課程取向以前，讓我們先檢視此故事中的一些判準。

包含性別的

　　在國中階段不管是男生還是女生，對個人生物學的主題均傾向於感到極高的興趣。男孩比女孩有較強的競爭動機，女孩則較容易有合作學習。如果老師直接將研究範圍的變因，限制為性別是唯一關聯性的一般因素（因為任一本標準課本或百科全書會報告），則可能顯示一種清楚的關聯性。無論這種Fictionary遊戲的結果是什麼，在科學方面，這關聯性使得那些男孩始終是為獲勝者。

科學的素養

　　科學素養的定義有許多方式，因此需要設定教與學的判準。Doug Roberts（1988）提出七件強調之事，足以說明本故事幾乎難以達成當代學校的科學教育目標。學習的七個目標：(1)每天追趕科學新知；(2)為未來的學習建立堅實的基礎；(3)獲得科學技能；(4)修正解釋；(5)自己本身就是一個自信的解說者；(6)科學（技術）的判斷；及(7)理解科學的本質。

　　在學校學習科學的目的，甚至沒有擴大上述範疇的定義，我個人明顯認為，本故事中的學生在上述範疇中的得分應該不會很好，應該僅有第七項「科學本質」的得分還可以。這些學生從眾多的變項中測量一個變項，從中明白依變項與自變項關係。然而，這些想法似乎是老師定義的及老師指定的；那些學生僅僅消極地（一個心裡的感覺）進行測量、記錄和計算任務。假如那些學生已經被要求提出與肺活量有關的變項，同時提出以各種的方式測量這些自變項和依變項，對此，他們如何能測試他們的想法？此時他們已經進入科學本質，以一種大而開放的，而且事實上已經深受歡迎的方式。

全民科學

　　有關全民科學的辯論中確認了兩個判準：(1)對學生在校外的日常生活是有用的學習；和(2)引起有關大自然的驚嘆及好奇心反應的機會。在這些判準上，本故事中的學生沒有得到上述這兩個判準。

　　另一個判準是學生知覺到他們獲取知識的價值，與我遭遇到的有關玻璃纖維獨木舟製造者和高中課程的聚合物及塑膠的課程是一樣的。學生在理論面來說學習到數種不同的單體，聚合反映中鏈反應和縮合反應的機制，還有熱塑型和熱固型塑膠的不同；在實驗室中他們也同時製造了一些類似尼龍的聚合物。在實用面上，獨木舟的製造者學到有效產生聚合反應的濃度、催化劑、溫度和時間的條件，並且如何使他們的產品可以強化、造型，和完成一個完美裝飾的作品。

　　在教室中，成功的學生必須在學習的過程中得到一種感覺，感覺到被教導學到的物質不只是有學術上的意義，並且有社會上的重要性。但他們沒有學到任何有用的實際知識；相反的，這些做了獨木舟的十年級學生，全部都獲得了強而有力且有用的新的實用技能；和能有自信地討論他們學習到的聚合反應的過程。玻璃纖維是具有高度潛力的，特別是對男孩子而言。像在澳洲的社會，衝浪和汽車是很普通的（通常需要修護一些小的凹痕）。然而在理論或實用面上，肺活量課程的知識，沒有上述明顯的相對物，所以學生感覺不到他們學會此項科學任務是值得的。

將這個故事放置在近來科學教學的課程取向

　　在傳統學校科學中，有許多科學概念可以應用在學生的生活中。這些概念存在於科學本身當中，因為他們和其他的概念存著有用的關係（對科學而言）。例如：在物理學中力是一個有用的概念，因為它

與加速度、作功、電流、壓力等有關,它是關係網路的一部分。在傳統學校科學中,我們通常創造一個特別的實驗室情境來個別的教導這些關係。這樣子在某方面可以簡化學習,但在另一方面來講會使它不真實或抽象。為了使科學對更多的學生產生意義,在課程中一個主要的發展是「概念網路在情境脈絡的網路中」。

像交通或運動,大規模真實世界的情境脈絡是由許多共享一些元素的較小情境脈絡所組成的,如此他們便是一個「情境脈絡的網路」,許多較小情境脈絡包含了力和相關的科學概念之間關係的應用。科學教師使用對學生而言是熟悉和重要的真實世界情境脈絡開始的課程取向,來提供動機和幫助科學概念和概念關係的學習。在學生了解這些概念在科學中的角色之前,情境脈絡提供了這些概念立即的意義,而大部分的學生也能夠感受到這些情境脈絡。不管學生學習到何種程度的科學概念和關係,這些學生得到理解的、擴展的感覺,並且有信心生活在這些情境脈絡包含的日常生活中。

不容置疑的,肺活量有應用在人的表現,因此對學生而言是在一些真實世界的情境脈絡中。「概念是在情境脈絡中」的取向,也許為學生提供了外在和內在的學習動機,而十年 R 班的學生,為全民學習科學方式提供一個範本。

胡鬧和創造學習的情境

Gaalen L. Erickson, University of British Columbia

Anna「勉強學習者」的短故事案例,提出一些有關現今教室中需求和多元的教學議題。作為讀者,在讀這個故事時,我們可能會問自

己：「這案例透露什麼訊息？」就像很多教室教學的故事，這個故事可以依據我們想要討論的何種議題或是不想討論的議題來做不同的框架。在這個案例中我想要討論的是，有關學生和老師學習本質的重要議題。有些議題是被隱藏在言語、教學和組織結構中，然而有些議題是滿透明的。在我的評論中我將討論一些有趣的議題。

　　這個案例中的起始框架是Anna要教導一個「困難的班級」（有很多管理問題和行為偏差的學生）。此案例沒顯露課程或組織情境脈絡，我們能推測，學校的行政人員嘗試讓這群成績不好的學生每一星期有一段時間被占據。故事告訴我們，Anna代理十年R班的學生，每星期有一次「研究的時間」，並且Anna可以將她的課程活動連結到班級的科學教師，這將是一個額外的益處。因此，情境脈絡的描述非常模糊不清，可能讓評論者和讀者做過度的猜想。

　　我最初受 Anna 全神貫注想建立十年 R 班的管理結構而震驚，這樣全神貫注並不令人覺得意外，我想我們所有的人都曾經有教導過對我們的教學不感興趣的學生的不安經驗。而Anna有關對她「低成就的學生」的期望及假設的描述，讓我感覺到精神振奮。Anna有教導困難班級的先前經驗，因為她立即決定什麼是學生需要的：做一些實驗，使用相關的活動來驅動學生，而這些活動通常需要某種程度的競爭；並且透過一些活動的使用來獎勵良好的課室行為。

　　我發現 Anna 從她這個班級所達成的「快樂媒介」的描述是很有趣，顯示她從這個班級學到了東西。學生在有意義活動中的真實興趣，當他們有機會時他們有能力可以寫下富想像力的定義，和他們在一個對他們而言的重要情境脈絡中所引發術語的記憶能力和定義的記憶能力，很讓Anna感到驚訝。Anna似乎發現一個適用全部學習者有效學習科學的條件（參與有意義的活動；在學習過程中讓學生擁有一些自主權；當學生展示他的想法，應該尊重學生的想法等等）。我懷疑，Anna

有關學習的直覺，貫穿了她在「常態班級」的教學；但故事中她似乎沒有意識到這些學習的條件，適用於所謂的「低能力」的學生。實際上，這個案件清楚地說明，在學習的情境脈絡中，各式各樣類型的鷹架活動及其他情意關係所扮演的重要角色。這些因素對Anna所教導的十年R班的那些對傳統傳輸式教學不適應的學生是特別重要的。

從這個案例，我們到底學到了什麼？以我所見，在教室教學的設計和管理上，指出了一些有潛力和有利的方向。首先，如前面所指出，此案例顯示出要創造一個有收穫的學習環境時必須考慮的一些重要學習條件。Hoban（1996）在她的教師學習的研究中，說明 Cambourne（1988）的小孩子在一個家庭的學習環境中如何學習說話的分析。Cambourne找出八個這樣的條件：融入、參與、示範、期望、責任、練習、簡約化和回饋。而這些情況明顯的互動，而不是互相獨立。我們在Anna努力為自己及她那些不情願的學生所創造的教學環境案例中，可以強烈發現有些相似處存在。這些不情願的學生，在Anna努力之後，融入在一個和這些學生有相關的可參與任務。Anna努力地建立他們對這些任務反應的清楚期望，並且運用同儕壓力使他們對自己的行為負責。更進一步，她也知覺到需要經由持續的實驗提供機會讓學生練習他們所發展出來的技能和理解，並且經由教室的討論和考試來對他們的學習提供回饋。

最後，這個簡短的案例捕捉到現今具有差異性的多元教室的教學挑戰和複雜性。Anna評論十年R班「現在是一個令人教學愉快，同時也是一個持續的挑戰」，我認為：一位教師如果想要成功的處理這些複雜環境，那麼老師必須發展出扮演重要態度和探究方面的教學。

主編總結

「僅有工作沒有遊戲而使學校變成地獄」描述的情況，對那些教過不想上學學生的老師都有相同的經驗。對每個評論者關鍵的議題是在 Blahey 的教室中是否有一些有意義的事情，如科學教育的目標或過程。這或許是個明確的問題，但是兩位評論者的答案，並沒有讓本議題變得清晰，反而呈現更加模糊。

在 Fensham 的評論中，他運用幾個判準，判斷 Blahey 班級的科學學習價值；這些判準包含一些科學素養及全民科學的標準目標，如對學生而言，科學學習是否有價值或者會產生好奇。Fensham 承認老師的技巧的確刺激這些學習困難的學生，然而他認為這些學生學習，幾乎未達到他提議的所有判準。Fensham 批評的核心是他認為這個故事中的科學學習是與情境脈絡無關的；他指出在這個故事中肺活量的活動並沒有連結到如運動這樣的真實生活情境中。相反的，他提出另外一個十年級學生以製造獨木舟來學習聚合物的例子。依據 Fensham 的情境脈絡（或情境脈絡的網路），提供學習科學概念的意義。

Fensham有關科學情境脈絡重要的觀點，以建造獨木舟的例子做了很好的說明。在他的評論中，Erickson 對情境脈絡採取一個不同的觀點，他強調當要創造一個有生產力的學習環境時應該要考慮的重要學習條件。Erickson建議，教室生產力來自於許多學習情境複雜交互作用的結果（包含融入、參與、示範、期望、責任、練習、簡約化和回饋）。他對 Blahey 的教學持一般正面評價，他用這些判準指出情境脈絡是一個複雜概念，與社會、態度和情感有關，同時和科學層面也有關。Blahey 的學科主任 Campbell 也認同並稱讚 Blahey 的理念，「在一

個教室中成功的建立了一個沒有威脅性的主動學習氛圍」，和「鼓勵
學生能對一些事情有自己的想法」。

對於 Blahey 的教學有不同的評論，而我們該如何去判斷科學學習
的價值？有一位評論者評斷科學教學是依據有成效的學習環境，可是
其他人卻不認同。每位評論者採不同觀點來看本案例，但是不同的觀
點凸顯實行全民科學的困難，又加上學生來自於不同團體，實行起來
的困難度更高。在此處，我們再度看到教師面對教學的兩難。我們是
否要如同 Fensham 所提倡的聚焦在將學科知識重新創造真實生活的版
本，或如 Erickson 所提議的創造學習的條件呢？當然，答案在這兩者
之間；如同 Blahey 的評論所說，「十年 R 班和我達到快樂的中介」。
當然，對於 Blahey 的教學能很快地有以下一些調整，如：設計更好主
題內容的銜接；和朝向更合作（較少競爭）的環境，在該運作過程中
讓教師與學生成為共同參與者（Schön, 1985; Tobin, 1998），來達到科
學學習的目的。然而，我們不能低估現今教室中科學教學的挑戰和複
雜性，也就是在一個更多的科學對話中來包含多元的學生。

參考文獻

Aikenhead, G. S. (1996). Science education: Border crossings into the subculture of science. *Studies in Science Education*, 27, 1–52.

Bourdieu, P. (1977). *Outline of a theory of practice*. (Trans. Richard Nice). Cambridge: Cambridge University Press.

Bybee, R. W. and Ben-Zvi, N. (1998). Science curriculum: Transforming goals to practices. In B. J. Fraser and K. G. Tobin (eds), *International handbook of science education* (pp. 487–498). Dordrecht, The Netherlands: Kluwer.

Bybee, R. W. and DeBoer, G. E. (1994). Goals for the science curriculum. In D. Gabel (ed.), *Handbook on science teaching and learning* (pp. 357–387). Washington, DC: Macmillan.

Cambourne, B. (1988). *The whole story*. New York: Ashton Scholastic.

DeBoer, G. E. (2000). Scientific literacy: Another look at its historical and contemporary meanings and its relationship to science education reform. *Journal of Research in Science Teaching*, 37 (6), 582–601.

Fensham, P. J. (1985). Science for all. *Journal of Curriculum Studies*, 17, 415–435.

── (2000). Providing suitable content in the 'science for all' curriculum. In R. Millar, J. Leach and J. Osborne (eds), *Improving science education: The contribution of research* (pp. 147–164). Buckingham, UK: Open University Press.

Gallard, A., Viggiano, E., Graham, S., Stewart, G. and Vigliano, M. (1998). The learning of voluntary and involuntary minorities in science classrooms. In B. J. Fraser and K. G. Tobin (eds), *International handbook of science education* (pp. 941–953). Dordrecht, The Netherlands: Kluwer.

Hoban, G. (1996). A professional development model based on interrelated principles of teacher learning. Unpublished doctoral dissertation, The University of British Columbia, Vancouver, BC.

Lee, O. and Fradd, S. (1998). Science for all, including students from non-English-language backgrounds. *Educational Researcher*, 27 (4), 12–21.

Roberts, D. (1988). What counts as science education? In P. Fensham (ed.), *Development and dilemmas in science education* (pp. 27–54). New York: Falmer.

Schön, D. (1985). *The design studio*. London: RIBA Publications.

Stinner, A. and Williams, H. (1998). History and philosophy of science in the science curriculum. In B. J. Fraser and K. G. Tobin (eds), *International handbook of science education* (pp. 1,027–1,045). Dordrecht, The Netherlands: Kluwer.

Tobin, K. (1998). Issues and trends in the teaching of science. In B. J. Fraser and K.G. Tobin (eds), *International handbook of science education* (pp. 129–151). Dordrecht, The Netherlands: Kluwer.

第十五章

非本科專長的教學

Gerald Carey, Allan Harrison, Diane Grayson and Uri Ganiel

主編引言

　　十幾年的研究指出，老師對教學內容的了解會嚴重影響到教學取向和決定（Ball and McDiarmid, 1990; Feiman-Nemser and Parker, 1990; Gess-Newsome and Lederman, 1999），這些研究皆起因於Shulman（1986, 1987）對教師學科知識重要性的獨特見解。Shulman指出教師對於其教學的學科知識了解應該超越課程內容，教師對提出問題、選擇作業、評量學生的了解和選擇課程能力，都和他們了解學科內容有重要的關係。

　　根據 McDiarmid 及其同事（1989）指出，教師對學科知識的了解不只是比學生多了解一點就足夠，他們應了解包括他們的知識是如何發展，事件是如何相關和事件的解釋是如何解釋的相關想法（Grossman et al.,1989）。如果教師對學科領域知識了解，就能有效地幫助學生達到較有彈性的了解，如果他們自己對學科有更好的了解，教師在面對不同學科知識，對有不同經驗及不同程度的學生時就能發展出教導他們不同的表徵。

　　非本科教師對這些議題有特別深刻之處。研究顯示非本科的科學教師通常缺乏學科教學的知識，編寫教學計畫時，不知道這個教學活動可能需要多少時間（Carlsen,1991; Gess-Newsome and Lederman,1995; Hashweh,1987; Lee,1995; Millar,1988; Sanders et al., 1993），而且對這個活動和學科知識如何連結也缺乏信心，活動的安排由上課的情況來決定，就如同在 Sanders 等（1993, p.729）的一位老師所述，「只要看看學生是否了解就知道教學是否有效」。非本科之科學教師時常有迅速且非常多的改變，時常會面對解釋上的困難，致使教師和學生都非常迷惑（sanders et al., 1993）。這些教師比本科教師花更多時間在講述上，而且通常會進行比較安全的活動（Carlsen, 1991）；課後通常會覺得他們在教學的表徵是很不合適，並且時常不確定學生是否學到這些知識（Sanders et al., 1993）。

　　不像初任教師，有豐富經驗的非本科老師都擁有一般教學知識。例如，他們了解教學中互動策略的重要性，使學生參與學習，而且需要聚焦在學生的理解；經由他們的經驗，他們後設認知到做些什麼才能教得好，以及因缺乏學科知識而導致的教學限制。這樣的認知導致了一個對有經驗的非本科科學教師兩難——即是否要依據教科書做可預期的、安排好的、教師心中的課程；還是讓課程變得有趣，以學生為中心的，但會導致以學科內容來解釋、理解和連結科學內容的危險。在這當中，我們以 Gerald Carey 的例子來說明這個兩難，這個例子提到一位有經驗的生物教師在教物理的情況；由 Allan Harrison, Diane Grayson 及 Uri Ganiel 來評論這個名為「再訪伽利略」的故事。

再訪伽利略

Gerald Carey

　　我一直對物理有著濃厚的興趣，但對於基本觀念的理解卻一直不是我的強項。在過去兩年中偶爾也教十年級的物理；但身為一個生物老師，我覺得這個學科是讓人感到有趣但又會讓人覺得無聊，這樣的感覺也影響到我十年級學生的身上。我無法完全掌握這個學科，物理對我來說，好像是在難以理解公式中一群不清楚而有關係的概念。我對光或運動定律的基本觀念是薄弱且表面的，我對於教物理沒有多大信心，尤其是上物理實驗課，這些實驗器材對我而言沒什麼意義──這些東西企圖要證明理論，但我從未真實地證明它。當我自己對這些知識只有一點點的了解，我不知如何來挑起學生對這個學科的了解？但今年不一樣了，我與一位熱心的物理教師密切接觸和使用一本沒有太多公式的物理教科書，使我對這些學科有更多的了解，現在的我，更期待教物理。然而，我新發現的興趣對學生的理解真的有幫助嗎？他們真的會學到一些重要和有關的知識嗎？讓我將這一年的經驗詳細敘述一下。

　　首先，是牛頓第一運動定律──靜者恆靜，沒有外力時，運動的物體會直線等速運動。了解這個定律必須依賴「慣性」的理解和摩擦力及空氣阻力的影響；以下是我在教十年級的同學時儘可能試著展示這定律的例子，如下：

• 如果你坐在一輛小型賽車上，當這輛車撞上一個木頭，則車子

會停止,但你會以一定速度前進,直到被一個力量停下來(例如:地面)。

- 小孩坐在車上應該坐在後座,並綁上安全帶,因為如果車子突然停止,慣性會讓他們衝向擋風玻璃,然後⋯⋯

- 如果你提著一桶水突然停下來,水會濺出來,儘管你停下來,水還是以一定的速度前進。

　　課程就這樣進行,我無法確定對學生的影響,直到我們開始談論空氣阻力在阻止一個運動物體所扮演的角色,我發現學生甚至不知道空氣是由什麼組成的,更不用說空氣分子是如何可當成阻力來停止移動中的物體。後來我舉了一個在風中騎腳踏車的例子,我問:「在風中是什麼讓腳踏車慢下來?」我告訴學生大氣中的分子會聚集起來讓腳踏車慢下來,只見學生頻頻點頭回應,但面無表情。

　　後來我又提出伽利略比薩斜塔的實驗——從塔上丟下一樣大但不同重量的兩個東西;我說我們可以在教室舉例說明來幫助我們了解空氣阻力的影響。我拿起教室中一個資料夾及一張同樣大小的紙張來預測哪個先碰到桌面,大部分的同學說是資料夾,因為比較重;接著我將兩個東西同時放手,果然是資料夾比較快。然後我又拿了一張紙放在資料夾上面,又問同學哪個會先落地,學生說當然是資料夾,但結果是不同的,兩個物體同時落地。他們認為我是在開他們的玩笑,於是我將紙揉成一團,但他們仍認為是資料夾會先落地,但結果是兩個幾乎同時落地(非常接近)。

　　當我要求學生解釋時,許多學生都很困惑,因為他們已有的經驗中一直是以為重的東西會先落地,然而,他們看到的結果卻非如此。但這種困惑是好的,因為這困惑可以挑戰他們原有的信念,並不只是他們不了解我的解釋,重要的是,他們可以度過困

惑期，因為他們可能會以開放的態度來聽空氣結構的科學解釋，而這樣的空氣結構是如何對物體施以一個我們稱為空氣阻力的力。從此刻起，就有一些學生留在教室討論；從學生的討論我發現了，我呈現的一些想法影響一些學生，他們的原有想法受到挑戰。我還記得學生向前來觀察資料夾和紙掉落的情形，他們彼此爭論、預測，和針對他們的觀察提出更多的問題，今年的上課和去年真是大不相同啊！

點頭但面無表情

Allan Harrison, University of Central Queensland

　　Gerald 對其本身的物理教學之敘述令人感到耳目一新，其原因有二──首先來自於他描述自己學科知識的弱點，其次來自於他如何修正他的教學和學生的迷思概念。我相信每個學校都有非本科專長的教師，但有多少努力的教師會去承認他的問題，如同 Gerald 會向學科專家尋求幫助，並找到一本他可以了解的教科書，藉而解決概念性的困難，Gerald 也體認到學生面對的概念困境。

　　Gerald 的問題是實在的，他對自己說「如果我只有薄弱的基礎，我如何使學生理解？」而他也確實挑戰了學生對於運動的先備概念。他不準備討論而直接進入物理，他不認同上課只是給學生記筆記、畫重點和測驗，相反地，而是要改變學生不適當的概念。例如，當他解釋空氣阻力時看到「學生點頭，但面無表情」；也因為學生表面上的同意並沒有說服力，因此，他決定利用紙張來展示實驗。

　　他所使用的方法包含了預測─觀察─解釋（POE）的基本元素；

就如同 Gerald 所寫的,「重要的是,他們可以度過困惑期,因為他們可能會以開放的態度來聽空氣結構的科學解釋,而這樣的空氣結構是如何對物體施以一個我們稱為空氣阻力的力。」同時,他挑戰 Aristotelian 的觀念,重的東西落下速度比較快;Gerald 對學生的描述中顯示出,有一些學生經歷了某種程度的概念改變。

我認為他可以使課程更活潑,如果他可以用實際的示範來呈現(Gerald 的描述讓我覺得他只是用講述法來呈現這些例子),例如一輛載有娃娃的玩具車,撞到一塊大木頭就可以展示出慣性;讓學生親身體會拿著裝滿水的杯子,快走然後瞬間停止,全班甚至可以在外頭做這實驗,實際的操作會增加學生的學習。

雖然如此,我發現這個故事非常有趣的地方,在於有一個教師去認知自己的知識,也認知到學生的另有概念,他對這兩個問題尋求解決方法。的確,他不見得是學校中最有知識的物理教師,但是,相較之前,他是一個更有效率的教師,他的方法顯示出他會繼續改進,而且對他的學生會有更大的幫助。

讓物理變得可理解的方法

Diane Grayson,University of South Africa

我感謝 Gerald 發現到物理是「有趣但令人感到無聊」,回想起我還是物理系學生的時候,我發現——量子力學的觀念或天文物理學的觀念是令人感到興奮的,但我也花了許多時間在無趣的公式和演算上。

當我還是學生時,我很喜愛觀念,但總是表現不好,我認為或許我不是一個很好的物理學生吧!但後來我在華盛頓大學的物理教育社

團待了七年，在接觸了 Arnold Arons（1990）、Lillian McDermott（1996）及其同事發展出來的方法——聚焦於培養對觀念的實際理解，我發現我理解物理了，我發現對於物理，以概念的方法比用數學的方法使我更能發展出關於「那些小的粒子到底在做什麼」的直覺。

幾年前，我回到一所以傳統方式教學的大學物理系，當我看到他們大一的考試後，我發現我也沒有辦法及格，這是什麼原因呢？原來這些題目是要求學生記下大量的公式，這些公式連我也記不下來；現在我才了解，這就是為何能理解物理卻無法考試考得好的原因。

今天有愈來愈多的物理學家改變他們呈現物理的方式，從一堆的公式，變成一組概念和原則來幫助我們解釋世界；近幾年發展出許多可以幫助學生建構對物理了解的良好課程（例如，Laws, 1996; Sokoloff and Thornton, 1990），這些課程大多是運用建構式的學習理論發展的。換句話說，他們相信所有的知識，包括物理，都必須是學習者主動建構；知識的本質不是由別人來告知，因此這些課程應該要讓學生動手做物理，而不是聽物理。

但這並不是說我們可以將數學從物理中去除，我相信有許多傑出的物理學家是從數學中看到物理的；但很少有人像我一樣認為更多的文字敘述、圖片及實驗對理解物理是有幫助的。儘管如此，有時精準的數學描述或真正的數值是必須的，這時就需藉助數學了。即使如此，學生理解物理是不需太多公式的，通常只要一個主要的公式，其他都是特例。其實，當初我會學習物理的原因是因為喜歡觀念、討厭記憶，記憶方程式會讓物理變得無趣。

另外對於學物理有一個問題就是，物理學家通常認為物理很容易，因為我們可以用少數基本的觀念來解釋這個世界的運作。但這對非物理學者（或學習的人）來說卻不是，因為這些基本觀念通常是有非常特別、特定的意義，且若稍微不注意就會解釋錯誤，尤其對於那些初

學者更是如此。更糟的是，這些物理觀念常常是用日常生活用語來敘述，但無論如何，我們還是要求學生放棄這些日常生活認知，而用物理上的定義來思考這些觀念。舉例來說，在日常生活中加速度是移動得越來越快，但在物理中「加速度」是速度的改變，因為速度是在特定的方向前進，不管是因速率或行進方向改變就導致加速。所以，我們得到一個高度非直覺的情境。若一個物體以一定的速率繞圓圈運動，因為此物體是不斷地在改變方向，則我們稱為有加速度產生。

　　另一方面，有些字在日常語言有很清楚的意義，但從物理中來看，就是沒有很精確的意義，像「慣性」就是其中一個，在教學中我儘量避免使用它；Gerald說過如果小孩在行進中的車子沒綁上安全帶的話，慣性會讓他們撞到擋風玻璃。即使對學生來說，他們必須學習許多專業術語，但我還是儘量避免介紹不必要的術語，因為它並非是必要的。所以現代的教科書很少使用慣性這個術語。對於「慣性」這個字有著另一個問題，學生常會誤解慣性就是物體本身內含的一種讓物體移動的力量，但其實慣性的意義卻是物體會保持在同一速度移動的狀態，除非有外力加入來改變它的速度。

　　也許「建構主義者」這詞出現於物理學中一點也不令人感到訝異，物理老師非常了解學生在進入教室之前，早就已具備很多的先備知識，其中的一個原因是因為物理中使用了很多的日常用語，另一個原因是很多基本物理中的一部分就是日常生活經驗中的一部分——如壓力、力、能量、電、熱等等——也就是說學生並不需要重新再學這些東西，我們也可以說教物理無非就是一種促使觀念改變的過程而已。

　　物理老師的第一個挑戰通常是要確定他們自己理解了這些物理的基本概念，這些觀念通常看起來很容易，其實不然，例如：在物理中，釐清量與量本身的變化是非常重要的，當熱量從一個較熱的物體轉移到較冷的物體時，被吸收的熱量是決定於較冷物體的溫度，以及在過

程中溫度的改變。另一個挑戰是如何幫助學生紮實的了解一些觀念，尤其困難的是在一群相關的概念中去分辨個別概念的不同，然後幫助學生來使用物理學概念解釋他們對世界的經驗。

　　我們再來回想一下 Gerald 的學生。Gerald 告訴我們，「這些學生認為愈重的東西，掉得愈快」，事實上，學生可能沒有這些經驗，很可能是因為他們看過不同重量的物體從山坡上衝下來，然後看到不同的結果。打個比方，他們可能知道如果有一輛卡車和一輛汽車同時從山上往下衝，當它們撞到東西時，卡車會造成比汽車更嚴重的損壞，因此，他們會說因為卡車跑得較快，但事實並非如此，真正的原因是因為卡車的重量較大，所以有較大的動量，所以會造成較大的損壞，因此卡車會轉移較多的動量到它所撞擊的東西上，而造成更大的損壞。諸如此類的觀念，如速度和動量，還是要靠教師來幫助學生釐清，這樣學生才能有辦法用物理來解釋日常生活經驗。

　　也因此，Gerald 用示範來挑戰學生的非物理信念是對的，但是學生停留在這個階段令我感到憂心，我不認為只用科學解釋就可以去除學生心中的不舒服與困惑，這也就是我一直倡導要明確地將他們原來的觀念連結到物理觀念，且要試著去釐清相關概念間的不同（Grayson, 1996）。我認為在 Gerald 的教學中學生必須要釐清三個不同的觀念：(1)地球加諸於物體的力會致使所有的物體有相同的加速；(2)空氣加諸於物體上的力是決定於物體的表面積；(3)質量的作用是——重的東西需要較多的能量才會有相同的速度，也因此當他們撞上東西時，才會引起較大的損壞。所以我很樂於見到Gerald的學生討論及用資料夾 vs.紙張，與資料夾 vs.紙團實驗來和伽利略的實驗進行對照比較，更進一步說明東西掉落地面的時間的不同是因為空氣阻力，而非質量；較大表面積的重物掉下的速度比較小表面積且較輕的物體落下速度慢是一個很好的例子（例如，一張扁平的吸墨紙和一個小紙團之間的關係）。

自由落體，空氣阻力，伽利略與牛頓：為何學生們會困惑？

Uri Ganiel, The Weizmann Institute of Science, Israel

> 你只能教學生你親身體驗而得的學識。
>
> （North Carolina, U.S.A 山區資深教師）

　　世界各地皆一樣，在中學教物理似乎變成是一種苦差事。往往，老師缺乏完善的準備及對物理知識的了解，卻偏偏被派去教物理，這是學校課程中最難教的科目之一；欠缺必要的信心，這些信心缺乏的教師會對這科目顯示出沒把握和憂慮，學生會很快地感覺出這種情緒，因此許多學生會在物理中迷失，在他們還來不及了解時，就對物理感到害怕而放棄了。

　　在前面這段簡短敘述中，Gerald Carey 這一位生物老師，描述著他教物理的經驗。他一開始描述他先前的經驗，明顯地顯露出事實，他承認他曾有過上述所描述的情況，他也教過物理，他甚至發現教物理是很有趣的，但，他對這個教學內容的了解不足，導致他缺乏學科教學知識，因此，他的教學非常紛亂；但他的案例卻有些微妙之處。第一，我對於他的描述「有趣但又令人感到沮喪」覺得困惑——這似乎是滿矛盾的？為什麼有趣又令人沮喪？Carey 對於物理的態度似乎有些矛盾；沒錯，他想要深入了解物理，但卻又無法真正深入，對他來說無法掌握所有的東西，物理對他來說似乎是一個「集合了含糊連結且

難以說明的公式的概念」。

我注意到他確實了解自己不足之處，談到實驗時他可能了解單獨的一個實驗，但他的了解可能僅止於此；「嘗試闡述片段的理論，但卻從未真正著手說明」是對他的寫照。他也承認他的了解最多只是片段的，無法說明這些片段性的知識組成一張完整的面貌；再者，他也了解到這對老師來說是不利，以他薄弱的知識基礎無法去挑戰學生對物理的理解。

他宣稱自己歷經了一些改變，他接觸了一個有經驗的物理教師，且找到了一本很不錯的教科書（沒太多公式的教科書）。Carey 認為一本好的教科書「不要有太多的公式」，但難道較少公式就是好書嗎？假如是，這會和他先前的物理觀點連結。事實上，物理是一門處理量化資訊的科學，而數學只是用來操作及處理這些資訊的工具；很明顯地，數學對他而言是很困擾的，這也能夠部分解釋他對物理的不自在。不過現在他感覺好多了，他想他已經了解他要教的主題了，並思考他的新理解、興趣和自信是否可以傳達給他的學生。但讀過 Carey 故事後會懷疑他這種巨大改變是否是真的。

Carey 對牛頓第一定律的教學是充滿錯誤的，因為他沒有清楚區分速率與速度的差異，而且兩者交互使用；速率是一個純量，等於速度的某個向量的大小（如以定速率做圓周運動，必須有向心力，加諸這運動體上，如果沒有向心力這個物體無法做圓周運動；圓周運動的速度不斷在改變，但速率是不變的）。即使如此，他還是用了幾個日常生活中的例子來解釋第一定律，雖然這些例子是有助益的，但他用慣性（inertia）這個名詞卻是不清楚的。他要他的學生了解這個名詞，因為他相信了解第一定律是很重要的，然而他自己卻在他第二個例子中錯誤地使用了慣性：當一個移動的車子突然停止，在後座未綁安全帶的小孩會繼續移動而可能會受傷，這就是牛頓第一定律的直接證明；

但事實上卻不是他所謂的「慣性」導致的，而是說明慣性是某種伴隨而來的力——一種和亞里士多德世界觀的迷思概念是一樣的。

也許，我們可說物理中所使用的名詞通常有明確的意義或定義，比在每天使用的語言有更多的限制；能、功、能量、力是少數的一些例子，而慣性也是如此，是不可和我們日常生活中所說的東西混在一起的。

在第一定律舉例說明之後，接著 Carey 又試著討論空氣阻力的作用；但又出現了科學教學中兩難的境地——我們試著去了解的現象是很複雜的，其中包含了許多參數，而且無法用簡單的參數或是定義的名詞來完全地解說。物理是處理非生物世界的科學，也被進一步用來釐清一些很基本且同一的原理原則；如此的一個原則，卻往往被其他一些因素所遮蔽了。在真實世界中，物體是不會一直以一定速率前進的，而如果學生要接受了第一定律，我們就欠他們一個解釋，事實上，亞里士多德的世界觀是比較直觀的這也就是為什麼第一定律會這麼晚被發現——因為它不是從直觀而來的。

這就是 Carey 為什麼會教空氣阻力物體的結構。但他面對很多研究很清楚的情境，大致上來說，特別是氣體，卻不是學生可以清楚了解的，這個主題是不易理解的，因為我們所討論的是一種微觀的結構或過程，這些都無法直接觀察，所以他們的解釋都離直覺太遠。我們在此遇到了一個很矛盾的情況——為了要解釋一個很基本，且不是很清楚／明顯的——第一定律，我們探討太多屬於微觀的物件，難怪學生只有點頭，但面無表情。

為了要釐清空氣阻力的謎，Carey 接著用空氣結構中的分子來解釋，這就掉入了更複雜的情形。他用物體的自由落體來說明，亞里士多德曾經做出一個有名的斷言：「如果重量多了一倍，則下降的速度會快一倍」（Carey的學生對這問題做了一個類似的猜測），這個主張

可能用一簡單的實驗就可被推翻,但亞里士多德並沒有直接地研究這個現象,因為是直到十七世紀時,伽利略(1564-1642)用了一連串的實驗加上理論,才建立起自由落體的正確觀念。Carey 試著沿著一個相似的途徑──確實地做了一些實驗,然而,他所用的實驗似乎被以下的感覺所誤導:他們並不是演示自由落體,而是空氣阻力和一個物體形狀是有關的。

Carey 發現他的學生有些困惑,但事實上,這種困惑是無可避免的,不過 Carey 自己覺得對這種情況很滿意,即使學生有困惑,而實際上學生發生困惑也許是好現象,教育家都認為挑戰學生已知知識的「認知衝突」是建立學生新知識的一個方法。然而,為了要挑戰學生的信念,老師在教學時必須要謹慎的選擇要演示的現象,根據 Carey 所描述,至少有三個困難的議題是被混在一起的:牛頓第一定律,會導致空氣阻力的空氣分子結構,以及自由落體的規則,Carey 似乎在這些理論中跳來跳去且陷於混亂中。

但事實上,分開討論這些議題是較好的。這裡有一個可能的教學:自由落體在一個無空氣阻力的狀態中,獨立的演示。但如果覺得有困難,我們可以選擇使用一段影片,如果在月球的太空人,同時將一根羽毛及一隻鐵槌放開,則兩者會同時掉到地面。一旦自由落體的規則被釐清後,空氣阻力就可以被分開來處理,而空氣中的分子結構需要另一個別的延伸教學。當空氣阻力被了解後,第一定律就較清楚。在這教學程序中,複雜的現象被分成簡單的單位,剛好和之前提及的物理精神很吻合──也就是試圖去認清最簡單且最基本的原則。

學生應該多做實驗和解釋所看到的現象,然而,對要求學生觀察和解釋的實驗,應該小心地做選擇。

從 Carey 對他課程的描述,我們可以感覺到一種沈重的認知負擔,我們不禁會懷疑學生是否能走出 Carey 有意創造出的困惑。很顯然地,

這些被描述的課程是有很好的目的性，但是，由於 Carey 對這個教學內容的了解薄弱，導致對這個教學知識的缺陷，也因此會導致他教學上的困惑。

主編總結

「再訪伽利略」一文反映出許多在文獻中述及的非主流科學（out-of-field science）教學特點。然而，若妄下定論，就不難看出用非是即非的態度教授非主流科學時所會遭致的困境。對於 Gerald 的教學，反應了一個專業素養不足的老師，掙扎於物理學教材與教法之間，結果使自己和學生都陷於觀念混淆的窘境中。另外也反應了 Gerald 確實真誠地企圖讓學生體會學習到的精神，其結果是一個健全的奇境（state of wonderment）和尊崇教材內容的表現。老實說，Gerald 的故事和伴隨而來的評述，都在在顯露出教授非主流科學的多且複雜的問題，並且內含著正反兩面的觀點。

雖然三位評論者讚賞 Carey 對自我教學的批判，也對 Carey 提出不同的回應，如 Harrison 稱讚 Carey 以再次勾起回憶的方式，來調整師生間的一致性，科目的內容次於探索的過程，在他的評論中，他也凸顯了幾個 Carey 所用的策略，包括利用矛盾事件和預測—觀察—解釋（POE），來挑戰學生的另有觀念。Harrison 的結論是 Carey 的教學代表 Carey 改善教學之小而重要的一步。Grayson 也非常同情 Carey 的預測。和 Carey 一樣，她試圖使這個科目脫離「無趣的公式和繁瑣演算」的範疇，而將它轉為她所指稱的，強調理解勝於演算的「觀念學習法」。她讚賞 Carey 嘗試挑戰學生的非物理概念，然而她更關心學生有關不同物理概念之間的關係，因此困境對於物理老師來說，在呈現

給學生之前幫助老師本身對於基本觀念有一個了解。Ganiel 進一步提供了在牛頓第一定律，空氣阻力及自由落體間的詳細的關係，強調 Carey 善意但混亂的教學，且使用「困惑的」方法來教這些觀念。對 Ganiel 來說，科目本身的原則應引導教學策略，且他也警告教育上學科教學知識不足也會對學生產生持續的困惑。

　　這個故事中的教學兩難是滿複雜的，Carey所面對的是一個極為難以取得平衡的兩難困境，包括或多或少的認知衝突（是否會導致太多或太少困惑），對於不熟悉的內容是否採用較安全或冒險的方式，以及增加或減少學生的參與度。我們皆知道 Carey 是一個有經驗的科學教師，雖然是不同領域，他在課程中所做的每一決定皆取決於本身一般的教學知識，和他有限的物理學科教學知識，有這網狀的知識，他在教學中可以常常做專業判斷。可以批評 Carey 的學科知識並對如何改進教學提供建設性建議，但我們必須認識到這些決定是 Carey 的責任，而不是我們的。

參考文獻

Arons, A. B. (1990). *A guide to introductory physics teaching*. New York: Wiley.

Ball, D. L. and McDiarmid, G. W. (1990). The subject-matter preparation of teachers. In W. R. Houston, M. Haberman and J. Sikula (eds), *Handbook of research on teacher education* (pp. 437–449). New York: Macmillan.

Carlsen, W. S. (1991). Subject-matter knowledge and science teaching: A pragmatic perspective. In J. E. Brophy (ed.), *Advances in research on teaching: Vol. 2. Teachers' subject matter knowledge and classroom instruction* (pp. 115–186). Greenwich, CT: JAI Press.

Feiman-Nemser, S. and Parker, M. B. (1990). Making subject matter part of the conversation in learning to teach. *Journal of Teacher Education*, 41 (3), 32–43.

Gess-Newsome, J. and Lederman, N. (1995). Biology teachers' perceptions of subject matter structure and its relationship to classroom practice. *Journal of Research in Science Teaching*, 32 (3), 301–325.

─── (1999). *Examining pedagogical content knowledge*. Dordrecht, The Netherlands: Kluwer.

Grayson, D. J. (1996). Concept substitution: A strategy for promoting conceptual change. In D. F. Treagust, R. Duit and B. J. Fraser (eds), *Improving teaching and learning in science and mathematics* (pp. 152–161). New York: Teachers College Press.

Grossman, P. L., Wilson, S. M. and Shulman, L. S. (1989). Teachers of substance: Subject matter knowledge for teaching. In M. C. Reynolds (ed.), *Knowledge base for the beginning teacher* (pp. 23–36). Oxford: Pergamon Press.

Hashweh, M. Z. (1987). Effects of subject-matter knowledge in the teaching of biology and physics. *Teaching and Teacher Education*, 3, 109–120.

Laws, P. (1996). *Workshop physics activity guide*. New York: Wiley.

Lee, O. (1995). Subject matter knowledge, classroom management, and instructional practices in middle school science classrooms. *Journal of Research in Science Teaching*, 32, 423–440.

McDermott, L. C. (1996). *Physics by inquiry*. New York: Wiley.

McDiarmid, G. W., Ball, D. L. and Anderson, C. W. (1989). Why staying one chapter ahead doesn't really work: Subject specific pedagogy. In M.C. Reynolds (ed.), *Knowledge base for the beginning teacher* (pp. 193–205). Oxford: Pergamon Press.

Millar, R. (1988). Teaching physics as a non-specialist: The in-service training of science teachers. *Journal of Education for Teaching*, 14, 39–53.

Sanders, L. R., Borko, H. and Lockard, J. D. (1993). Secondary science teachers' knowledge base when teaching science courses in and out of their area of certification. *Journal of Research in Science Teaching*, 30 (7), 723–736.

Shulman, L. S. (1986). Those who understand: Knowledge growth in teaching. *Educational Researcher*, 15 (2), 4–14.

─── (1987). Knowledge and teaching: Foundations of the new reform. *Harvard Educational Review*, 57, 1–22.

Sokoloff, D. and Thornton, R. (1990). *Tools for scientific thinking*. Portland, OR: Vernier.

第十六章

課程改革

Garry White, Tom Russell and Richard F. Gunstone

主編引言

很久以前就已經主張課程改變主要是改變教師學習的情況（Darling-Hammond and Sykes, 1999）。教師專業成長、反思、合作和教室實驗都被認為對促進教師學習和教學改進有貢獻。然而，教師只是形成教與學方程式的其中一個因素。例如，幾年前，我們觀察一個有十一年級教學經驗的教師，他嘗試去實施一個以建構主義為架構的物理新課程。我發現，儘管教師有再好的專業支持，也盡了最大的努力，學生對老師所嘗試運用的以學生為中心的教學方式仍有所抗拒（Wildy and Wallace, 1994）。學生比較喜歡以教師為中心的教學方式（如：以教師講授為主，對課程內容有清楚的描述和考試技巧的練習增進）而不是以情境脈絡為主的探究式教學。這一班的學生認為這個新的教學策略是浪費時間並且偏離主題，使得教師很快回復到他以前的教學方式。

這個故事陳述教師在面對傳統教室生態的模式下，期望去改變他們教學實踐時所面對的困境（整個教室的教學、以教師為中心、沒有

情感的教學）（Goodlad, 1984）。當學生對教與學擁有相反的信念時，那麼促進理解的教學策略，將只會產生很小的影響。聚焦於學生認知的學習模式會讓學生忽視自己身為學習者的積極信念（Pintrich et al., 1993）。當教師嘗試應用使學生主動產生個人和社會意義的策略時，學生經常採用被動的角色，這和學生對教與學的觀點是一致的（Gunstone, 1990, 1992）。學生可能會很容易地否定這個策略的正當性，或者會採取最輕鬆的方式來完成作業。如學生會選擇現有的解答而不是自己去形成問題解決，因為他們已經被學校的系統和學校所教的科學知識形態制約了（Larochelle and Désautels, 1992）。

因此，教師為了符合長久以來存在的教室組織和學生學習模式的壓力，一直被夾在改進教學的期望和需要之間。Garry White 離開學校四年之後再回到學校的故事，聚焦於教學改變的危機與收穫的兩難，這個故事稱為「重新建立標準的立場」，由 Tom Russell 和 Richard Gunstone 評論。

重新建立標準的立場

Garry White

我很緊張，因為我已經離開教學工作四年了，但是我決定花較多的時間來傾聽和問問題。我辭去在師資培育課程機構顧問的工作，到城市學校擔任科學課程的科主任一職。這個學校位於低社經背景的地區而且大約有五百位學生。

我同意你可以說我是一個十分小心，甚至是拘束的人。但是之前我已經在低社經地區的學校教過書，所以我想我還擁有我所

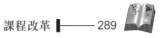

需要的技巧，例如行為偏差學生的處理和教室管理。無庸置疑的，我知道有一些學生有家庭問題，但是我曾經處理過這些問題，因此這些對我而言並不是問題。我也曾經做過科學的學科主任，並擔任教師培育課程的工作，這讓我有一些信心，所以我不認為這個工作的行政部分會對我造成任何的問題。

在之前的學校，我可以說是一個坦率直言而且積極的教師。但是，我意識到我已經離開教學四年，所以我決定儘量不像之前那樣做。為了要讓我自己融入這個新學校的文化，我決定低調一些。我想比較保險的說法是，我的第一優先順序是回到教學並重建以前我在課室中使用的各種教學策略。這些策略是以學生為中心的，並寓涵著重大的改變，而這個改變則來自當時學生正研修的方法學。

我從事的第一個任務是和資源中心的全體職員以及實驗室助理有健全良好的關係。這是必要的，因為當學生操作我所想像需要建立的架構時，我必須依賴他們的配合來支持建立這個架構。此外，我也決定著手以全校期待的議題為範圍進行如學生活動、評量和計分等課程發展。這牽涉了相當多的調查和基礎工作。

我先前使用以學生為主的方法，很多事情都讓學生有獨立接近資源的機會。我指派學生代表負責班級事務。自然而然地，在學校的資源地區會有很多學生的活動，如圖書館、生活科技、體育設施等。當然，實驗室所有工作人員合作是最重要的，因為當學生從可取用資源或教科書中計畫和處理實作活動時，他們總是有特殊的要求。當學生做完這些事情一段時間之後，他們已經發展獨立學習、問題解決、資訊素養和計畫自己工作流程的技巧。

其他教師也支持我這些策略，而且這些教師也正在他們教室中實驗不同的教學方法。之前我已經改變教室的教學方法，所以

發展出一些有用的技巧，如協商課程，且我已使用一系列描述性評量和評分的程序。我自己在之前的學校已使用長達七年的教學法，重點在於將學習的責任從身為老師的我轉移到學生身上。這些教學法是給學生機會來協商課程的內容、過程與結果。由於之前我發現這些方法是成功的，因此我有自信這些方法可以應用在新學校的教職員和學生身上。

所以當我重新回到教室，儘管我很緊張，但我覺得我可以達到我所期待以學生為主的目標。但就像步入一個時光機中，我已經有長達十多年的時間沒有在學校。我使用一個簡短的主題來銜接我所架構的國中科學課程，每個主題都要三或五週的教學。這些主題是來自固定的課文，且評量是以相當標準的主題測試為主。這些都是區分學生等級的關鍵因素，有A、B、C⁺、C、C⁻、D、U。每個等級都區分為進階級、標準級與基礎級。老師推薦並分配學生到適當的班級，對於基礎和標準班級的學生來說，有很多人必須重複這個主題，而這並不罕見，因為規定就是如此定義。所以我最適合啟動最初改變的方式就是將一些教室的教學法模式化。

開始的時間是如此重要，但第一天就讓我大開眼界。我已經忘了九年級班級的趣味。我站在一群不想學習的學生前面；他們對我或科學都沒有興趣，而且科學學習在他們的心中是最不重要的一件事。似乎他們唯一有點感興趣的事情，就是考驗新老師的耐心和堅持。

我第一個真正的任務是和學校有名的「問題學生」建立雙向溝通，而沒有非理性的干擾。這是一個冗長的過程，更不要提到我對學校多層次管理過程的不熟悉。當我如此做的時候，我開始進行實驗，我希望可以展現出學生獨立和問題解決能力的教室活

動。看起來，最初的三個活動可以說是一場災難。

　　我以之前使用過的例子來開始，它是一個問題解決的練習，可以讓我了解學生的程度為何。這活動需要學生用釘子、漆包線和電池來製作電磁鐵。乍看之下，你不會認為那會有多大的困難，但你也將不會相信發現它有多麼困難。學生非常缺乏動機並且似乎完全依賴作為老師的我來告訴他們該如何做。他們問的問題如「我要在學習單上寫什麼？」，「我們如何改變電磁鐵？」以及「我們現在應該做什麼？」。

　　因為學生缺乏先前的實驗經驗，使得這些操作指南對他們而言太複雜了，但這不是真正的原因。這些操作指南是簡單的，並且在三週之前已經做過這個實驗活動。有些學生對完成基本的架構有困難，我對他們需要依賴我來完成想法、解題方式及取得答案來源的這種方式感到訝異。當他們從沒有機會去發展和練習小組合作、計畫、實驗操作、組織和記錄的高等技巧時，我認為期待學生有辦法來展示這樣的技巧是錯誤的。所以我認為對學生與我而言，這個電磁鐵是個訓練的單元。

　　在我嘗試任何其他事物之前，我花了一週時間介紹概念圖。在之前的六年中，我在教室或教師訓練課程中使用概念圖很多次了，所以我對它已得心應手而且知之甚詳。啊！但怎麼回事！這些九年級的學生根本不想去思考答案。我無法解決了！他們耳聾了嗎？太懶惰嗎？或只是沒有興趣？然而，當我對十一年級的化學班級使用概念圖時，有一些成功的經驗。我使用了三節課的時間——整整兩個半小時——才發現九年級學生非常依賴且懶惰。

　　我不想受到之前因素的影響，我嘗試將學習的責任從我的身上轉移到學生身上。我嘗試的最後一件事情是「學生公約的指導」，這個活動作為下一單元的介紹。這個公約的目標是使學生

明顯的感受我的期待,然後給他們機會去決定工作的順序。我以實際的演示和一些討論為他們介紹一個課程,然後我給學生機會依他們自己計畫所定的順序完成公約。

但結果變得很糟糕!在兩堂課後,我因為學生不良的行為,必須停止所有的實驗。我很容易就發現學生行為的類型,有的同學漠不關心、有的學生溝通技巧非常差勁、有的學生注意力非常短暫,以及有的同學明顯的缺乏興趣和對於科學的實作方法沒什麼經驗。而且信不信由你,這還不是全部情形,也有的學生明顯依賴老師的筆記、演示和講述,並且還有學生完全的漠視基本安全程序。

面對開始的這些種種問題以及公約的失敗,在學生能夠更自由的做實驗之前,我強迫自己將注意力放在發展學生的溝通、小組合作,和安全技巧。在五堂教師引導的演示教學和抄寫筆記課程之後,他們還要求我嘗試再做另一個實作的活動,不論你相不相信。在最初的幾堂課之後,進行得相當順利,雖然這一共花了我八週的時間,但我相當滿意我開始看到的結果。

負起學習的責任

Tom Russell, Queen's University, Kingston, Ontario

我想不出更有趣的故事來做評論。在一九九一年我重新回到教室裡(半學年的 1/3 時間,一九九二年我重複同樣的安排)。我已經離開中學課室二十四年了;其間包含攻讀博士學位,與教師一起工作(三年),以及我在擔任大學教職前曾任教師和教育碩士(十四年)。我

也很緊張，懷疑學生會如何回應我，但是或許我更關心的是我那些同事如何看待像我這種從「水晶宮」（在那兒他們並不知道教學實際上像什麼）回到教室中的人。就如同 Garry 一樣，我下定決心來傾聽；但是我就像是一個剛搬進新居的外來者。就如同 Garry 一樣，我一度覺得我是以學生為主的教師，而且我下定決心再度成為這樣的老師。

　　或許這些類似就到此為止。我並不是在一個低社經地位的地區，而且一般而言加拿大的中學並沒有實驗室的助理。由於實作是一個非常重要的慣例，因此，我改變第二個報告的規定。我要求學生在報告中必須描述他們從這個經驗中學到了什麼，但是沒有一個人知道如何去回應。我已經同意用另一人的步調（快速進行）來教這堂課，且我也大部分依賴那位老師的演示器材和實際工作的材料。我渴望追隨 Garry 的夢想，即「我把學習的責任從教師的身上轉移到學生身上」，然而，由於教材內容必須完全涵括的教學，造成一些嚴重的限制。我從未要求學生告訴我，他們從個人使用儀器的經驗中學到了什麼幫助。

　　我面對十二年級的學生，跟九年級是完全不同的，九年級的學生很快就告訴 Garry 他們對學習是不感興趣的。雖然如此，我可以體驗他的觀察：可能不是「非常缺乏動機」。但我真的感受到「好像完全依賴身為老師的我該告訴他們如何做」。我馬上抽離「筆記給予者」的角色，而且從第一天到最後一天，學生都拿我沒有能力在黑板上清楚地組織工作來開玩笑。我已經讀過 Damien Hynes（1986, pp.30-31）所提學生毫無疑問地抄筆記的故事，所以儘管我的學生能夠從抄黑板的筆記中進行學習，但我還是拒絕「學習的鉛筆理論」。

　　我從未達到畫概念圖或公約的階段。我努力保持比學生超前一步。有個學生的家長向我保證，他們的孩子總是坦率直言，並且一定會當著我的面說（是的！多麼令人印象深刻，我馬上注意到他！）。他期望我的課程可以讓他準備明天的考試，但是他發現我並無法為他準備。

在之後，有一堂課，我（以及許多學生）的感覺和其他人有相當大的差異，當我帶了一個大的馬達發電機放在教室中間，然後告訴學生他們可以問我他們想到的任何事。隔天，當我要求學生寫下關於那個課程有什麼不同的一些短篇評論，坦率的學生告訴我，他完全看不出有什麼不同！

　　為什麼 Garry 和我能夠在地球不同的角落以及和明顯不同的學生一起工作，但我們課室目標卻有如此強烈的共鳴。我曾在加拿大，奈及利亞和美國的學校教學，並且觀察了英國、獅子山和千里達、托貝哥（西印度群島一國）及澳洲的科學課程。最簡單的結論之一就是，任何一個在世界上英語系國家的學生，當進到其他的國家，都會發現學校的教室會產生困難。不管任何人到哪裡，教師似乎都必須面對或是放棄這樣的挑戰：「我如何使學生對他們自己的學習負起更大的責任？」

　　二十年來，在我的課室裡對職前教師的教育計畫，我遇到了相類似的挑戰。最後，所有在皇后大學的課程，都在今年已經開始產生戲劇性的改變。在三次三週的教學實習中，顯示過去所教的是傳統的假設：也就是「學習去教學」，其中包含了告訴我們如何去教，然後進到學校「落實理論」（Loughran and Russell, 1997a）。在這個地方則是九個月的課程，前四個月是在某間學校開始，然後有兩週期間中斷回到大學，而剩下的實習時間則重新聚焦並設定教學目標。在實習課程計畫進行到一半，學生有四個月的教學經驗後，我開始慎重的進行科學方法課程。我非常高興「經驗第一」已經對我所教的學生產生改變。他們知道他們想要學習些什麼，並且對他們自己的學習已經準備好。到目前為止，有一些甚至已經在課程後四個月當中的其中一個月，試著以「經驗第一」的取向來進行科學教學。

　　我看到 Garry 所面對的中心主題挑戰，也就是他面對一群放棄標

準教學實務的學生，而且要求學生要能提供並傾聽「他們沒有學會要去問的問題及答案」（O'Reilley, 1993, p.34）。當我回到中學課室開始進行教學時，以及當職前教師經驗太少或太晚才有這種教學經驗時，我都遇到了相同的挑戰。學校教育為什麼會變成這樣，將個人的經驗排除在外呢？什麼時候學校課程的那麼多知識才會以哪些引領我們的經驗而成為學習的根基呢？學校教育怎麼會從問題本位轉換到以解答為主呢（Holt, 1964, pp.88-9）？

當 Sarason（1971）第一次發表改變（改進）學校教育和學校文化的關係分析時，我馬上推斷他的感覺，即是每件事情都堅持基本的老師問問題和學生回答的形態。二十五年後，我發現更多令人信服的結論，他並未強烈描述他剛開始時的結論：

> 此後，我在這所說的事及書裡所說的，我下了一個結論，我並沒有特別強調提問者—回答者的關係對學校的改變是處於多麼底層。任何系統的改革努力並不會去將那些不會改進教育結果的關係，置於第一優先權。……除非原有的情境脈絡（情況）存在，否則教師無法創造及維持多產的學習情境脈絡。
>
> （Sarason, 1996, p. 367）

就我個人而言，我總結我最大的希望就是澳洲人獨特的發明——增進有效學習計畫（PEEL）；這個計畫開始於墨爾本郊區，那邊的學生們都有像 Garry 所描述的那種態度。運氣滿好的，我無法用後見之明來清楚地解釋；我的學校很幸運的，有超過五個人以上和 PEEL 有密切地交流。這個計畫是一個豐富而且能激起學習者實現獨一無二的整合實用理論和純理論導向的新實踐（Baird and Northfield, 1992）。或許進入這些新加入的PEEL的中心論點，是在這一章中Judie和Ian Mitchell

（1992）所寫的，即「課室常規」那一章中的分類和說明。而這些課室常規乃是由不同文化學校團體的老師共同發展出來的。

如Garry所寫，當一個老師剛到一個新的特定的學校情境脈絡，這個老師非常熱心去繼續尋找許多剛開始進行教學的老師所分享的學生目標。如果老師能了解其他教師的專業目標為什麼會消失，以及如何知道他的教育目標？那將非常具有學習的價值。我相信 PEEL 已經存活、成功、分散並邁進教師研究的一個新維度，並贏得Sarason所主張的學校中必須有的改變──學生學習的環境必須和老師的學習環境跟著一起改變。對於教師和學生兩者而言，學生的核心活動必須從回答其他人的問題，開始轉移到學生必須對自己的學習做一個明顯的回應。

把我對學校改革發展的情況連結到老師對增進個人經驗的精華組成工作教育計畫的主要革新架構。而這種新的架構將經驗置於延伸的課程工作之前，不但可以幫助我了解潛藏的「經驗第一」的教學過程，而且能產生個人經驗的權威（Munby and Russell, 1994）。Garry 和我尋求取得在科學教學時經驗的力量，而且我們兩個發現，在個別課室裡單獨實施是在進行對「學校文化」的反對戰鬥。PEEL認為創造力是老師在學校團體中工作時形成的。就如同數以千計的老師會分享學生對學習自我負責的目標，所以，有數以百計的老師教育者分享那些教學學習的夢想（Loughran and Russell, 1997b）。我希望 Garry 和我能夠了解，在我們所教的學校裡，小組的支持是可行的。我希望對那些我教的剛進入教學生涯的老師也能和我一樣。Garry，謝謝你這麼清楚明白的分享你的經驗。

創新是相對的

Richard F. Gunstone, Monash University

　　Garry White 對科學教室的重要議題有著豐富的描述。對我而言，這個中心議題和了解我們稱為重新開始的震撼有關（這也是和個人最相關的）。

　　在他的故事中，Garry 對他的教學能力是太過謙虛了。在他開始到這所學校，也是故事的開始。這幾年來，我和他完成了一個密切合作的工作。在這兒，他是一個充滿能量、發音清楚、知識豐富、能深度思考的、有廣泛經驗……的老師；然而在他剛到這所學校教九年級的前幾個月，一切似乎都不一樣，這是剛換學校的老師的一般經驗，老師常常談到這件事。我個人有關這個議題的經驗，發生在我十二年的高中科學教學經驗中的第九年，我進入一間新學校，我遇到最大和最困難的管理問題，就像 Garry 所描述的故事一樣。

　　雖然有點陳腔濫調，但我們可以找到淺顯又可說明重新出發困境的「解釋」──針對「讓孩子認識你，並且讓他們知道你打算怎麼做」的形式做出陳述。但是這樣的陳述對於這些情境的了解並沒有多大的幫助；這樣的陳述也無法說明為何在這樣的情況中，這個問題是如此的嚴重。就如同 Garry 嘗試採用一些學生沒有經驗過的方法；我們可以採用分析和理解這些情況的方式，而不是採用他們必須知道你是誰的方式。

　　學生來到教室時，已經具有教學、學習、老師和學生的角色，還有到教室中之目的的想法和信念，而且學生的這些想法和信念與老師

的想法和信念是不相同的。介於教師和學生之間想法的不一致，最常見的例子是在大學生的科學學習裡。當我們在大學裡學習科學時，我們所有人（以及其他人、像我）都知道學生對學習、教學和角色（教學者）的看法是老師有責任提供很優秀的筆記（我們相信我們可以從黑板抄錄下書寫清楚而且有組織的筆記），以及得到很多考古題；然後學習者就必須去「學習」（通常那意味著背誦）這些筆記。然後在考試中重複相關的部分，這個過程的目的是非常單純且清楚——就是通過考試。以上這些做法和大學老師的學習、教學和角色的觀點不符。然而，在這種情境脈絡中，學生的觀點會決定學生如何做，這是因為這個情境中評量的本質——這種評量的方式導致學生有這樣的想法和信念，也就是我剛剛所描述的。

在 Garry 故事開始時，Garry 的學生可以被標示為被動的學習者。這些學生和我在之前描述的大學生是一樣的：教師的工作是提供清楚的筆記，學生的工作是學習（背誦）這些筆記，評量的角色是看看學生是否可以重複這些筆記。一旦考試結束然後學生就可以忘記所有的東西。似乎 Garry 學生的被動性好像是被學校的考試所制約，因為這些考試的方式導致了上述的學習模式。

但是把學生貼上被動學習者的標籤仍然是不夠的，這無法讓我們了解為什麼老師和學生對學習和教學的觀點不同，會造成老師為了不同目的使用不同方式時的困難。為了了解這個，我們必須考慮學生對創新教學的看法，我因為幾個理由來做這件事。當一個人考慮教室中的創新，上述的每一個觀點都適用於老師和學生，並且這些觀點都是互相有關的。有很多的文獻都是以老師的觀點來看這些理由，但是很少以學生的觀點來描述。在這邊我主要討論學生的觀點，因為Garry White 描述的故事是創新，是為了學生而不是為了老師。

現行學習的邏輯　在課室中學生都是以他們對學習、教學、角色，和目的的想法來學習，這些學習對大多數學生來說，是為了符合學生原有對限制、要求，和期望的經驗。大多數學生以符合他們的想法和信念，還有限制、期望、要求的合適的方式來學習。因此，根據這個說法，在 Garry 班級的學生對 Garry 的創新教學，以個人的邏輯抱以非常負面和不接受的反應。

改變包含冒險和起初變得比較不精熟　對這個先前觀點的邏輯結果是改變需要學生不再使用他們先前已經發展好的技能和方式；這個改變會使得他們在教室的學習方式冒險並且變得較不熟練。因此，一般的反應這些學生並不會遺棄他們先前的學習方式。這樣就會扭曲教師創新教學的意圖，甚至阻止了任何形式的創新教學。

經驗先於了解　從上述的兩點，已經充分說明 Garry White 採用另有方式和目的所造成的問題。經驗先於理解，可以說明學生有任何改變是需要時間的。這個觀點是這個經驗知識對於任何創新了解的重要性。在學生有機會以嚴肅的方式，來重新考慮學習、教學、角色的想法和信念之前，學生必須重新形成個人意義，但這是困難的。除非學生經驗到老師意圖的創新教學，他們是不可能真正的理解到創新的價值，學生沒有看到創新的真正價值，對他們經驗意圖的創新教學是困難的。在任何情境脈絡裡，創新的採用是改變中早期的階段，但可悲的是，創新的採用被錯誤的認為是改變的終點。

評量　在所有創新的情境中，這是上述觀點的前兩個非常明顯的例子（現行學習的邏輯、改變包含冒險和失去精熟）。對學生而言，評量是一個絕對的核心限制／要求／期待，評量包含使用發展好的技能和方式。如果一個創新教學沒有對評量做適當的改變，這樣的創新教學

將會失敗；如果評量的方式改變，則學生就會跟著做改變。

擔心的程度和改變的過程　在創新教學的前言中，都會提到影響的程度和教師的改變。這個擔心的程度通常被描述為「自我」（這個改變如何影響到自我）、「任務」（這個改變的本質是什麼？）、「影響」（這個改變的結果是什麼？）。就我所知，在創新教學中的學生是不會考慮到擔心的程度，但是我想考慮學生和改變是一個有潛在價值的方式。當然，我們對學生和創新教學的了解自我的擔心是最主要的。

結論　在這評論裡我所寫的很多東西[1]，可以簡單的被總結為「創新是相對的」——你作為一個老師，最好清楚了解到，寬泛的哲學及相關策略、材料等。你所新教的每一個班級，基本上有可能不熟悉你的方法和目的。因此每一個你所教的班級都需要去了解，而且清楚你所做的事情的目的（並且我們應該重視這些目的）。Garry 故事的標題——重新建立標準的立場——對他這種情況的觀點是很適合的，但是對他的學生來說，這是一個全新的局面。

主編總結

　　White 對他重回教學單位，遇到困難的含淚描述，好像觸動了 Russell 和 Gunstone 的內心，這兩位評論者各自刻畫他們自己在不同情境中的類似經驗。這三位作者相同的經驗，嘗試使用新的教學策略在依賴老師學習的學生身上。Russell 觀察到老師或者面對或者放棄相同的挑戰，就是如何使學生對自己的學習負更多的責任。

　　面對或放棄，是 Gunstone 所謂的對老師的「惡性循環」，學生只有藉著經驗更多的責任來了解接受責任的價值，然而，如果學生沒有

看到創新的價值，那麼對他們而言，擁有責任的經驗將是困難的。教師的兩難就是如何對一群反抗的學生推廣並深化這種想法，而不會變得自己被打敗（也就是說，在過程中會使教室變得更以老師為中心）。例如：在 White 的例子中，他因為學生行為表現差，被迫停止所有實驗，並且回到筆記，演示及講述。在本章一開始，在物理課的研究中，教師因為學生抗拒以學生為中心的教學方式，改變成以老師講述和考試技巧練習的教學（Wildy and Wallace, 1994）。

　　Gunstone 認為：簡單的貼上「被動的學習者」來責怪學生是不夠的。他觀察到學生對教與學的想法、信念和期待，早已經被特定的教學和評量所制約。兩個評論者都建議：學校的改變，需要教師與學生之間關係的基本改變，即是 Sarason（1996）所說的提問者和回答者的關係。Russell 認為：對教師與學生而言，在學校的主要活動，必須從回答別人的問題轉移成對自己的學習負主要的責任。

　　就如 Gunstone 指出，對老師和學生而言，這樣的方法需要很多的冒險和一開始的不熟練。老師或者學生判斷這個冒險是否值得，是依賴許多因素。很多證據顯示對一些老師而言，這個挑戰是太沈重，他們會選擇一個已經存在較不冒險的教學模式（Wallace and Louden, 1992）。然而，Russell 和 Gunstone 兩個都舉出例子，如果有適當的支持，老師和學生可以從依賴變得有責任。這三位作者所提的挑戰，是如何在科學教育社群中讓這樣的教學方式更廣泛的實施。

註解

1. 在這個故事中我（Gunstone）並沒有直接考慮到其他的重要議題。明顯的例子是學生的動機，我們如何來增強十四、十五歲兒童的一般特質（特別是賀爾蒙和群體壓力的影響）。增強有效學習計畫中

提出的被動學習者的問題，讓學習者更主動的教學方式，適當的評
量模式等等（Baird and Northfield, 1992）。

參考文獻

Baird, J. R. and Mitchell, I. J. (eds) (1986). *Improving the quality of teaching and learning: An Australian case study – the PEEL project* (1st edn). Melbourne: Monash University Printing Services.

Baird, J. R. and Northfield, J. R. (eds.) (1992). *Learning from the PEEL experience.* Melbourne: Monash University Printing Services.

Darling-Hammond, L. and Sykes, G. (eds) (1999). *Teaching as the learning profession: Handbook of policy and practice.* San Francisco: Jossey Bass.

Goodlad, J. I. (1984). *A place called school: Prospects for the future.* New York: McGraw-Hill.

Gunstone, R. (1990). 'Children's science': A decade of developments in constructivist views of science teaching and learning. *The Australian Science Teachers Journal,* 36 (4), 9–19.

—— (1992). Constructivism and metacognition: Theoretical issues and classroom studies. In R. Duit, F. Goldberg and H. Niedderer (eds), *Research in physics learning: Theoretical issues and empirical studies* (pp. 129–140). University of Kiel: Institute for Science Education.

Holt, J. (1964). *How children fail.* New York: Dell.

Hynes, D. (1986). Theory into practice. In J. R. Baird and I. J. Mitchell (eds) (1997), *Improving the quality of teaching and learning: An Australian case study – the PEEL project* (1st edn, pp. 28–44). Melbourne: Monash University Printing Services.

Larochelle, M. and Désautels, J. (1992). The epistemological turn in science education: The return of the actor. In R. Duit, F. Goldberg and H. Niedderer (eds), *Research in physics learning: Theoretical issues and empirical studies* (pp. 155–175). University of Kiel: Institute for Science Education.

Loughran, J. and Russell, T. (1997a). Meeting student teachers on their own terms: Experience precedes understanding. In V. Richardson (ed.), *Constructivist teacher education: Building a world of new understandings* (pp. 164–181). London: Falmer Press.

—— (1997b). *Teaching about teaching: Purpose, passion and pedagogy in teacher education.* London: Falmer Press.

Mitchell, J. and Mitchell, I. (1992). Some classroom procedures. In J. R. Baird and J. R. Northfield (eds), *Learning from the PEEL experience* (pp. 210–268). Melbourne: Monash University Printing Services.

Munby, H. and Russell, T. (1994). The authority of experience in learning to teach: Messages from a physics methods class. *Journal of Teacher Education,* 45, 86–95.

O'Reilley, M. R. (1993). *The peaceable classroom*. Portsmouth, NH: Boynton/Cook Heinemann.

Pintrich, P. R., Marx, R. W. and Boyle, R. A. (1993). Beyond cold conceptual change: The role of motivational beliefs and classroom contextual factors in the process of conceptual change. *Review of Educational Research*, 63 (2), 167–199.

Sarason, S. B. (1971). *The culture of the school and the problem of change*. Boston: Allyn & Bacon.

—— (1996). *Revisiting the culture of the school and the problem of change*. New York: Teachers College Press.

Wallace, J. and Louden, W. (1992). Science teaching and teachers' knowledge: Prospects for reform of elementary classrooms. *Science Education*, 76 (5), 507–521.

Wildy, H. and Wallace, J. (1994). Understanding teaching or teaching for understanding: Alternative frameworks for science classrooms. *Journal of Research in Science Teaching*, 32 (2), 143–156.

國家圖書館出版品預行編目資料

突破科學教學中的兩難／John Wallace, William Louden
編著；余翎瑋等譯.-- 初版. -- 臺北市：心理, 2008.10
面；　公分.--（自然科學教育；13）
譯自：Dilemmas of science teaching:
　　　　 perspectives on problems of practice

ISBN 978-986-191-103-8（平裝）

1. 科學教育

303   96024774

自然科學教育 13　**突破科學教學中的兩難**

編　　　者：John Wallace、William Louden
審 訂 者：周進洋、邱鴻麟、劉嘉茹
譯　　　者：余翎瑋、李韶瀛、林志能、林勇成、徐怡詩、郭文金、陳怡靜、
　　　　　　陳欣民、陳嘉音、楊瑞寶、劉寶元、謝妙娟
執行編輯：高碧嶸
總 編 輯：林敬堯
發 行 人：洪有義
出 版 者：心理出版社股份有限公司
社　　　址：台北市和平東路一段 180 號 7 樓
總　　　機：(02) 23671490　　傳　　真：(02) 23671457
郵　　　撥：19293172　心理出版社股份有限公司
電子信箱：psychoco@ms15.hinet.net
網　　　址：www.psy.com.tw
駐美代表：Lisa Wu　Tel：973 546-5845　Fax：973 546-7651
登 記 證：局版北市業字第 1372 號
電腦排版：臻圓打字印刷有限公司
印 刷 者：正恆實業有限公司
初版一刷：2008 年 10 月